完結編
「乳（にゅう）」からのモニタリング

〜乳検成績を活用して〜

田中 義春

DairyJapan

完結編　「乳」からのモニタリング ～乳検成績を活用して～

目次

第1章　乳量からのモニタリング……………………………………………7
- 1）低乳量群は立ち上がり乳量が低い………………………………………8
- 2）分娩後の乳量が極端に低い-1……………………………………………9
- 3）分娩後の乳量が極端に低い-2……………………………………………10
- 4）乳量のピークが遅く低い…………………………………………………11
- 5）同一経過月で乳量がバラツク-1…………………………………………12
- 6）同一経過月で乳量がバラツク-2…………………………………………13
- 7）乳期別の乳量の変化が少ない……………………………………………14
- 8）泌乳の持続性を追求する-1………………………………………………15
- 9）泌乳の持続性を追求する-2………………………………………………16
- 10）乳房炎で乳量が突如として低下する……………………………………17
- 11）暑熱時に乳量が低下し持続する…………………………………………18
- 12）分娩時期が移行し秋口に乳量が増える…………………………………19
- 13）牛群（産次）構成で乳量が増減する……………………………………20
- 14）育成管理で初産牛の乳量が増減する……………………………………21
- 15）初産牛は体が大きいほど乳量が増える…………………………………22
- 16）初産牛の環境変化は乳量が落ち込む……………………………………23
- 17）実乳量と管理（標準）乳量に差が生じる………………………………24
- 18）主体粗飼料が切れると乳量が激減する…………………………………25
- 19）給与飼料をふんで確認し乳量へ反映させる……………………………26
- 20）高エネルギー油脂の添加で乳量が増える………………………………27
- 21）活性型酵母の添加で乳量が増える………………………………………28
- 22）バイパスグルコースで乳量が増える……………………………………29
- 23）牛床マットの改善で乳量が増える………………………………………30
- 24）横臥時間の長い牛（酪農家）は乳量が増える…………………………31
- 25）多回（3回）搾乳は乳頭刺激で乳量が増える…………………………32
- 26）搾乳ロボットで乳量の有利性を活かす…………………………………33
- 27）TMRセンター構成員の乳量は高位平準だ………………………………34
- 28）TMRセンター構成員の乳量差は繁殖だ…………………………………35
- 29）繁殖を改善することで乳量が増える……………………………………36
- 30）個体乳量は飼養形態で微妙に差がある…………………………………37
- 31）遺伝能力向上で管理も向上させる………………………………………38
- 32）泌乳曲線で管理をモニターする…………………………………………39
- 33）高乳量農家は周産期病が少ない…………………………………………40
- 34）乳量は独自の飼養管理技術の証だ………………………………………41

第2章　乳脂率からのモニタリング…………………………………………43
- 1）乳脂率の動きを注意深く観察する………………………………………44
- 2）分娩後の高乳脂率は体脂肪動員だ………………………………………45
- 3）体重の落ち込みは乳脂率に反応する……………………………………46
- 4）乳脂率と血中遊離脂肪酸は関連ある……………………………………47
- 5）分娩時の肥満牛は乳脂率に注目する……………………………………48

6）周産期病で乳脂率は特異な動きをする ························ 49
　　7）放牧時期は乳脂率が低下する ································ 50
　　8）夏場は暑熱で乳脂率が低下する ······························ 51
　　9）繊維摂取不足は乳脂率が低下する ···························· 52
　　10）乳脂率の低下は蹄病と関連がある ···························· 53
　　11）不飽和脂肪酸多給は乳脂率が低下する ························ 54
　　12）乳脂率はルーメン微生物の活性化で高まる ···················· 55
　　13）乳脂率は過去20年間変わらない ······························ 56

第3章　脂肪酸からのモニタリング ································ 57
　　1）ルーメンの健康が脂肪酸組成で明らかになる ·················· 58
　　2）脂肪酸組成はFAベースで明らかにする ························ 59
　　3）脂肪酸組成はMilkベースで明らかにする ······················ 60
　　4）脂肪酸組成はプレフォームが激しく動く ······················ 61
　　5）デノボ脂肪酸は乳タンパク質と相関がある ···················· 62
　　6）デノボ脂肪酸はケトン体（BHBA）と相関がある ················ 63
　　7）デノボ脂肪酸は肢蹄・RFS・BCSが一致する ···················· 64
　　8）デノボ脂肪酸は繁殖や除籍に影響する ························ 65
　　9）デノボ脂肪酸は乳量と微妙な関係にある ······················ 66
　　10）デノボ脂肪酸は分娩後60日以下を注視する ···················· 67
　　11）デノボ脂肪酸は乳期で指標値を確認する ······················ 68
　　12）脂肪酸組成は低デノボ牛割合で判断する ······················ 69
　　13）暑熱時は動きが鈍くデノボ脂肪酸が低くなる ·················· 70
　　14）デノボ脂肪酸はバルクで 次に個体を確認する ················ 71
　　15）バルク乳成績は地域より高く変動を少なくする ················ 72
　　16）デノボ脂肪酸は酪農家間の健康度で異なる ···················· 73
　　17）デノボ脂肪酸で作業の一貫性を徹底する ······················ 74
　　18）高デノボ牛群は健康で群のバラツキが少ない ·················· 75
　　19）デノボ脂肪酸は個体牛間で健康度が異なる ···················· 76
　　20）デノボ脂肪酸をマトリックスで判断する ······················ 77
　　21）デノボ脂肪酸で問題点を見つけて改善する ···················· 78
　　22）デノボ脂肪酸は飼養管理技術の中心にある ···················· 79
　　23）デノボ脂肪酸は経営者が独自に判断する ······················ 80
　　24）デノボ脂肪酸はソフトを使って活用する ······················ 81

第4章　乳タンパク質率からのモニタリング ························ 83
　　1）乳タンパク質率はエネルギー充足の指標となる ················ 84
　　2）乳量が増えると乳タンパク質率が下がる ······················ 85
　　3）母牛の体調で初乳のタンパク質率が変わる ···················· 86
　　4）周産期病牛は乳タンパク質率が低下する ······················ 87
　　5）低乳タンパク質率は繁殖が悪化する ·························· 88
　　6）泌乳前期の乳タンパク質率が低い ···························· 89
　　7）泌乳中後期の乳タンパク質率が低い ·························· 90
　　8）春と秋に乳タンパク質率が低下する ·························· 91
　　9）夏場に乳タンパク質率が低下する ···························· 92
　　10）暑熱対策で乳タンパク質率の低下を抑える ···················· 93
　　11）CS多給で乳タンパク質率が高くなる ·························· 94

12）制限アミノ酸添加で乳タンパク質率が高くなる ･････････････････ 95
　　13）タンニン添加で乳タンパク質率が高くなる ･････････････････････ 96
　　14）妊娠関連糖タンパク（PAGs）で受胎確認ができる ･･･････････ 97
　　15）妊娠関連糖タンパク（PAGs）は複数回検査する ･･･････････････ 98
　　16）妊娠関連糖タンパク（PAGs）の精度は高い ･･･････････････････ 99

第5章　乳脂率と乳タンパク質率（P／F比）からのモニタリング ････ 101

　　1）P／F比は0.7以下が問題だ ･･････････････････････････････････ 102
　　2）P／F比は1.0以上が問題だ ･･････････････････････････････････ 103
　　3）乾乳が長いと次産P／F比0.7以下が多い ････････････････････ 104
　　4）高P／F比牛は選び喰いの可能性が高い ･･････････････････････ 105
　　5）乳脂率・乳タンパク質率が高い-1 ････････････････････････････ 106
　　6）乳脂率・乳タンパク質が高い-2 ･･････････････････････････････ 107
　　7）乳脂率・乳タンパク質率双方が低い ･･････････････････････････ 108
　　8）P／F比は乳脂率の影響が大きい ･････････････････････････････ 109
　　9）乳脂率・乳タンパク質率が上下する ･･････････････････････････ 110
　　10）P／F比で潜在性ケトーシスを特定する ･････････････････････ 111
　　11）ルーメンの醗酵状態はP／F比で判断する ･･･････････････････ 112
　　12）P／F比とデノボ脂肪酸は関連がある ･･･････････････････････ 113
　　13）P／F比とデノボ脂肪酸を活用する ･････････････････････････ 114
　　14）乳のサンプルを正確に採材する ･･･････････････････････････ 115

第6章　乳糖率からのモニタリング ･････････････････････････････ 117

　　1）乳糖率は乳量や繁殖に影響する ･･････････････････････････････ 118
　　2）乳房炎牛は乳糖率が低下する ････････････････････････････････ 119
　　3）飼料が不足すると乳糖率は低下する ･･････････････････････････ 120
　　4）MUNと乳糖率は反対の動きをする ･･････････････････････････ 121
　　5）過肥牛は肝機能低下で乳糖率を下げる ････････････････････････ 122
　　6）周産期病は乳糖率を速やかに下げる ･･････････････････････････ 123
　　7）乳中遊離脂肪酸（FFA）は乳糖率と連動する ･･････････････････ 124
　　8）氷点（FPD）上昇は乳糖率に連動する ････････････････････････ 125
　　9）同一酪農家で搾ロボ牛群は乳糖率が高い ･･････････････････････ 126
　　10）乳糖率は年々低下している ････････････････････････････････ 127
　　11）牛が健康であれば乳糖率は高い ････････････････････････････ 128

第7章　乳中尿素窒素（NUM）からのモニタリング ･･････････････ 129

　　1）現場でMUNは使える ･･････････････････････････････････････ 130
　　2）なぜMUNをモニタリングするのか-1 ････････････････････････ 131
　　3）なぜMUNをモニタリングするのか-2 ････････････････････････ 132
　　4）MUNの適正範囲を理解する ････････････････････････････････ 133
　　5）過去と比べてMUNは低下している ･･････････････････････････ 134
　　6）泌乳前期の低MUNが繁殖に良好だ ･･････････････････････････ 135
　　7）バルク乳でMUNをモニタリングする ････････････････････････ 136
　　8）個体乳でMUNをモニタリングする ･･････････････････････････ 137
　　9）牛自体によってMUNが異なる ･･････････････････････････････ 138
　　10）乳量の多い牛はMUNが高い ･･････････････････････････････ 139
　　11）搾乳ロボ農家はMUNが高めだ ････････････････････････････ 140

12）分娩間隔が長いとMUNはバラツク　　　　　　　　　　　141
　13）エネルギー源でMUNが変動する　　　　　　　　　　　142
　14）飼料設計でMUNを適正にする-1　　　　　　　　　　　143
　15）飼料設計でMUNを適正にする-2　　　　　　　　　　　144
　16）粗飼料基盤でMUNが異なる-1　　　　　　　　　　　　145
　17）粗飼料基盤でMUNが異なる-2　　　　　　　　　　　　146
　18）放牧草単独給与はMUNが上昇する　　　　　　　　　　147
　19）粗飼料の変更で急激にMUNが動く　　　　　　　　　　148
　20）高MUNは卵巣嚢腫と関連がある　　　　　　　　　　　149
　21）暑熱時はMUNが急激に上昇する　　　　　　　　　　　150
　22）現場でMUNを上手に活用する　　　　　　　　　　　　151

第8章　体細胞数からのモニタリング　　　153

　1）乳房炎を数値でモニタリングする　　　　　　　　　　　154
　2）分娩直後に体細胞数が増える　　　　　　　　　　　　　155
　3）乾乳期間に感染・治癒している　　　　　　　　　　　　156
　4）過肥牛は高体細胞数の傾向にある　　　　　　　　　　　157
　5）泌乳初期は免疫低下で乳房炎になる　　　　　　　　　　158
　6）乳質は繁殖と密接に関連する　　　　　　　　　　　　　159
　7）泌乳初期の高体細胞数は繁殖に悪影響だ　　　　　　　　160
　8）乳期が進むと体細胞数が増える　　　　　　　　　　　　161
　9）産次が進むと体細胞数が増える　　　　　　　　　　　　162
　10）季節によって体細胞数が増える　　　　　　　　　　　　163
　11）気温と体細胞数はパラレルだ　　　　　　　　　　　　　164
　12）牛周辺の清潔度が体細胞数に影響する-1　　　　　　　165
　13）牛周辺の清潔度が体細胞数に影響する-2　　　　　　　166
　14）分娩が続くと体細胞数は増える　　　　　　　　　　　　167
　15）降雨が続くと体細胞数は増える　　　　　　　　　　　　168
　16）牛床の構造が体細胞数に影響する　　　　　　　　　　　169
　17）黄色ブドウ球菌（SA）の牛を減らす　　　　　　　　　170
　18）TMRセンター構成員の乳質は差が大きい　　　　　　　171
　19）乳房炎は経済的に大きな損失である　　　　　　　　　　172
　20）乳房炎を予防でコントロールする　　　　　　　　　　　173
　21）乳質は人という要素が極めて大きい　　　　　　　　　　174

第9章　ケトン体（BHBA）からのモニタリング　　　175

　1）分娩後に多くの母牛が廃用になっている　　　　　　　　176
　2）乳のケトン体（BHBA）で潜在性ケトーを特定する　　　177
　3）高ケトン体（BHBA）は乳量や成分に反応する　　　　　178
　4）高ケトン体（BHBA）は高乳脂率と低タンパクだ　　　　179
　5）分娩時の肥り過ぎはケトン体（BHBA）が高い　　　　　180
　6）ケトン体（BHBA）はNEFAと関連する　　　　　　　　181
　7）高ケトン体（BHBA）は繁殖にマイナスだ　　　　　　　182
　8）個体牛はケトン体（BHBA）がバラツク　　　　　　　　183
　9）高ケトン体（BHBA）割合は地域で差がある　　　　　　184
　10）TMRセンター構成員はケトン体（BHBA）が低い　　　185
　11）繋ぎの飼養形態はケトン体（BHBA）が高い　　　　　　186

- 12）大型経営はケトン体（BHBA）が両極端だ　187
- 13）酪農家で高ケトン体（BHBA）牛がゼロだ　188
- 14）酪農家で高ケトン体（BHBA）牛が9割だ　189
- 15）経過日数で高ケトン体（BHBA）牛は集中する　190
- 16）初産牛は分娩直後にケトン体（BHBA）が高い　191
- 17）高産次牛と冬期はケトン体（BHBA）が高い　192
- 18）添加剤でケトン体（BHBA）を低下させる　193
- 19）個体乳量とケトン体（BHBA）は関連がない　194
- 20）ケトン体（BHBA）は子牛のルーメン醗酵だ　195

第10章　乳中遊離脂肪酸（FFA）からのモニタリング　197

- 1）乳中遊離脂肪酸（FFA）は異常風味を推測できる　198
- 2）乳中遊離脂肪酸（FFA）は酪農家で差がある　199
- 3）乳中遊離脂肪酸（FFA）は地域で差がある　200
- 4）乳中遊離脂肪酸（FFA）は暦月で差がある　201
- 5）乳中遊離脂肪酸（FFA）は搾乳形態で差がある　202
- 6）乳中遊離脂肪酸（FFA）はケトン体（BHBA）と関連する　203
- 7）乳中遊離脂肪酸（FFA）はデノボ脂肪酸と関連する　204
- 8）エサ不足で乳中遊離脂肪酸（FFA）が上昇した　205
- 9）劣質サイレージで乳中遊離脂肪酸（FFA）が上昇した　206
- 10）放牧農家の舎飼期で乳中遊離脂肪酸（FFA）が上昇した　207
- 11）搾ロボは乳中遊離脂肪酸（FFA）が上昇した　208
- 12）異常風味である酸化臭にも注意する　209
- 13）異常風味は粗飼料の影響が極めて大きい　210

参考　生乳生産からのモニタリング　211

- 1）乳用雌牛の頭数を安定的に確保する　212
- 2）分娩時の子牛の死産頭数を少なくする　213
- 3）生まれてきた子牛を死なせない　214
- 4）分娩後における母牛の廃用を減らす　215
- 5）初産牛や2産牛の廃用を減らす　216
- 6）周産期等の疾病を少なくする　217
- 7）現場で問題の肢蹄を良好にする　218
- 8）動きを制限せず快適な環境を提供する　219
- 9）初産月齢を短縮し早めに戦力とする　220
- 10）分娩間隔を短縮し泌乳初期牛を増やす　221
- 11）妊娠率を高めて子牛の数を増やす　222
- 12）良質な粗飼料で嗜好性を高める　223
- 13）過肥牛をなくし適度なBCSにする　224
- 14）周産期に着眼して一乳期を回す　225
- 15）長命連産で乳牛償却費を減らす　226
- 16）規模拡大しても技術の高度化を追求する　227
- 17）時の流れに応じた酪農技術を確立する　228

おわりに　229

第1章

乳量からの
モニタリング

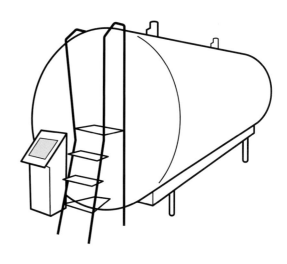

第1章 乳量からのモニタリング

1）低乳量群は立ち上がり乳量が低い

⇒乾乳後期における栄養管理を

　分娩後の立ち上がり乳量（乳検では分娩後10日以内の乳量）で、それ以降および全体の泌乳量を推定することができる。**図1-1-1**は個体乳量の高い酪農家での400頭、**図1-1-2**は低い酪農家での328頭、それぞれ10戸での泌乳曲線を示している。

　個体乳量の高い酪農家は、最初の乳検で35kgを超え、50日前後でピークに達し、以降滑らかに低下し、きれいな曲線を描いている。しかし個体乳量の低い酪農家を同様に見ると、最初の乳検が28kg前後で、ピークがないまま一直線で減少している。日乳量は、高い酪農家は35.2kg、低い酪農家は20.4kgで、立ち上がり乳量が泌乳期全体の乳生産に影響していることがわかる。

　これは分娩後の飼料給与はもちろんだが、乾乳後期、とくにクロースアップといわれている妊娠最後3週間の管理に差が生じていると考えられる。分娩が近づくと胎子の成長に伴いエネルギーの要求量は増加するが、エストロジェンというホルモンが乾物摂取量（DMI）を抑制する。そのため、乾乳後期にエネルギー摂取量をいかに上げるか、つまり喰い込み量を増やして濃度を高めることが重要である。

　一方、タンパク質は妊娠後期になると胎子のアミノ酸を取り込む量が母体供給の72％に達するが、摂取量の減少に伴い供給量も不足する。この時期における胎子の体重当たり酸素消費量は母体の2倍に達する。その酸素を消費するために使用される栄養素は50〜60％がグルコース、30〜40％がアミノ酸だ（Bell）。妊娠後期は胎盤と子宮本体で全体の20％の重さだが、酸素消費量は35〜50％を占め、母体から供給される全グルコースの65％を消費し、700gのアミノ酸を取り込む。泌乳初期は脂肪肝を発生しやすく、アンモニアの解毒能力も低下するため、ルーメン内非分解性タンパク質を組み込む必要がある。

　初産牛のタンパク質を、分娩21日前から12％を15％に増やしたら乳タンパク質が上昇し、妊娠までの授精回数が減った。経産牛の乾乳期間中にルーメン非分解性のタンパク質を高くすることでケトーシスが減少したという報告もある（R. R. Grummer, 1998）。

　乾乳後半の栄養管理を徹底して、立ち上がり乳量を高め、泌乳期全体の乳生産へ結びつけるべきであろう。

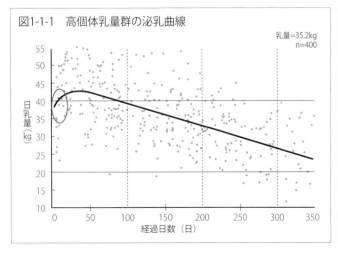

図1-1-1　高個体乳量群の泌乳曲線

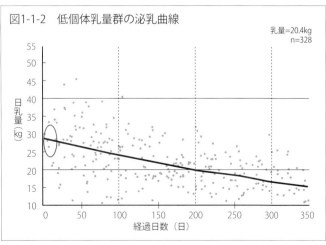

図1-1-2　低個体乳量群の泌乳曲線

2) 分娩後の乳量が極端に低い-1

⇒乾乳後期のCa調整を

　分娩後、乳検で最初の1カ月目の乳量や乳成分が極端に低い牛や、群から外れている牛をよく見かける。分娩後1カ月以内で日乳量25kg以下は、現在の遺伝的水準からすると、分娩前後のトラブルか、その後遺症と考えられる（**図1-2-1**）。

　表1-2-1は、泌乳前期における乳量が20kg以下牛の乳生産、そして同一牛を5カ月間追跡した生存率と授精状況を示している。疾病と判断できる20kg以下牛は全体の2.6％おり、乳脂率と乳タンパク質率は高めで、乳糖率は低めに推移していた。しかも5カ月経過後の淘汰率は36％（生存率64％）にも及んでおり、1回でも授精した割合は50％で双方とも極端に悪かった。

　疾病の原因は数多くあるが、分娩後最初に起こる疾病で、乾乳後期のカルシウム（Ca）の調整不足による低Ca血症（乳熱）の発生が考えられる。乳熱は、分娩時に血液から乳へCaを大量に放出するため、血中Caの低下により筋肉が麻痺し起立不能になる。しかも、他の疾病を誘発し、子宮弛緩、子宮脱、胎盤停滞等を起こして受胎率を低下させる。

　泌乳開始時の急激なCa低下に対応するため、乾乳期にCa摂取量を減らし、骨からの動員をしやすくする必要がある。そのため乾乳期は乳熱の予防としてCa給与量を抑制し、分娩3週間前程度から日量50g以下にすることが推奨されている。さらに、日照不足によりビタミンDが不足するため、冬季間や牛床の位置によって低Caが増える傾向にあり補給すべきだ。

　乾乳後半はアルファルファやリンカル等の高Ca飼料を制限し、Mgとバランスをとるべきである。しかし入手できる飼料全体のCaを下げられない場合は、陰イオン塩を添加することも考える。ただ、上手く管理している酪農家を見ると、乾物摂取量（DMI）を確認しながら、ストローで尿pHを測定する等、慎重に行なっている。また、その前段階で、乾乳牛用として、糞尿を投入しない一部の草地を確保し、K含量の低い粗飼料を栽培給与することが望まれる。

　草食動物にとって分娩（出産）は難産リスクが高く命がけで、管理と飼料が急激に変わり、すべてがストレスだ。分娩後はあらゆる疾病が絡んでおり、高乳量牛ほどリスクが高く、反芻機能や消化管活動が鈍くなり、採食量が落ちてエネルギー不足に陥る。

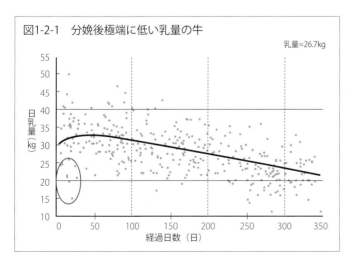

図1-2-1　分娩後極端に低い乳量の牛

表1-2-1　泌乳前期の乳量と乳成分・淘汰・繁殖状況

日乳量 (kg)	分娩3カ月以内					5カ月経過後	
	頭数 (頭)	乳脂率 (%)	乳タンパク質率 (%)	乳糖率 (%)	体細胞数 (万)	生存率 (%)	授精率 (%)
～20	29	4.23	3.38	4.48	54	64	50
～50	1026	3.78	3.04	4.62	26	95	87
50.1～	57	3.62	2.90	4.59	21	93	86

同一牛

3）分娩後の乳量が極端に低い-2

⇒第四胃変位、ケトーシスの予防を

図1-3-1は、健康牛2577頭と第四胃変位にかかった86頭の経過月別乳量の推移（泌乳曲線）である。一般に泌乳曲線というと1カ月目が低く、2カ月目が最大になり、それ以降低下するイメージがある。しかし分娩後の疾病がない（カルテがない）牛は、分娩後の数日間でピークになることがわかった。

分娩後、トラブルがなく体調が良ければ乾物摂取量（DMI）の回復が早く、数日間で最高乳量になる。最初の乳量とピーク乳量との比率が小さく、ピークまでの日数が短いほど、乾乳から分娩の管理が良好で牛にとってストレスが少ないと判断できる。

一方、第四胃変位発症牛は、泌乳中期から後期にかけては差が見られないが、分娩後30日以内の乳量は極端に低い。飛び出し乳量が低く2カ月目の乳量が高くなるのは、分娩後のトラブルである。第四胃変位はケトーシスや脂肪肝、また他の疾病と併発することが多く、同様の泌乳曲線を描く。周産期病の牛は、分娩1週間前から分娩後1週間の負のエネルギーバランス時に血中の遊離脂肪酸（NEFA）濃度が高まる。BCSは2.5と極端に痩せて、毛づやはボサボサで他の牛と比べて極端に悪い。

図1-3-2は、初産牛と2産以降牛における泌乳初期のDMI補正係数を示している。初産牛はDMIに対し分娩時0.71で、分娩後は週が経過すると、ほぼ直線的に上昇する。しかし2産以降牛は分娩時0.65と低く、2週目で初産牛と並び、3週目で0.87、6週目で0.95になる。

最大DMIが9割に達するのは初産牛が7週目であるのに対し、2産以降牛は5週目と摂取スピードに違いがある。分娩後のDMIは、初産牛は緩やかであるが、2産より3産、3産より4産と産次が進むほど早期に増える。

飼料の充足率が低ければ、経産牛は初産牛と比べ体脂肪動員による体重の落ち込みが大きい。泌乳量の多い牛は、その落ち込みが分娩後60日過ぎまで長期間にわたるため、ダメージが繁殖にまで悪影響を及ぼす。

牛のルーメン内容物は100kg以上といわれており、早めに最大DMIに達する給与技術が求められている。高産次牛ほど、分娩後速やかに摂取量を高めるための牛周辺の環境整備が求められている。腹いっぱいであっても「もう1kg、いやあと一口喰べたい」という食欲を湧かせ、第四胃変位やケトーシスを予防することが重要である。

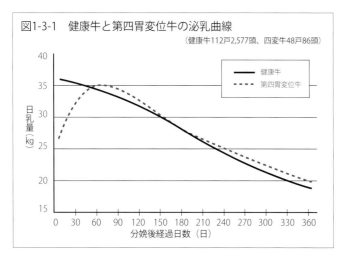

図1-3-1　健康牛と第四胃変位牛の泌乳曲線
（健康牛112戸2,577頭、四変牛48戸86頭）

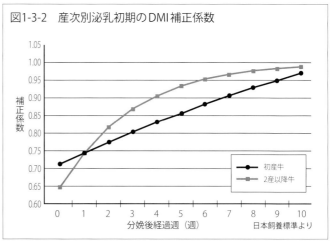

図1-3-2　産次別泌乳初期のDMI補正係数

4）乳量のピークが遅く低い

⇒管理を徹底しスムーズに発進を

　分娩後の乳量は急激に上昇して40～50日、乳検では最初の1～2回目にピークを迎えるのが一般的である。しかし乳量の伸びが遅く、ピークが明確でない酪農家や牛がおり、多くの場合は個体乳量が低い。これは1-1）項より遅めの問題で、分娩後における数週間の飼料給与と管理がポイントになる。

　図1-4-1は、分娩経過月と乳中尿素窒素（MUN：Milk Urea Nitrogen）の動きを示しているが、分娩後1カ月目は極端に低いことがわかる。これは乾乳期から飼料の急変、群への移行、管理の違い等、さまざまな分娩後のストレスが乾物摂取量を落としているためである。

　表1-4-1は、フリーストールで85頭飼養、個体乳量9700kgの酪農家で、10日間連続乳検を実施して乳成分を調べたものである。日々の乳脂率や乳タンパク質率等の乳成分の動きが激しい群（標準偏差大）と、安定している群（標準偏差小）に分けた。

　その結果、偏差が大きい群は疾病率が57％、搾乳後1時間30分以内に横臥している割合は29％と低く産褥牛が多かった。これは飼料を給与しても速やかに飼槽へ行けないことや、搾乳をするときに待機室へ遅れて入るため、待ち時間が長くなっている。そのため、日によって採食するエサの濃度と量が異なって、乳成分が安定しない原因と考えられた。

　分娩後は、良質粗飼料を飽食させながら濃厚飼料を1日250～500gずつ増やし、3～4週目で最高給与量へ誘導する。またフリーストールの群分けは、動きが鈍くなっている産褥牛を別飼いにすることを最優先すべきである。産褥牛や初産牛を群へ仲間入りさせるときは、飼料採食後の安定した時間帯に、1頭ではなく数頭をまとめて移動させると、いじめを分散し少なくすることができる。

　一方、スタンチョンでは、強い姉さん牛と隣り合わせにせず、いじめにあっていた牛を移動したら乳量6kg増えたという事例もある。分娩後のトラブルを少なくして乳生産を促すためには、管理を徹底し、スムーズに発進させることがピーク乳量を早め、高くするポイントとなる。

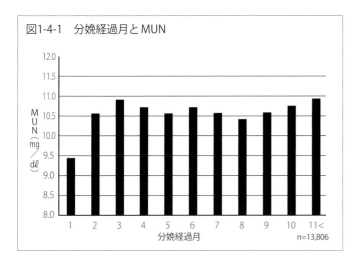

図1-4-1　分娩経過月とMUN

表1-4-1　日々の乳成分偏差における疾病・横臥状況

標準偏差	頭数（頭）	疾病頭数（頭）	疾病率（％）	横臥頭数（頭）	横臥率（％）
小	8	6	75	6	75
大	14	8	57	4	29

標準偏差は2項目以上共通していた牛
横臥は搾乳後1時間30分以内の牛

5）同一経過月で乳量がバラツク-1

⇒密飼いを避け飼槽幅を広く

表1-5-1は、A酪農家における経過日数と乳量別頭数を示しているが、同じ分娩後日数でありながら個体牛のバラツキを見かける。同じ管理をしていても、分娩後49日以下の牛が乳量35kg以上と30kg以下に分かれ、50日以降も同様に二極化を示している。

これは、牛の大きさ、ボディコンディション、肢蹄の強弱等、牛群の個体間格差が大きい。また、ロールパックサイレージのように、粗飼料の水分や栄養価が変動し、給与方法も日々一定でないこと等が考えられる。大きな要因は、すべての牛が同一飼料の濃度と量を摂取できない環境にあることだ。

その要因の一つは、密飼いによって飼槽幅を十分に確保できず、牛がいつでも自由に飼料へアクセスできないこと。道立根釧農試（1999）の成績から、1頭当たりの飼槽幅と採食時間の関係は70cm以上が315分、70cm以下が271分と、44分の差が生じている。また、1頭当たり飼槽幅を人為的に減らしていくと、喰べた乾物1kg当たり乳量がストレスの影響から減少すると報告されている。

表1-5-2は、フリーバーンで飼養しているB酪農家の産次別の分娩間隔を示している。飼槽の長さ27mに経産牛74頭を飼養しており、1頭当たり飼槽幅は36cmと極端な密飼い状態で、すべての牛が喰べることはできない。乳牛は生き物であり一時的に分娩が集中することはあるが、B酪農家は年間を通して飼槽スペースに余裕がない。

分娩間隔は3産以降適度に分散しているが、初産から2産の牛は100％が455日以上と長い傾向を示した。初産等の弱い牛が喰い負けして授精が遅れており、繁殖にまで悪影響を及ぼしていることが確認できた。牛舎へ頭数を入れることで出荷乳量を増やすことはできるものの、個体牛の能力を発揮できずバラツキを生じさせる。

牛は精神的にも行動学的にも、1m以内に接近すると威嚇行動を示すといわれている。投資効率を求めるあまり多くの頭数を飼いたい気持ちは理解できるが、一定のスペースに必要以上の頭数を入れるべきではない。スペースに余裕があれば、牛群を清潔に保ち、管理がしやすくなり、作業効率を高める。

表1-5-1　A酪農家における経過別日数と乳量別頭数

	〜49日	50日〜	100日〜	200日〜	300日〜
50kg〜					
40kg〜	3	3	4		
35kg〜	4	16	7	3	
30kg〜			4	1	
25kg〜	3	3	5	1	4
20kg〜	3	4	3	2	3
〜20kg	2		3	3	

乳検成績の一部から

表1-5-2　B酪農家における産次別分娩間隔の分布

分娩間隔	〜364日	〜394日	〜424日	〜454日	455日〜
初産〜2産					100
3産以降	22	14	27	20	18

6) 同一経過月で乳量がバラツク-2

⇒パーラーでの待機時間を短く

　すべての牛が新鮮なエサを喰べることができない二つ目の要因に、搾乳から飼料を採食するまでの作業システムがある。ほとんどの酪農家は搾乳前後に飼料を給与することが多く、フリーストールでは待機室へ追い込んでから除ふん作業と給飼作業を行なう。

　表1-6-1は、飼料設計を綿密に実践して平均乳量9700kg牛群を維持している酪農家のTMR給与後における変化を示している。時間の経過と共に繊維であるADFは高くなり、TDNに換算すると73、72、64%と直線的に低下していた。また、パーティクル・セパレーターという篩を使って繊維の割合を示したが、時間の経過と共に1.9cm以上のものが高くなっていた。つまり、濃厚飼料の選び喰いが行なわれて、粗飼料だけが残っていることがわかる。1時間後に繊維の割合が変化していないのは、サンプル採取時に飼槽上の飼料全体を混ぜたためで、牛が喰べられる範囲では同様な傾向と推測できる。したがって、この時点でTMRの掃き寄せをする必要があり、同時に給与回数も増やすことが求められる。

　表1-6-2は、同酪農家で連続10日間乳検を実施してMUNと牛の行動を調べたものである。A牛は体が大きく肢蹄が強いため毎日早めにパーラーへ入り、新鮮なエサを喰べ、MUNだけでなく乳脂率や乳タンパク質率等の他の成分も安定していた。しかし、B牛は産褥期や病気がちの肢蹄が弱い牛で、待機室へ後半に入室するために1時間以上も待たされていた。搾乳まで長時間待機している他の牛を観察しても、反芻することなくジーっと待っており、環境も良くなかった。結果として、B牛はパーラーへ終盤に入室するため、喰べるエサの濃度と量がその日によって異なることを意味する。

　牛の採食行動を見ると1日中同じではなく、搾乳直後に新鮮なエサを給与すると大量に喰べている。次の採食は1〜2時間後で量が少なく、その後、間隔が次第に長くなり、量も少なくなるということが観察できた。ちなみに、この酪農家は、待機室での時間を短くして、搾乳までの時間を従来の1時間30分から、2群に分けて40分にした。その結果、帰り通路の牛がゆったりとした行動に変わり、ガツガツ喰べる牛が少なくなったという。

表1-6-1　TMR給与経過時間における繊維の変化

	パーティクルセパレーター割合（%）			分析値
	>1.9cm	1.9〜0.8cm	<0.8cm	ADF値
給与直後	18.9	21.6	59.5	25.4
1時間後	15.3	26.4	58.3	26.5
5時間後	38.7	21.0	40.3	35.2

表1-6-2　連続10日間におけるMUNの日々の動き

	経過日数（日)											
牛	1	2	3	4	5	6	7	8	9	10	平均	偏差
A牛	10	10	10	10	11	11	10	10	11	10	10	0.55
B牛	12	12	13	8	7	12	7	2	4	5	8	3.72

(mg/dℓ)

7) 乳期別の乳量の変化が少ない

⇒分娩間隔を短く乳期別管理を

　乳量は分娩後40～50日をピークにきれいな曲線を描くが、前期、中期、後期に差がない酪農家を見かける。乳期別変化がないのは次の3点が考えられる。①1-1）項で示したように個体乳量の低い群、②1群管理で飼料が同一濃度の群、③分娩間隔の長い群である。

　その中でも分娩間隔の長短は泌乳曲線に大きく影響しており、**図1-7-1**は分娩間隔が短い酪農家の455頭、**図1-7-2**は長い酪農家の304頭、それぞれ10戸を比べた。短い群は分娩後50日・38kg、300日・22kgで、長い群の同32kg、同20kgより経過日数別にメリハリがある。

　「種が付くと乳量が減る」という話を酪農家から聞くが、そのことを確認すると、分娩1カ月目と3カ月目の乳量を比較すると受胎牛は3.4kg減っているのに対し、不受胎牛は0.5kgと変わらなかった（n＝31）。このことから、牛は摂取した栄養分を優先的に胎子に配分するという自然の節理が理解できる。

　分娩間隔が長くなると、牛群内は泌乳中期牛から後期牛の割合が多くなり、ボディコンディションの調整と管理が非常にむずかしい。そのため分娩後におけるトラブルが発生し、疾病につながり、受胎しづらくなる。飼料設計をしても焦点が牛群全体に合わないため、乳生産へ結びつかず肥った牛が多くなる。

　この悪循環を断つためには、泌乳後期から乾乳期へのBCSを3.0～3.25に入るように調整する。結果として、分娩後における子宮の回復を早め、初回受胎率を高める等、繁殖成績を改善することができる。ちなみに分娩時2.75の痩せた牛は、泌乳初期の乳量を確保するだけのエネルギー蓄積が十分でない。逆に、分娩時に肥った牛は肥満症候群を示し、代謝や消化器の疾病だけでなく、分娩後の疾病も増える。

　高い乳量であれば泌乳持続性が求められるが、低い乳量で乳期に関係なくダラダラと搾っている場合が散見される。現場で確認すると、乳期別に乳量の動きが大きく、ボディコンディションがある程度変化する方が牛の体調は良好なようだ。今後、多頭化の傾向にある中で、個体間格差をなくして、経過別乳量のメリハリを明確にするべきであろう。分娩間隔を短縮して、乳期別に給与する飼料の濃度と量を変えることが求められる。

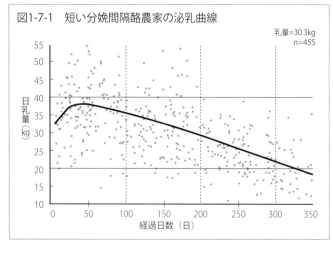

図1-7-1　短い分娩間隔酪農家の泌乳曲線

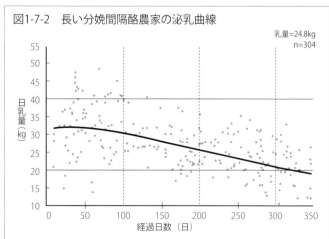

図1-7-2　長い分娩間隔酪農家の泌乳曲線

8）泌乳の持続性を追求する-1

⇒初産牛は一つのグループで

図1-8-1は、個体乳量1万5000kg以上の牛26頭、それ以下の牛3326頭における2本の泌乳曲線を示している。分娩後1カ月目の乳量を100として、10カ月間における経過日数別乳量を指数化したものである。

1万5000kg以下の牛は2カ月目が106％に増えたが、4カ月目94％、10カ月目63％まで大幅に低下している。1万5000kg以上の牛は2カ月目が103％に増え、4カ月目96％、10カ月目71％となだらかである。1万5000kg以下の牛は以上の牛と比べ、分娩後4カ月以降の乳量差が約5％であった。

つまり、高乳量牛ほど分娩後立ち上がりが早く、1カ月目から乳量を最大にして後半の落ち込みが少ない。一乳期における最高と最低の差が小さく、高い水準で持続性が維持されている。泌乳持続性とは分娩初期と後期の差で、「204日乳量－60日乳量＋100」の式で表す。

泌乳ピークを高めることは栄養要求量が高くなり、自給飼料だけでは要求を満たせないということになる。したがって濃厚飼料が多くなり、中性デタージェント繊維（NDF）と非繊維性炭水化物（NFC）のバランスを取るために飼料充足率の低下に陥る。

一方、平準化の泌乳曲線は分娩後に急激な飼料要求量がなく、泌乳前期の乳量を泌乳中・後期へ配分できる。泌乳初期の大幅なエネルギー不足を解消でき、疾病も少なく、繁殖も良好になるという理屈である。一乳期での乳量差を少なくすることは、管理において省力化が図られ、飼料効率も高まる。グループを2群や3群に細かく分けることができず、1群管理の酪農家は泌乳持続性を追求すべきであろう。

図1-8-2は、産次別泌乳曲線を示しており、3産以降牛のピーク乳量が40kgで泌乳末期は20kgまで低下している。しかし初産牛は、他の牛と比べてピークがなく持続性があり、経過日数別に変化が少ないことがわかる。このことは、2産以降の牛は乳量や乳期で分けるべきだが、初産牛は一つのグループとして乳期全体を通せるということである。高乳量になり、頭数が増えるほど、初産牛という同じ仲間で過ごさせてやるべきであろう。

従来は高乳量化と共に、泌乳初期のピークを最大にすることに主眼が置かれていた。ピーク乳量を225倍して305日乳量を推定していたため、前後がどうあれ初期の乳量を高めることがポイントであった。しかし最近は、ピーク乳量ではなく、一乳期を通して高位平準化がベストという考え方へ変わってきた。

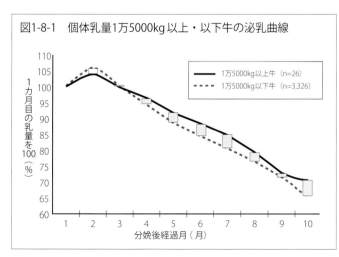

図1-8-1　個体乳量1万5000kg以上・以下牛の泌乳曲線

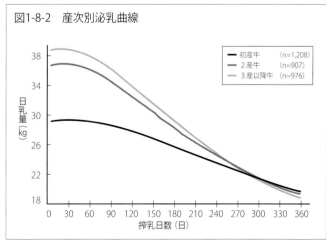

図1-8-2　産次別泌乳曲線

9）泌乳の持続性を追求する-2

⇒分娩間隔の長期化を防ぐ管理を

　乳牛の泌乳曲線は北酪検から1989年に公表されていたが、改訂版が2011年に発行された。

　図1-9-1は、305日乳量8500kg牛（2産）の新泌乳曲線（2011年）と旧泌乳曲線（1989年）の2本の曲線を示した。

　新泌乳曲線は泌乳前期の乳量が低く、中盤から逆転して持続性が維持されている。これは1頭当たりの乳量が低い7500kg、乳量が高い9500kgにおいても同様な傾向であった。ここ20年で、泌乳持続性の高い種雄牛や後継牛を選びながら、遺伝的な改良が行なわれてきたためだろうか、疑問だ。

　図1-9-2は、分娩間隔の短い酪農家11戸・381頭で平均399日、分娩間隔の長い酪農家11戸・441頭で平均466日を、2本の曲線で示した。飼養されている牛群の平均乳量は双方とも27.1kgとまったく同じ数値であった。ただ、分娩間隔の長い酪農家は牛個体間のバラツキが大きく、管理が大変であることを示唆している。

　分娩間隔の長い酪農家における牛群の泌乳曲線は、分娩後の乳量が伸び悩み、中盤から後半にかけて持続性が維持されていた。これは図1-9-1とほぼ同様な傾向が見受けられ、繁殖の悪化が乳量の持続性を維持する原因と推測された。

　酪農家の分娩間隔は延びており、乳検成績によると、北海道では1989年の396日が2022年には421日と、実に25日長くなっている。分娩間隔の3要素である、発情発見率および受胎率は低下、初回授精日数は長期化で、すべてがマイナスである。

　ここ数年における酪農環境の変化が繁殖成績を悪化させ、泌乳曲線にも大きな影響を与えたといえる。受胎が悪くなると、肥り過ぎで分娩後に周産期病を発症して泌乳初期の乳量が低下する。しかし、泌乳中期になっても受胎しないことで、乳量が低下せず持続するのである。逆に、分娩間隔の短い牛はボディコンディションが適度に推移するため、分娩後のトラブルが少なく、受胎が早いため乳量が落ちる。

　これらのことから、過去に比べ泌乳の持続性が高くなったのは、遺伝改良ではなく、飼養頭数が増えて発情を発見する時間が少なくなった。フリーストール導入で観察する場所が変動し、1日中繋留および遺伝的影響で発情を表わさない牛が多くなった等、分娩間隔の長期化による繁殖悪化に起因するものである。

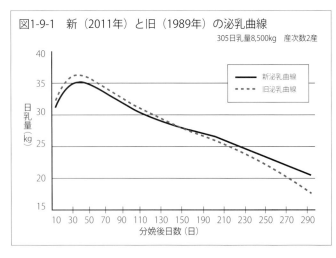

図1-9-1　新（2011年）と旧（1989年）の泌乳曲線

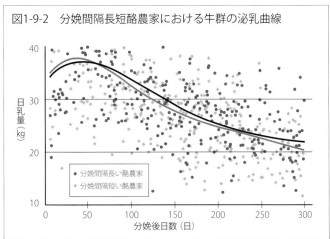

図1-9-2　分娩間隔長短酪農家における牛群の泌乳曲線

10) 乳房炎で乳量が突如として低下する

⇒疾病・乳房炎のチェックを

図1-10-1は、305日間乳量階層別の泌乳曲線を示している。分娩後30日未満に60kgを生産した牛は泌乳持続性が高く、乾乳時点でも30kgを超え、年間1万2000kg以上であった。同様に、分娩後30日未満に50kgの牛は年間1万～1万2000kg、40kgの牛は年間8000～1万kg、30kgの牛は年間6000～8000kg、20kgの牛は乾乳時点まで乳量の動きが少なく年間6000kg以下であった。

年間の乳量は分娩後の飛び出し日乳量順と一致し、泌乳中期から後期にかけて交わることはない。泌乳曲線は分娩直後に小さなピークへ向かい、その後、低下して経過日数に合わせてきれいな線を描く。

ただ、現場で泌乳曲線を描くと図のような、なだらかな線は珍しく、個体牛の場合は激しく上下するのがほとんどである。しかも疾病が多発して体調の変化が大きい牛ほど、その動きは激しく乳期別乳量と一致しない。

図1-10-2は、臨床型乳房炎にかかった牛の泌乳曲線を示しており、乳房炎に感染した時点で3本に分けてみた。分娩1カ月以内に感染すると飛び出し乳量が伸び悩み、ピークが低く遅くなる。1～2カ月目に感染するとピーク乳量がなく、飛び出し乳量とほぼ同じく推移する。2～3カ月目に感染するとピークは高いが持続性がない。

つまり、経過日数の一時点でも体調不良に陥ると、日乳量は突如として低下し、その後における泌乳曲線に影響する。たとえ治療によって回復しても、その後の健康状態は悪く大きなストレスとなっている。乳腺細胞という体の小さな一部分であっても、牛の喰い込みを減らすと考えるべきである。

近年、家畜に対する福祉意識が向上しており、ストレスや苦痛を与える要因を除く動きが広まっている。ストレスにより家畜の生産性や免疫力の低下が引き起こされるとの考えが普及してきた。

牛は乳量を急激に減少させることで、疾病や乳腺細胞の異常を訴えている。泌乳曲線をモニタリングして、乳量が低下した時点で牛を特定し、異常をチェックするべきであろう。泌乳曲線は牛の状態把握、飼料設計および今後の乳量予測だけでなく、近年は飼料利用性の向上、泌乳持続性の向上等に用いられる。分娩後、疾病や乳房炎のトラブルをなくして、喰い込みの良い飼養管理が求められている。

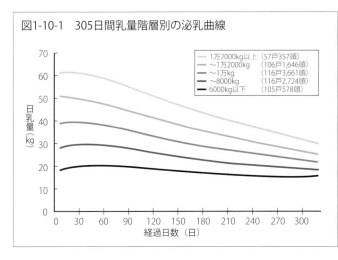

図1-10-1　305日間乳量階層別の泌乳曲線

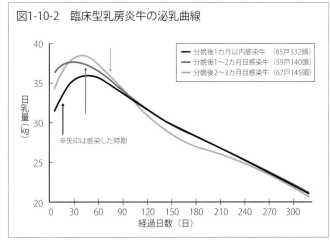

図1-10-2　臨床型乳房炎牛の泌乳曲線

11）暑熱時に乳量が低下し持続する

⇒暑熱の影響を最小限に

　真夏の牛は体熱を放散しようと体表面積を広げるため、ストールでの横臥姿勢はほとんど見られない。牛は、ガサのある粗飼料は醗酵熱が出ることを知っているため、自ら採食量を低下させる。暑い日は夜間に固め喰いが起き、反芻は極端に低下し、唾液の量は減少していく。

　懸念されるのは表面に現れない繁殖部分で、後からマイナスの影響が少しずつ明らかになることだ。真夏時は発情が微弱か、スタンディングの徴候や行動をまったく起こさない牛が多い。牛は生命維持のために最低限の飼料を採食するが、繁殖まで栄養を回せないのが実状なのであろう。

　図1-11-1は、分娩後の周産期病のない（カルテなし）牛を健康牛として、分娩と暑熱が重なった牛の泌乳曲線を示している。牛は二重のストレスがかかり、喰い込みが落ちて乳量が極端に低下する。

　図1-11-2は、分娩後の周産期病のない（カルテなし）牛を健康牛として、分娩2カ月前後に暑熱の影響を受けた牛の泌乳曲線を示している。牛は暑熱を受けてストレスとなった時点から喰い込みが落ちて、乳量が極端に低下する。

　双方とも乳量が急激に低下・持続し、回復するまで5～7カ月も費やしている。酪農家は、暑ければ牛はエサの喰い込みが悪く、乳量や受胎率が低くなるという印象を持っている。しかし暑さによる悪影響はそのときだけでなく、長期間に及ぶと認識すべきである。

　暑熱時は体感温度を低下させるべきで、風を送り込むことが効果的である（体感温度＝気温－$6\sqrt{風速}$）。風速1mであればマイナス6℃、4mであればマイナス12℃、体感温度は低下する。暑熱時は入気口と排気口（ファン）の位置、開口面積を考慮して、風速が2m／秒になるよう送風する。現場では、機械作業を優先するため、ファンの位置が高過ぎで風が牛体に当たらないところが散見される。ファンは稼働台数と送風量をコントロールし、最も発熱量の多い首から肩付近に風が当たるように配置する。

　気温が高くなると飲水量が増え、1回で4～6ℓを一気に飲み、泌乳牛は1日100ℓ以上に及ぶ。水槽の数を増やして毎日掃除し、清潔で十分な量の水を提供する。汗に多く含まれているのはKであり、次いでNa、Mgである。ヒートストレスが始まる3～4週間前から、無機物を1割増強した飼料プログラムが必要となる。いずれにしても、牛の体温は想像を超えて上昇することから、過去の教訓を活かして早めに暑熱対策をとるべきであろう。

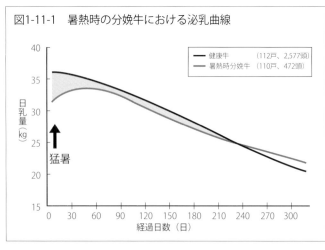

図1-11-1　暑熱時の分娩牛における泌乳曲線

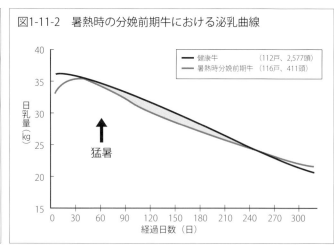

図1-11-2　暑熱時の分娩前期牛における泌乳曲線

12）分娩時期が移行し秋口に乳量が増える

⇒暑熱対策を徹底して受胎を

　暑熱は体力が落ちて乳量低下、乳房炎や疾病にかかりやすいことが注目されがちだ。実は数十年のスパンで見てみると、分娩時期に大きな変化が生じており、そのことが繁殖だけでなく乳量にも影響している。

　昔、1982～97年の北海道は家族経営主体で、放牧による乳量増の期待から、春生みを多くするため、夏前に受胎させる傾向があった（**図1-12-1**）。ちなみに10月の落ち込みは、当時は組勘の調整等、前年12月は初妊牛を販売して分娩頭数が減ったと推測できる。

　現在、2002～17年は多頭数やTMRの普及等で、年間を通して分娩頭数は平準化されたが、そのピークは夏生みに変わった（**図1-12-2**）。これは高乳量化で牛のストレスが大きく、暑熱により夏場の受胎がうまくいかず、秋に受胎するようになったからだ。

　ここ数年の授精件数を見ても、暑さが納まった涼しい9～11月に集中している。そのため7～9月にかけて分娩することとなり、喰い込みが多くなるため、管理乳量は9～11月にかけて増えている。

　このように分娩が春から夏へ移行したこともあって、秋口に乳量が伸びてきた。体細胞数の推移を見ても8～9月に高くなることから、最近の乳牛は暑熱が大きなストレスになっていることが理解できる。当然、生産乳量だけでなく、初妊牛価格も昔と比べ移行してきている。

　野生動物は本来、寒さが和らぎ喰べ物が豊富になる春に出産するよう、妊娠期間から逆算して交尾をする。草食動物である乳牛は自然交配になると、春先に出産する形態が多くなると推測できる。子牛は母乳によって適度な気温と環境で育ち、牧草を豊富に喰べられる時期に離乳を迎えることができる。母牛にとっても比較的冷涼な気候での分娩で、病原菌に感染するリスクも少なく、体力が回復する。

　一方、夏生みの母牛は暑熱で体力を消耗しながら分娩するため、周産期のトラブルも発生しやすくなる。さらにエネルギーバランスも崩れ、その後の授精・受胎も遅れを生じる。8～9月の確実な授精が春生みになるので、暑熱対策を実施して繁殖の向上につなげればと考える。

　ヒートストレスはTHIで乳牛68、子牛73、人80といわれており、人が不快と感じるときは牛は重度のストレスに陥っている。夏はしっかり暑熱対策を行ない、後継牛確保に向けて繁殖改善へつなげ乳量を確保したいものだ。

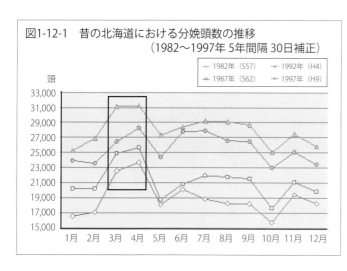

図1-12-1　昔の北海道における分娩頭数の推移
（1982～1997年 5年間隔 30日補正）

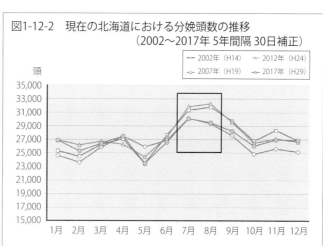

図1-12-2　現在の北海道における分娩頭数の推移
（2002～2017年 5年間隔 30日補正）

13）牛群（産次）構成で乳量が増減する

⇒自家牛群の長命連産を

　酪農経営は畜産クラスター事業で搾乳ロボット等の機器が導入され、多頭化、大型化、自動化、外部化が急速に進んできた。しかし、牛の疾病を減らして健康に飼いながら繁殖を回すというソフト面が追いついていない。

　草地更新や植生改善はなかなか進まず、自給粗飼料が不足し、濃厚飼料や粕類の割合が増えた。その結果、選び喰いや固め喰いで、ルーメンの異常醗酵による事故や廃用は増加、分娩間隔は長期化、周産期疾病は減らず牛群年齢が年々若返っている。昔、北海道における平均産次は4産を超えていたが、現在は初産牛割合が高くなり2.4産まで低下してきた。牛群構成は、1産33％、2産27％、3産18％、4産11％、5産以降11％だ。ただ305日乳量は、1産8859kg、2産1万300kg、3産以上1万503kgと産次が進むほど乳量が高まる（北酪検）。

　I酪農家は繋ぎ牛舎で、経産牛50頭、個体乳量9000kg、乳脂率4.10％、乳タンパク質率3.45％で平均的成績だ。牛群構成は1産と2産が4割弱で、5産以降牛が3割を超え、平均産次3.6産の高産次牛経営体である。（**図1-13-1**）。母牛分娩後60日以内の死廃率0％（北海道6.2％）、子牛死産率1.9％（5.2％）と事故が少ない。疾病が少ないゆえに獣医師の対応をすることなく、時間的・経済的ゆとりを感じる酪農家だ。

　法人化した大型経営の牛群構成は、設立当初、搾乳牛300頭中で初産牛が260頭であった。1年後は2産牛が200頭へ、2年後は3産牛が、5年後は4産以降牛が増えてきた。飼養頭数は過去5年間ほぼ300頭前後で推移しているが、年間生産乳量は2年目2600t、5年目3100tまで大幅に拡大している。これは牛群構成が高産次になるほど、1頭当たり乳量が増えることを物語っている。現場では酪農家間で牛群構成に大きな違いが認められ、初産・2産牛中心で出荷乳量が伸び悩んでいるところが散見される。規模拡大による増頭中であれば若齢牛中心になるが、同じ飼養頭数であれば高産次牛主体が本来の姿であろう。

　写真1-13-1は、北海道内の乳牛検定農家で飼養されている17歳で15産、長命連産を象徴する牛だ。年齢も感心するが、毎年、受胎・分娩を繰り返し乳生産に大きく寄与していることに驚く。顔は白毛が目立ち、脇も広がっているが、肢蹄はしっかりして乳房の垂れも少なく、酪農家はもう一産搾ろうかと話していた。

　牛群（産次）構成によって乳量は増減するので、すべての酪農家は3産以降牛5割以上を目指すべきだ。

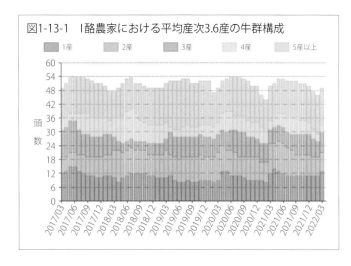

図1-13-1　I酪農家における平均産次3.6産の牛群構成

写真1-13-1　長命連産を象徴する牛（17歳・15産）

14) 育成管理で初産牛の乳量が増減する

⇒育成牛も飼料充足率を高めた管理を

表1-14-1は、1万kg牛群をフリーストールで飼養しているU酪農家の乳検成績の一部で、初産牛における経過別日数と乳量頭数を示している。2産以降は乳房炎や繁殖成績も抜群で、立ち上がり乳量は35kg、ピークは40〜50kgの高い水準で推移していた。

しかし初産牛の乳量は1頭を除いて20kg前後で、ピークは30kgに達せず低い水準で分散している。しかも、初産分娩における月齢頭数分布は平均26カ月だが、23カ月の5頭から32カ月の3頭まで差があり、育成牛での授精月齢が定まっていないことがわかる。

その原因は、育成牛を公共牧場へ預託しており、十分な管理ができていないため初産の乳量が伸びないと認識していた。従来から昼夜放牧が行なわれているが、低月齢の育成牛を昼夜放牧すると発育不良により初回授精月齢の遅れが懸念された。このことから、公共牧場によっては9カ月齢程度まで舎飼いしたり、受入月齢を遅らせたりして対応している酪農家もある。

育成後半の発育を良好にするため飼料を増し飼いすることで、初産乳量が817kg、FCM乳量で1001kg増えたという報告がある。育成妊娠期に高増体飼養を行なった乳用後継牛は体脂肪蓄積の他に体格発育も成熟値に近づき、分娩前後の繁殖性も良好であった。泌乳期には体脂肪動員と摂取養分の乳生産への分配割合が増し、乳成分の低下なしに初産次乳量向上が認められた（道立新得畜試、1994）。これは、初産牛の体ができていれば、給与したエサが成長に使われることなく乳量へ回るからと考えられた。

表1-14-2は、『日本飼養標準2017年版』を使って、育成牛における月齢別発育基準を作成した。最低限、日増体量0.7〜0.8kg、14カ月齢350kg、分娩時550kgをクリアすべきだ。また、飼料中のタンパク質レベルを16%程度に保つことで、体高を高めることができる（道立新得畜試、2017）。

23カ月齢以下で分娩させている牛は10年前に数%であったが、今は49%まで急激に増え、初産分娩月齢の平均はしばらく28カ月であったが24カ月まで短縮している（北酪検）。月齢を延ばしても個体乳量は変わらないことを考えると、育成期間を短くして初産牛の乳量を増やす必要がある。育成管理で初産牛の乳量は増減するので、群全体の飼料充足率を高めた管理で発育を良好、早期分娩を実践することだ。

表1-14-1　U酪農家における初産牛経過別日数と乳量別頭数

	〜49日	50日〜	100日〜	200日〜	300日〜
40kg〜	1				
35kg〜					
30kg〜			1	1	
25kg〜		3		1	4
20kg〜	3	4	1	2	3
〜20kg	2		1	3	

表1-14-2　育成牛の月齢別発育基準

	月齢（月）	日増体量（kg）	体重（kg）
哺育期	0	0.3	43
育成前期	7	0.7	180
育成後期	13	0.8	326
	24	0.4	539
分娩時	26	0.3	557

日本飼養標準から作成

15）初産牛は体が大きいほど乳量が増える

⇒1頭当たりスペースの確保を

　北海道の牛群構成を見ると、初産牛割合は3割以上を占めるが、乳量は2産以上牛より低い。初産牛8763kg、2産牛1万381kg、3産以上牛1万541kgで、初産牛は3産以上牛の84％ほどだ（**表1-15-1**）。酪農家は牛の体が大きいほど乳量が多くなることを認識しているが、初産牛は成長途中のためエサの栄養は成長に回る。

　分娩後の平均体重は、初産牛585kg、2産牛634kg、3産以上牛682kgで、初産牛は3産以上牛の85％と小さい（**表1-15-2**）。分娩後1週間の乾物摂取量は、初産牛は最大時の8割程で、2産以降牛は9割以上、その後、経産牛は急激に採食量を増すが初産牛は緩やかだ。初産牛は、口だけでなくルーメンの大きさを含めて、すべての機能が経産牛よりも劣ることを意味する。ゆえに初産分娩月齢24カ月以下の場合、分娩時体重が大きいほど乳量は高まることは間違いない。

　初産牛は、1回当たりの採食時間が短く、1回当たりの採食量が少なく、採食スピードが遅い。しかも1回当たりの反芻時間は短く、1日当たり反芻回数が多く、一定の乾物を摂取するためには飼料へのアクセス時間を長く、回数を重ねる必要がある。

　初産牛単独群と産次混合群における双方の初産牛は、単独群の方が採食時間は長く、量も喰い込んでおり、結果として乳量が高い。1頭当たりの飼槽スペースをとり、ゆったりした空間が望まれ、密飼いでは体が小さければ喰い負けが起きる。

　一方、初産牛は体重が大きいほど乳量が増えるが、650kg以上の大型になると増加傾向は小さく、675kg以上は低下する。650kgを超すと難産率や死産率が高く、過肥気味になり、分娩前後の乾物摂取量の低下が見られた（道酪農試、2020）。

　ここ数年、酪農家や育種改良関係者から、乳牛の大型化を嫌う動きが出てきた。飼料効率が悪い、授精や移動のハンドリングがしづらい、管理する人の怪我のリスクが高い、搾乳ロボットのバーに当たる、他の牛を威圧する……。さらに、大型の牛は牛床の長さに合わないこともあって寝起きの窮屈さが目立つ。

　初産牛は、1頭当たりスペースを確保し、成長する栄養分を補給して大型化すべきだ。ただし、受胎せずに体重650kg以上の過剰な肉付けをすることはマイナス面もある。

表1-15-1　産次別乳量・乳成分

	乳量	補正乳量	乳脂率	乳タンパク質率
1産	8,763	11,670	4.01	3.37
2産	10,381	11,829	3.98	3.35
3産以上	10,541	10,819	3.95	3.28

北酪検 2024年3月（kg、%）

表1-15-2　産次別分娩後日数別平均体重

	分娩後	70〜100	240〜270
1産	585	616	636
2産	634	655	674
3産以上	682	695	706

北酪検 2024年3月（日、kg）

16）初産牛の環境変化は乳量が落ち込む

⇒事前に馴致させる特別な配慮を

　ここ数年、乳牛の若齢化が進み、北海道では牛群平均2.4産、除籍産次3.2産まで低下している。産次別に見ると牛群中で初産牛割合は33％ほどだが、50％を超える酪農家も存在する（北酪検、2024年）。

　表1-16-1は、産次別305日補正乳量を示しているが、産次別に成年換算しており初産牛は3産以上牛より109％ほど高い。遺伝改良もあり、5産牛より4産牛、4産牛より3産、2産、初産牛……と産次が低いほど乳量が高いはずだ。ところがA酪農家は、補正された初産牛の乳量が3産以上牛の90％と低く、産次が進むほど乳量が高い逆転現象が見られる。

　これは、初産牛の能力を十分に生かしきっていないことが考えられる。乳牛は自然界で生活する生き物なので、施設や機器の高度化・複雑化は人だけでなく牛にとっても違和感を覚える。すべての牛が採食しているのに後方で待ちぼうけや、不自然な喰べ方をしているのは弱い牛で夜間に採食する。

　繋ぎ飼養でストールが満杯のため、牛床が空いたところに分娩近い牛を連れて来ると、採食後、横臥せずに起立したままの姿が散見される。隣の姉さん牛に首や体を頭突き威圧され、喰べることも寝ることもできない（**写真1-16-1**）。結果として、ふんまみれになり、ガリガリに痩せて疾病を発症する。隣の姉さん牛は年齢（産次）というより、そのストールの滞在期間と性格がイジメを加速し事故が多くなる。

　若齢牛は高齢牛より新たなシステムへの順応能力が高いものの、急激な環境変化は問題だ。トラブルを避けるためにも、育成時に搾乳牛のレイアウト、ストール、敷料、飼槽、水槽等の施設や機器に馴らしておくべきだ。また、分娩2週間前頃から乳房を触り、パーラーは搾乳をせずに何回か素通りさせ、途中で蹄浴させる。

　繋ぎ牛舎の場合、新入りの初産牛は隣のストールを一つ空けるか、できなければ初産牛の隣にする。牛舎が満杯であれば移動前に分娩させ、重いストレスを一つ除いてから繋ぐべきであろう。馴致は新たな施設、群やエサの移行期に行なわれるものだが、施設は快適なところへ、群は過去の仲間へ、飼料は良質なものへ……乳牛が好むところへは期間は短くても構わない。しかし突如の施設やエサの変化は乳量が伸びなくなるので、新入りの牛には事前に馴致させる等、特別な配慮が求められる。

表1-16-1　A酪農家の産次別305日補正乳量

産次	北海道		A酪農家	
	補正乳量	割合	補正乳量	割合
初産	11,513	109	10,555	90
2産	11,521	109	11,535	99
3産以上	10,582	100	11,725	100

(kg・%)

写真1-16-1　隣の姉さん牛に頭突き威圧される

17）実乳量と管理（標準）乳量に差が生じる

⇒牛群構成の偏りを少なく

　ここ数年、酪農家における牛群構成の違いもあって、乳検成績の日乳量と管理乳量に差が生じてきた。とくに最近は牛群の平均産次が2産を割ったり、分娩間隔が450日を超えたり、季節分娩を行なったりするケースが多くなったからだ。

　表1-17-1は、北海道における両極端の酪農家の乳量差を示したが、K酪農家は管理乳量が1.9kg、逆にO酪農家は日乳量が1.3kg高い。乳量は産次、搾乳日数、分娩月の違い等、さまざまな要因から成り立っている。初産牛が多い、泌乳後期牛が多い、秋口に分娩が集中する等、月毎や酪農家毎で単純に比較ができない。そこで、すべての牛を2産次、検定日数150日、4月分娩を基準に補正したものがマネジメントミルクで、北海道は管理乳量、都府県は標準乳量で表示している。

　同一酪農家であっても月別に見ると、乳牛は生き物であり分娩頭数が異なるので、同じ土俵で確認するためには管理乳量で判断すべきだ。牛群の搾乳日数が月別で150～240日と大きな差がある酪農家は分娩が一時期に集中していた。この乳量は遺伝改良もあり毎月上昇するものだが、もし低下するのであれば、エサや管理等、酪農家に要因があると判断される。

　一地域での施設の違いによる産次数を見たが、フリーストール10戸の平均産次は2.63産で、繋ぎ263戸の2.96産より低かった。重要なことは、その原因が疾病等の不慮の事故によるものか、頭数を増やす過程なのかで意味が異なる。一時的に事故が発生して若牛が多くなり、管理乳量が日乳量と比べて高くなっても問題はない。しかし、無意識で牛群間のバランスが崩れるのは、早めに修正しておくべきである。

　表1-17-2は、S酪農家のA牛で16歳・14産、現在も長命連産を続け活躍している。彼女の経歴は搾乳日数4347日、1日当たり乳量30.1kg、分娩間隔は1年1産、体細胞数は一桁で、稼いだ乳代は1000万円を超えた。和牛繁殖牛と異なり、産次を引っ張ることだけが目的ではない。しかし牛群の中心が初産や2産では、生産力に物足りなさを感じる。やはり4～5産の牛が主体となって群を引っ張るようでなければ、力強さは感じられない。管理乳量が日乳量と比較して高くなるほど、産次や分娩に偏りが生じていることを意味する。

表1-17-1　酪農家における管理乳量と日乳量の差

	管理乳量	日乳量	平均産次	分娩間隔
北海道	32.0	30.7	2.5	425
K酪農家	28.7	26.8	2.0	471
O酪農家	31.1	32.4	3.2	399

（kg・%・日）

表1-17-2　S酪農家におけるA牛の生涯記録

乳期（産）	14
搾乳日数（日）	4,347
乳量（kg）	130,893
1日乳量（kg）	30.1
乳脂率（%）	3.5
平均体重（kg）	704
乳代（円）	10,222,000

18）主体粗飼料が切れると乳量が激減する

⇒年間通して給与できる組み立てを

　粗飼料は給与するエサの半分以上を占めており、牛の健康だけでなく乳量や繁殖等の根幹に関わる。乳牛は草食動物であることを考えると、良質なサイレージや乾草等の繊維を求めている。H酪農家は、搾乳牛76頭、繋ぎ牛舎で乳量1万kg、乳脂率3.97％、乳タンパク質率3.36％、分娩間隔428日だ。主体粗飼料はスイートコーン残渣で年間を通して28kg、補助的に乾草を8kg給与している。乾物摂取量、エネルギー、タンパク質は要求量の100％を超えている。繊維（NDF）、でんぷん（NFC）、脂肪、乳中尿素窒素（MUN）等は適正範囲内だ。

　図1-18-1はH酪農家における月別日乳量の動きを示したが、32kg前後あったものが8月だけは28kgまで激減している。しかも本年だけでなく、過去の成績を見ると毎年同様な傾向であった。追跡すると、スイートコーン残渣は副産物であるため、工場稼働の関係から8月だけバンカーサイロが空になるときがあった（**写真1-18-1**）。スイートコーン残渣が切れると、乾草を3kg、ビートパルプを2kg増やしたが、飼料設計をしても限界がある。カルシウムやマグネシウムのようなミネラルであれば添加剤で調整は可能だが、給与量が多くなると簡単ではない。

　酪農家個々の主体粗飼料の乾草やグラスサイレージが切れると、設計で必要な項目を満たしても、他で代替することはできない。飼料の激変が一時的なものであっても、ルーメン微生物は長期間にわたって悪影響を及ぼし続ける。乳牛のルーメンには多種多様な微生物が、互いに密接に関連しながら生態系を形成している。ルーメン内容物1g当たり約100億の細菌類と、50～100万のプロトゾア（原生動物）という無数の微生物が生息している。これらの働きにより、ルーメン内において飼料成分の分解と合成が盛んに行なわれている。

　多くのTMRセンターでは、バンカーサイロの切り替え時に乳量減、乳房炎多発等、構成員からのクレームが多いという。そのため、サイロ最後部のサイレージが劣悪だったときは、次のサイロを開封して併用しているセンターもある。このことを考えると、主体粗飼料は月別に増減することなく一貫性が重要で、ルーメンの恒常性を維持しなければならない。牛の胃袋は正直なので、粗飼料の量確保を勘案しながら、年間を通して安定給与できる組み立てすることが極めて重要だ。

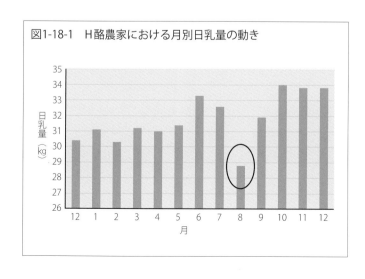

図1-18-1　H酪農家における月別日乳量の動き

写真1-18-1　主体粗飼料が8月だけ切れる

19）給与飼料をふんで確認し乳量へ反映させる

⇒ふん洗いでルーメンの動きを

　酪農に関するモニタリングはボディコンディション・スコア、ルーメンフィル・スコア、肢蹄、毛づや、乳房の色……等がある。牛の健康やルーメンの動きを示す「ふん」のモニタリングについては多くが感覚的であった。現場での会話でも、「軟便で飛び散る」「とうもろこしの実が目立つ」などが頻繁に出てくる。

　摂取した飼料は数日程でふんとして出て、1日12回ほど排泄されるのでリアルタイムで明らかになる。その量は初産牛で35kg、2産以降牛で50kgにも及び、NDF摂取量と高い相関がある。器具を使ってふんを洗い、未消化飼料の残渣で、牛の健康状態やルーメンの動きによる飼料の消化がわかる。ダイジェスチョンアナライザーは2段の篩（上段5mm、下段2mm）によって選別している。

　良好な状態は、上段の残渣が少なく、腸管粘液であるムチンやヘドロ状や、未消化の繊維や穀類が散見されない。ヘドロ状の残渣が観察される場合は、ルーメンで消化されなかった穀類が大腸で過剰醗酵する大腸アシドーシス状態が考えられる。ムチンもヘドロ状と同様だが、ルーメン内の環境が荒れて、未消化の飼料が下部消化管で過剰醗酵して腸粘膜の剥離が起きていることが推測される。暑熱・寒冷ストレスや移行期等、飼料の変化、乾物摂取量が低い、穀類の量が多い、粗飼料の質が悪い、サイレージの切断長、飼養密度が高い、跛行牛が多い……等が考えられる。

　写真1-19-1は、T酪農家における飼料組み立て前のふん洗いの結果で、残渣は上段82％、下段12％で、未消化の麦が見られる。**写真1-19-2**は、飼料の組み立てを変えて添加剤を給与した1カ月後のもので、残渣は激減し上段42％、下段58％に変化した。乳量は1日1.8kgほど増加しており、繊維や麦の消化率が上がって、上段の未消化物が少なくなった。ルーメンの健全を維持することで、VFA（揮発性脂肪酸）の産生、乳量と乳脂肪が増加したと推測できる。

　T場長は「ふん洗いは、各ステージの状況を経時的に評価できる。飼料設計の変更、添加剤給与した際等で新たなモニタリング・アイテムになる」と話す。可能であればパーティクル・セパレーターを用いた粒度分布も確認することが望ましい。飼料高騰が続いており、給与した飼料が無駄なく効率的に利用され乳量へ反映するためにも、ふん洗いを実践、ルーメンの動きを確認してほしい。

写真1-19-1　T酪農家における飼料組み立て前のふん

写真1-19-2　T酪農家における飼料組み立て後のふん

20）高エネルギー油脂の添加で乳量が増える

⇒ルーメン微生物を考慮して適正な量を

　油脂は炭水化物の2.25倍というエネルギー価があるので、泌乳初期のエネルギーを充足させることができる。結果として、泌乳ピーク量を高めて乳期全体の乳量アップ、過度の体脂肪動員を防ぎ、繁殖成績の改善も期待される。

　脂肪酸は、牛体の脂肪細胞から血液中へ放出され、アルブミンによって肝臓へ流入し代謝される。肝臓で利用するグリコーゲンが不足した場合は、余剰の脂肪はケトン体として血中へ放出される。ただ、ケトン体が過剰に産生されると、潜在性だけでなく臨床性ケトーシスになる。油脂製品は最近、ルーメン微生物への影響を最小限に抑えるために、ルーメン内ではなく低pHの第四胃以降で分解するように加工製剤化したバイパス油脂が主流となってきた。

　K酪農家は、フリーストール、ロボット搾乳、搾乳牛頭数130頭、個体乳量1万1651kg、体細胞数14.3万個、分娩間隔415日と成績優秀だ。乳量アップと乳脂率維持を目的に、9月に新たに中性脂肪タイプ（C16パルミチン酸80％）を1日1頭当たり330g添加した。

　その結果、日乳量は添加前35.5kgが添加後36.9kgで1.4kg増えた（**図1-20-1**）。同様に、乳脂率は3.85％が4.03％と0.18％、乳タンパク質率は3.27％が3.34％と0.07％高くなった。1日当たり収支を乳量のみで計算した結果、プラス1万1864円の経済効果があった。

　1年前と比べると、初回検定高BHBA割合は低下し、分娩後60日以内死廃率も低下していた。200日以上空胎日数割合は低下し、発情発見率と妊娠率は高くなっていた。乳量や乳成分だけでなく、疾病や繁殖に関しても明らかに改善されていた。

　ただし、ルーメンを通過するバイパス油脂といっても油脂添加はルーメン微生物には悪影響で、乾物摂取量低下を抑えるために乾物中7％以内とする。通常、粗飼料や濃厚飼料の脂肪含量は3％なので、油脂添加は4％を限界とすべきだ。**表1-20-1**は、油脂添加前後各10旬（20旬）の脂肪酸組成をバルク乳で見たものである。デノボ（De novo FA）、プレフォーム（Preformed FA）脂肪酸組成に大きな違いはなく、他3戸も含めて添加前後で差が認められなかった。このことは、油脂源と添加量が適正であればルーメン微生物に影響は少ないと推測できる。油脂添加は自家の構成飼料と泌乳ステージ、乳量レベルを考慮して上手に飼料設計に生かすべきだ。

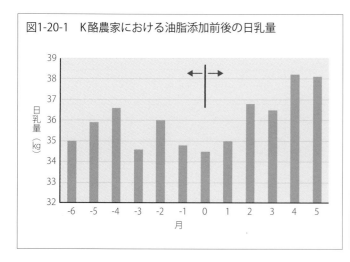

図1-20-1　K酪農家における油脂添加前後の日乳量

表1-20-1　油脂添加前後の脂肪酸組成

	添加前	添加後	比率
デノボFA	27.8	28.0	101
プレフォームFA	38.7	37.9	98
ミックスFA	31.0	31.6	102
計	97.5	97.5	

バルク乳添加前後各10旬（％）

21）活性型酵母の添加で乳量が増える

⇒ルーメンアシドーシスに効果が

　酵母はさまざまな効果を有するため、家畜の補助飼料として古くから活用されている。活性型酵母は通常、胞子の状態で貯蔵されているが、ルーメン内で出芽して菌の活性を高める。目覚めた酵母がルーメン内の酸素を吸収することで、嫌気性に傾ける。繊維はルーメンのみで消化吸収されており、酵母はそれに関わる微生物が働きやすいルーメン環境を整える。つまり、①酸素を除去、②pH6〜7に合わせる、③微生物への栄養補給をする。

　活性型酵母は、繊維消化細菌や乳酸利用菌の活性を高め、飼料の消化率を高め、プロピオン酸と酢酸が増え、乳量と乳脂肪のアップにつながる。イギリスやフランス等6カ国の試験では、乳量が1日1.9kg増えた。潜在性ルーメンアシドーシス等の消化器疾患牛に試験したら、繊維消化率が30％から42％に向上した（Mardenら、2008）。泌乳初期の排卵前のエストラジオールのピークと初回排卵卵胞サイズは、サッカロマイセス・セルビシエ酵母の給与後に増加した（Allbrahimら、2010）。乳量だけでなく、ルーメンアシドーシスの予防、繁殖改善にも有効な添加剤として普及してきた。

　農研機構は「ルーメン環境の改善に有効な活性型酵母ペレット化飼料」という課題で2017年に発表している。乳牛に活性型酵母ペレットを日量100〜200g（酵母として5〜10g）給与すると、エンドトキシン産生菌の割合が漸減し、繊維分解菌の割合が増加すると報告している。

　S酪農家は大型経営で搾乳牛600頭を飼養しており、個体乳量9387kg、乳脂率3.87％、乳タンパク質率3.32％の成績だ。群分けは、高乳量牛群、中低乳量牛群の中で受胎・不受胎群、初産牛群、産褥牛群、乳量・産次等7群に分けている。そのうち高乳量群に活性型酵母を1日1頭当たり5g添加した。その結果、無添加群の乳量は26.7kg、前月・前年同月と大きな違いはなかった（**表1-21-1**）。一方、添加群84頭は前月と比べ3.4kg、前年同月と比べ4.8kg増えた（**表1-21-2**）。

　設計者である獣医師と協議した結果、サイレージ切断長が0.8cmと短く、NDF32％、有効繊維24％と低かったことから、アシドーシスに効果があったといえる。粗飼料の不足や質低下が懸念される酪農家は活性型酵母を試す価値がある。

表1-21-1　S酪農家における活性型酵母無添加前後月の乳成績

	頭数	乳量	乳脂率	乳タンパク質率	MUN	体細胞数
前月	409	26.6	3.90	3.41	7.8	170
無添加月	398	26.7	3.75	3.47	11.4	216
前年同月	351	25.2	4.11	3.32	7.3	239

（頭・kg・％・mg／dl・千個）

表1-21-2　S酪農家における活性型酵母添加前後月の乳成績

	頭数	乳量	乳脂率	乳タンパク質率	MUN	体細胞数
添加前月	84	41.6	3.27	3.08	7.0	134
添加月	84	45.0	3.27	3.08	10.1	109
添加前年同月	84	40.2	3.85	2.94	5.8	84

（頭・kg・％・mg／dl・千個）

22) バイパスグルコースで乳量が増える

⇒エネルギー不足と肝機能負担の改善を

　乳牛の乾物摂取量（DMI）は分娩前1週間頃から急激に低下し、分娩後2週間まで回復しない。乾乳期間のDMIは12〜13kgで推移するものの、分娩時は7〜8kgまで落ち込み、分娩後、徐々に喰い込むが20kgに達するのは15日目ほどだ。初産牛より産次が進むほど、過肥牛ほど、DMIの落ち込む度合が大きいのが実態だ。これが原因でケトーシス等の周産期病につながり、繁殖にまで悪影響を及ぼし、酪農家にとって大きな損失になっている。

　乳牛は乳量1kg当たり約75gのグルコースを要し、1日30〜40kg生産する場合は2〜3kg必要になる。また、免疫システムはエネルギー源としてブドウ糖に依存する。人と異なり反芻動物である乳牛は必要なグルコースのほとんどが肝臓で作られる。ルーメン醗酵の過程で生成されるVFA（揮発性脂肪酸）から、それでも足りない場合はアミノ酸からグルコースをフル稼働で生産している。

　この問題を解決するためには、肝臓に負担をかけずにエネルギー不足を最小限に抑える必要がある。消化性の高いパルミチン酸を主体とする脂肪酸でグルコースをコーティングしてルーメンをバイパスさせ小腸で吸収させる。さらに、急激に溶けるブドウ糖と時間をかけて溶ける果糖を60%加えた製剤を、分娩前21日〜分娩後21日の移行期に1日1頭当たり200g給与した。

　4牧場・27頭にバイパスグルコース（BG）を給与し、初回検定時における前乳期（無給与）と今乳期（給与）の乳成績をまとめた。乳量は6.9kg、乳タンパク質率は0.12%、脂肪酸組成のデノボ脂肪酸は2.0%高く、初回授精日数は8.5日短縮した。産次補正はしていないが、乳量、乳成分、繁殖だけでなく、ルーメン環境を改善する効果があった（**表1-22-1**）。また、代謝プロファイルテストの結果、BGを給与した分娩後5日後における血糖値の維持とケトン体（BHBA）の抑制効果が認められた（n=15）。

　K酪農家はBGを給与して1年後、乳量368kg、体細胞数2.5万個、空胎日数36日、高BHBA等も劇的に改善された（**表1-22-2**）。分娩前後にBGを給与することでエネルギーが充足され、乳量が増え、肝機能が改善した。

　分娩前後は嗜好性の良い粗飼料を給与し、ミネラルバランスを取り、好きなときに喰べ・飲み・休息させ、ストレスを最小限にすべきだ。それでも周産期病に悩むようであれば、BG製剤を給与する価値がある。

表1-22-1　BG給与における初回検定時の前乳期（無給与）と今乳期（給与）の乳成績

	検定日数	乳量	乳脂率	デノボ	ミックス	プレフォーム	乳タンパク質率	体細胞数	初回授精日
前乳期（無給与）	23	36.6	4.37	24.4	24.8	45.7	3.22	128	92.2
今乳期（給与）	22	43.5	3.82	26.4	25.4	43.2	3.34	133	83.7
差	-1	6.9	-0.55	2.0	0.6	-2.5	0.12	5	-8.5

同一牛27頭、今乳期平均産次3.2産　　　　　　　　　　　　　　　　　　　　　　　　　　（日・kg・%・千個・日）

表1-22-2　K酪農家のBG給与前後各1年の乳成績

	給与前	給与後	差
乳量（kg）	8881	9249	368
出荷乳量	前年比126%		
体細胞数（千個）	102	77	-25
空胎日数（日）	163	127	-36
妊娠率（%）	12	21	9
高BHBA（%）	13	4	-9

23) 牛床マットの改善で乳量が増える

⇒寝起きの回数を増やすことが

　高乳量を達成するためには、栄養価の高い飼料を大量に採食し、きれいな水を大量に飲み、新鮮な空気を大量に吸うことを思い浮かべる。酪農家の多くは、そうした栄養管理に集中しがちだが、快適な牛床でリラックスした環境を提供し、目的がなく起立している牛を少なくすることも重要だ。寝起きの回数を増やすことは、喰べる・飲む・寝る・移動するという動きを促進する。そして横臥時間を増やすことは、乳腺への血流増加、肢蹄にかかるストレス軽減、反芻活動を活発化、持続的な唾液分泌につながる。

　G酪農家はフリーストール、パーラー搾乳、搾乳牛頭数76頭、個体乳量9329kg、体細胞数13.2万個、分娩間隔475日である。肢蹄強化と乳量アップを目的に、古くなった牛床マットを入れ替えた。

　その結果、入れ替え前の6カ月間の平均日乳量は30.2kgだったが、入れ替え後6カ月間の平均は33.7kgと3.45kg増えた（**図1-23-1**）。同様に、体細胞数は15.9万個であったが、10.6万個と5.3万個低減した（**図1-23-2**）。

　その収支を、体細胞数と乳タンパク質率を除外して乳量のみで計算した。経費は牛群全体で114万円（76頭×1万5000円）、収入増は初年度957万円（乳量3.45kg×76頭×100円×365日）。牛床マットへの投資は1年で回収できた。G酪農家は「牛床マットを入れ替えたら横臥や起立がスムーズになった。このマットは衝撃を吸収し柔軟性があり、滑る恐怖心がなくなったからだろう」と話す。

　頻繁な寝起きは、エサを喰べ、水を飲み、その後、横になり反芻に専念できる。そのことが固め喰いや早喰いを防ぎ、乾物摂取量を最大にしてルーメン微生物が活発になり、ルーメンアシドーシスのリスクを軽減できる。

　牛は、自然界では自由に草原を歩き回って、疲れたら横臥し、しばらくしてから立ち上がる行動を幾度となく繰り返す。人工的な施設では、牛床の素材やストールのデザインが悪いと肢に擦り傷や腫れをつくり、寝っぱなし、立ちっぱなしの不自然な行動が見られるようになる。

　牛の行動は喰べることや飲むことに着眼しがちだが、これらの行動の起点となる寝起きも生産性を上げるために重要だ。牛床マットという一部を改善することで快適になり、乳量が増えたという実例である。

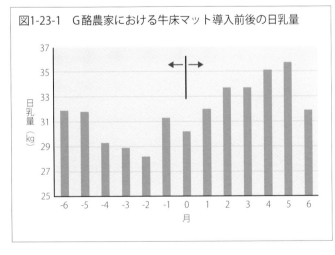

図1-23-1　G酪農家における牛床マット導入前後の日乳量

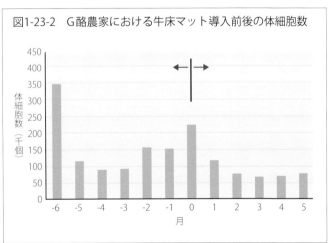

図1-23-2　G酪農家における牛床マット導入前後の体細胞数

24）横臥時間の長い牛（酪農家）は乳量が増える

⇒牛の能力やエサではなく休息が

　生乳生産の高まりに伴う疾病や繁殖障害に共通していることは休息時間であり、乳牛は採食より優先する生き物だ。その昔、世界記録2万5000kgを搾った牛の行動を調べると、1日の採食時間は6時間15分、横臥時間は13時間55分であったという。平均的な採食時間5時間、横臥時間10〜12時間と比較すると、この牛は喰べる・寝る時間が多い。通路で呆然としていたり、ストールで立ちっぱなし、目的のない状態で過ごす時間はほとんどない。つまり高乳量の牛は、採食と横臥に費やす時間が必要不可欠であることを意味する。

　乳量と血流量は密接な関係があり、1kg泌乳するためにおよそ430ℓの血液が必要であるといわれている。搾乳は1日2回より3回、3回より4回、回数が多い方が乳腺血流量は有意に多くなる。子宮と胎子の養分消費量を直接測定し、子宮動脈血流量の日内変動を示した成績がある（**図1-24-1**）。横臥時は1分間9.7ℓで、起立時の7.2ℓより2.5ℓ血流量が多く、母牛から胎子や各臓器へ血液を通して酸素と養分が供給されている。休息時間が1時間長くなると乳量は1.7kg増え、「ビタミンR（Rest：休息）」といわれてる（Rick Grannt2005）。立っているより横になることは、心臓と各臓器が同じ高さになるので血流量が多くなるという理屈だ。

　一方、現場で12戸の牛群行動調査をしたら、1日の横臥時間平均は酪農家間で380分の開きがあった（根釧農試、1998）。これを乳量に換算すると、380分×（9.7−7.2ℓ）／430ℓ＝2.2kgとなる。搾乳牛100頭規模で1日1頭当たり2.2kgとすると、年間80tの差となる。

　ある大型経営の酪農家で、労働力が回らなくなったことから、1日の搾乳回数を3回から2回に減らしたが出荷乳量は変わらなかった。全体の飼料給与量と残食量は変わらず乾物摂取量は同じで、初産牛が牛床で寝ている時間が増えたことが理由だったという。隣の酪農家と同じ管理や濃厚飼料を給与しているにもかかわらず乳量に差が生じるのは、休息（横臥）時間の違いの可能性が高い（**写真1-24-1**）。

　昔の人は「喰べてからすぐに寝ると牛になるぞ」と悪い意味で注意した。人は喰って寝る時間が多くなるほど評価は下がるが、牛はまったく逆で、喰って寝ることが大きな仕事であると認識すべきだ。酪農家は、乳量の違いを牛の能力やエサの栄養価に目を向けがちだが、横臥時間もチェックすべきであろう。

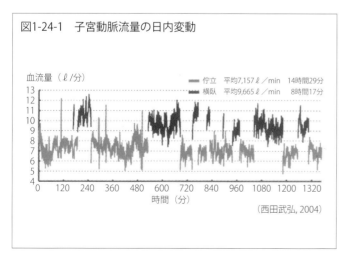

図1-24-1　子宮動脈流量の日内変動

（西田武弘, 2004）

写真1-24-1　同じ管理や濃飼でも乳量差が出るのは横臥時間だ

25）多回（3回）搾乳は乳頭刺激で乳量が増える

⇒万全な飼養管理と共通認識が

　ここ数年、北海道でも搾乳回数を2回から3回にする動きが大型経営を中心に増えてきた。ミルキングパーラー等の施設投資を回収するためだ。パーラー稼働時間を増やすことで減価償却費を減らすことにつながる。あるギガファームでは8時間間隔の3回搾乳で、パーラーを1日15時間稼働していた。

　図1-25-1は、搾乳回数を2回から3回に変えたら乳量はどのように変化するかを調べたものだ。相関は極めて高く、1日1頭当たり0.975kg増えている。搾乳回数2回で日乳量が30kgであれば、3回にすると33kgまで増えることになる。

　図1-25-2は、どの乳期に増えているのかを、分娩後の経過日数で示している。分娩後50日は5.1kg、100日4.5kg、200日3.3kgとバラツキが大きいものの、経過日数が少ないほど反応している。同じ牛群と施設で、労働時間と電気料等をプラスするだけで乳量が1割増えることは経営にとって大きい。

　多回搾乳が乳量増につながるのは、乳頭への搾乳刺激が多くなりプロラクチンの放出を促し、乳腺細胞の分化が進むからだ。3回搾乳は乳量が増えるだけでなく、潜在性乳房炎が減り体細胞数の低下、乳房の小さい初産牛のストレス軽減、漏乳の減少、泌乳後期の過肥防止等につながる。さらに従業員やパート労務管理は、朝夕2回より3回の方が上手く回せるようだ。実践している8戸の時間帯を見ると、朝4時・昼12時・夜20時で回していた。

　ただし3回搾乳はメリットばかりでなく、乳脂率および乳糖率が低下し、空胎日数が延び繁殖に影響している。搾乳回数を2回から3回にすることは拘束時間が1.5倍になり、採食と休息時間が減少する。乳量増に対してエネルギー充足を高める粗飼料の良質化、乳頭口ダメージを防止するための離脱タイミング調整等も必要となる。

　一部の大型酪農家は、泌乳初期牛だけを4回搾乳（パーラー移動1回で搾乳2回×朝晩）にしている。その後、泌乳中期から2回搾乳に戻しても、乳量増の効果は持続するという。いずれにしても多回搾乳は、従業員全員が、万全な飼養管理に共通認識を持つことが条件になることを忘れてはならない。

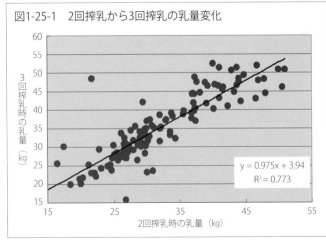

図1-25-1　2回搾乳から3回搾乳の乳量変化

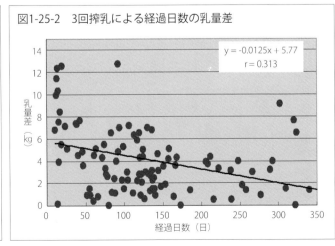

図1-25-2　3回搾乳による経過日数の乳量差

26）搾乳ロボットで乳量の有利性を活かす

⇒1日1台2000kg以上の生乳生産を

　北海道内における搾乳ロボット（搾ロボ）導入農家20数戸について現地調査を実施した。導入の目的を聞き取ると、一つは将来の労働力不足懸念・作業負荷軽減、もう一つは頻回搾乳により乳量を増やしたい、が共通していた。

　調査の多くは搾ロボを最近導入していたが、導入から10年以上経過した酪農家も特段大きな問題はないという。パソコンには乳量、体細胞数、ケトン体だけでなく、反芻時間や発情状況等、現在の状況が表示される。導入後の感想を聞くと、緊急呼び出しに苦慮、不適牛の別搾りが多い、FFA（遊離脂肪酸）が心配等はあるものの、概ね満足していた。

　ただ、投資に対する費用対効果、償還時期が懸念される。搾ロボの平均乳量は1万1303kgで2回搾乳より1500kgほど多く、3回搾乳とほぼ同程度である（**表1-26-1**）。問題は、所得に直結する搾ロボ1日1台当たりの生産乳量で、2000kgが分岐点となり、経営体で大きな差があることだ。搾乳牛60頭であれば日乳量33kg、50頭であれば40kg搾らなければならない。多くは1日1台当たり50頭前半で33kgほど、なかには搾乳頭数35頭で1500kgにも満たないケースもあった。

　M酪農家は導入8年目で、1台当たり搾乳頭数62頭、1日1頭当たり40kg、毎日バルク乳2400kg出荷している。搾乳回数2.7回、失敗回数3.0回、リフューズ回数1.1回だ。**表1-26-2**は、M酪農家および同年月の北海道における乳量と繁殖成績を示している。乳量は3400kgも多く、乳脂率や乳タンパク質率に大きな差はなかった。

　ゲノム検査を積極的に活用して遺伝改良を進めており、牛群の小型化を目指している。搾乳スピードも重視して、1分当たり3.5kgだが回転率を高めたいという。搾ロボ占有時間は、乳頭洗浄1分・装着1分・搾乳時間5分の合計7分が目標で、再装着の回数を減らしたいとのこと。また、搾ロボ本体の上部と側面から送風して、暑熱対策だけでなくハエや蚊等を防いで快適性を追求している。

　M酪農家のモットーは「牛を第一に考えた牧場運営」で、すべては好循環でストレスが軽減されている。スタッフのイレギュラー作業が減少し、労働力削減につながり、乳量増加や乳質改善も期待できる。搾ロボは1日1台当たり2000kg以上生産して、ゆとりを保ちながら所得を確保すべきであろう。

表1-26-1　搾乳形態別の乳量と乳成分

	頭数	乳量	乳脂率	乳タンパク質率
2回搾乳	159,736	9,779	3.93	3.32
3回搾乳	4,929	11,573	3.87	3.27
搾ロボ	25,610	11,303	3.84	3.32

2021年、北酪検　　　　　　　　　　　　　　　（頭・kg・%）

表1-26-2　M酪農家における乳・繁殖成績

	乳量	乳脂率	乳タンパク質率	体細胞数	空胎日数	発情発見率	初回授精日数
M酪農家	13,060	4.08	3.26	210	150	39	108
北海道	9,635	3.96	3.37	198	148	37	87

（kg・%・千個・日）

第1章 乳量からのモニタリング

27) TMRセンター構成員の乳量は高位平準だ

⇒乳量へ反応させて所得確保を

　北海道のTMRセンターは1999年に粗飼料主体でスタートし、2021年現在90カ所まで普及してきた（北海道）。全道の生乳生産に占めるTMRセンターの比率は推定で2割に達している。各センターは設立時期、経営形態、構成員数、投資額、価格等、実態はさまざまだ。

　30カ所のTMRセンターの現地調査をしたところ、いくつかの共通点があった。草地更新、施肥、収穫、サイロの踏圧密封等サイレージ調製の基本を厳守し、専門家による飼料設計、調製・供給するTMRは優れている。ただ、バンカーサイロ取出口の最初と最後の部分は外気と触れる面積が多く踏圧不足による品質悪化でクレームが多い。

　設立前後における個体乳量を見ると、Aセンターは設立前8064kg・設立後9108kgで113％、Bセンターは同9604kg・同1万22kgで104％、Cセンター同9254kg・同1万31kgで108％だ。他のセンターも個体乳量は1割ほど増えていた。

　図1-27-1は、6カ所におけるTMRセンターの構成員平均乳量と北海道の同年月の乳量を示しているが、TMRセンターの単純平均は1万11kgで105％ほど多い。ただ、Bセンターは8戸・9108kg、Fセンターは17戸・1万1328kgとセンター間で2220kgの差があった。

　図1-27-2は、一つのTMRセンターにおける構成員間の個体乳量を示している。10戸の平均は9930kgで、最高が1万863kg、最低が9300kgと高位平準化していた。TMRの飼料原料や給与量等は基本的に統一されており、個体乳量は高めで差が小さい。ただ、あるTMRセンターで構成員17戸の平均は1万634kgだが、最高と最低で3730kgの差があった。

　調製するTMR種類は多くのセンターが、乳量水準別に泌乳牛用2種類、乾乳牛用と育成牛用の4種類で、設定乳量、メニューの組み立て、配送方法や回数等はさまざまだ。また、TMRに構成員が濃厚飼料をトップドレスしたり、個々の要望でバラ配送というところもある。

　TMRセンター設立後、構成員の経営は概ね良い方向へ進んでいるものの、乳量が伸びない構成員は飼料費の比率が高くなり経費が膨らむ。また、TMRセンターは機械施設の投資が莫大なため、更新費用を考えると、各構成員は乳量へ反応させ所得確保を最大にすべきだ。

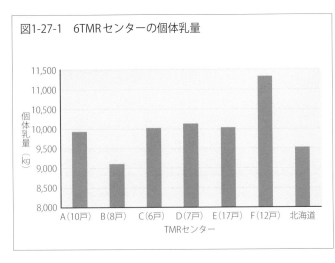

図1-27-1　6TMRセンターの個体乳量

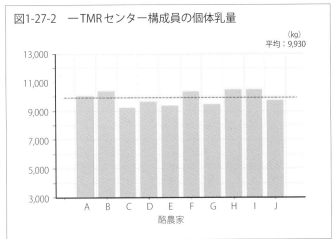

図1-27-2　一TMRセンター構成員の個体乳量

28) TMRセンター構成員の乳量差は繁殖だ

⇒発情発見と適期授精の管理を

　TMRセンターを技術的に分析すると、構成員の個体乳量は速やかに反応していることがわかる。ところが、TMRは同原料・同濃度であるから平準化するはずが、必ずしも一致していない。繁殖はTMRによって栄養充足が高まることもあって、分娩間隔が短くなる傾向だ。Aセンター構成員の平均分娩間隔は設立前442日・設立後435日で7日、Bセンターは同461日・同436日で26日、Cセンターは同424日・同413日で11日短縮している。

　図1-28-1は、6カ所のTMRセンター構成員の平均空胎日数で、北海道平均より8日ほど短いが各センターで大きく異なる。6カ所の単純平均は143日だが、Cセンターは6戸・156日、Fセンターは12戸・118日で38日の差があった。

　図1-28-2は、その中の一つのTMRセンター構成員間の空胎日数を示している。構成員10戸の平均は152日だが、120～210日と差があった。同じTMRを給与しても、繁殖は乳量よりセンター間や構成員間で差が開いていると見るべきだ。

　3センターの個体乳量と空胎日数の関係を相関係数で見ると、6戸・$r=-0.694$、8戸・$r=-0.698$で2センターは高い逆相関が認められた。もう一つは供給されたTMRだけでなく、個別でトップドレスの影響もあって12戸・$r=0.270$と関係は低い。これらのことから、空胎日数が長期化すると、牛群の分娩後経過日数が長くなり個体乳量にも影響することがわかる。

　通常、TMRセンターは構成員が定期的に集まり、その時々の懸案事項を検討している。多くの情報交換がなされ、後継者や新規就農者の教育にもつながっている。「親父の言うことは聞かないが、兄貴分である仲間の言葉には素直に耳を傾ける」という話を複数の若い構成員から聞いた。

　個体乳量は、収穫した飼料作物、飼料設計、給与方法等、技術的に見えやすい要素が多く議論の対象になる。しかし繁殖は、発情発見の仕方、牛体の肉付き、授精のタイミング、受胎率を高める管理等、センター内で話題になることが少ない。しかも繁殖成績は、エサとのタイムラグもあって改善に長期間を要する。結果として、繁殖はTMRセンター構成員間で認識の違いが大きく、それが個体乳量にも連動している。TMRセンター構成員の個体乳量の差は繁殖にあり、構成員同士で発情発見や適期授精等、細かな情報交換をすべきだ。

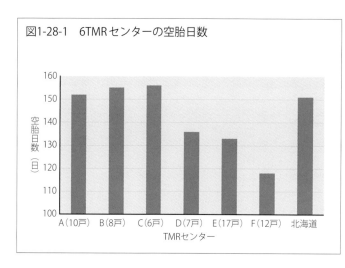

図1-28-1　6TMRセンターの空胎日数

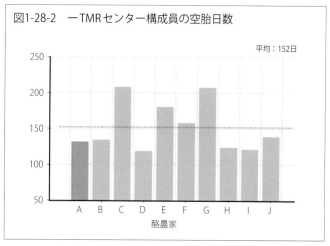

図1-28-2　一TMRセンター構成員の空胎日数

29）繁殖を改善することで乳量が増える

⇒疾病や耐用年数に好影響が

牛群の空胎日数が延びると、泌乳初期ではなく中後期に牛が偏り、1日当たりの生産乳量が低下する。

表1-29-1は、一地域における分娩間隔の違いによる乳成績を示している。分娩間隔400日以内の109戸は乳量9673kgと高く、体細胞数17.7万個と良質であった。分娩間隔400日以上の803戸は同9053kg、同21.2万個であった。

分娩間隔を〜394日、〜454日、455日〜の3グループに分けて産次別日乳量との関係を見た。初産牛は23.6kg、23.7、23.7kg、2産牛は27.9kg、27.5kg、26.4kg、5産牛は29.4kg、28.9kg、26.9kgであった。初産牛は泌乳曲線がなだらかに低下していくため、空胎日数が延びても大きな違いはなかった。しかし産次が進むほど、分娩間隔が延びると共に乳量は急激に落ち込むため、日乳量は低くなる傾向にあった。

北海道における年間検定成績の個体乳量と分娩間隔の関係を表1-29-2に示した。1万1000kg以上を搾っている酪農家631戸は分娩間隔411日、9000kg台は424日、8000kg台は431日、7000kg台は440日であった。1頭当たり乳量を搾っている酪農家は繁殖成績が良好で、繁殖が上手く回るから乳量が高いともいえる。平均搾乳日数は北海道が180〜190日だが160日を目指すべきで、牛群の中で300日以降の割合が1割か3割か、何割占めるのかだ。

一方、受胎が遅れると過肥が問題になり、疾病や繁殖に悪影響が出て耐用年数が短くなる。肉が付くほどエネルギー要求に見合うだけの飼料を摂取できず、乳量は伸び悩む。分娩難易度が高くなり、胎盤停滞が多くなり、肝臓機能は弱まり疾病が増える。

筆者の調べでも、健康牛（n＝5240頭）は乾乳日数70日・分娩間隔426日と短い。しかし、乳熱罹患牛（n＝108頭）は74日・440日、ケトーシス罹患牛（n＝62頭）は79日・462日、第一胃食滞罹患牛（n＝52頭）は90日・461日、第四胃左方変位罹患牛（n＝48頭）は82日・452日と延びていた。

ここ数年の繁殖悪化の背景には、1戸当たり飼養頭数が急激に増え、群管理やTMRの普及等で過肥牛が目立ってきたことがある。乾乳時点のBCSは3.25程として、分娩時まで維持するのがベストと考えられる。繁殖を改善することは、乳量が増えるだけでなく、疾病や繁殖、耐用年数に好影響を及ぼし、経済的にプラスとなる。

表1-29-1　分娩間隔の違いによる乳成績

分娩間隔	戸数	分娩間隔	経産牛頭数	乳量	体細胞数
400日以内	109	392	111	9,673	177
400日以上	803	439	78	9,053	212

（戸・日・頭・kg・千個）

表1-29-2　個体乳量と分娩間隔の関係

乳量	戸数	頭数	分娩間隔
11,000以上	631	130	411
10,000〜	812	113	418
9,000〜	918	89	424
8,000〜	665	69	431
7,000〜	426	53	440
6,000〜	208	48	440
5,999以下	78	41	455

北酪検、2021　　（kg・戸・頭・日）

30）個体乳量は飼養形態で微妙に差がある

⇒生産技術の高位平準化が

　北海道の乳用牛飼養頭数は1990年が84万7000頭、2023年が84万2000頭で大きな違いはない。しかし、飼養戸数は1990年が約1万5000戸、2023年は5380戸と大きく減少している。その結果、1戸当たり飼養頭数は1990年が57頭、2023年が157頭と、33年間で2.8倍に増えた（農水省）。

　日本の飼養規模は、家族経営から経産牛1000頭以上のメガファームまで、年々差が広がっているのが実態だ。飼養形態は、放牧、繋ぎ、フリーストールだけでなく、搾乳ロボットが増え、今後、さらに多様化することが考えられる。

　表1-30-1は、北海道における乳検加入農家3890戸の経営形態別個体乳量を2015年に分析したものである。繋ぎは2676戸で全体の69％（経産牛頭数56頭）と一番多く、フリーストール908戸（同140頭）、放牧250戸（同56頭）、搾乳ロボット56戸（同115頭）であった。

　個体乳量は搾乳ロボットが9800kgと高く、フリーストール9452kg、繋ぎ8855kg、放牧7925kgであった。搾乳ロボットは1日の搾乳回数が多く、乳頭刺激による泌乳ホルモンの分泌が高まったためと考えられる。放牧は青草主体で濃厚飼料の給与量が少なく、乳量は低めに推移したのであろう。

　体細胞数はフリーストール19.1万個、繋ぎ22.9万個、搾乳ロボット22.6万個、放牧23.8万個であった。放牧は広大な草地で飼養なので体細胞数は低いと推測したが、必ずしもそうではなかった。

　図1-30-1は、酪農家の経産牛頭数と個体乳量を示しているが、決定係数0.095で関係が薄い。規模が大きいほど労働力は回らず細かな管理ができないのでは、と仮説を立てたものの、マニュアルを実践している。逆に、飼養頭数の少ない中小酪農家ほどバラツキが大きく、個々の管理が伝統的に継承されていると推測できる。経産牛200頭以上飼養しているところは1万kg前後だが、130頭以下のところは5000～1万2000kgであった。規模が大きい経営体は個体乳量がやや多く、技術的水準が高いようだ。

　個体乳量は飼養形態によって微妙に差があり、生産技術の高位平準化が求められている。どの飼養形態であっても、①良質な粗飼料を調製・給与し飼料充足率を高める、②牛の快適性を追求し本来の動きができるようにする、③各酪農家は独自で牛の観察管理を確立する、ことで対応すべきであろう。

表1-30-1　飼養形態の違いにおける個体乳量

飼養形態	戸数	経産牛頭数	個体乳量
繋ぎ	2676	56	8,855
フリーストール	908	140	9,452
放牧	250	56	7,925
搾乳ロボット	56	115	9,800
北海道	3890	77	9,085

北酪検2015　　　　　　　　　　　　（戸・頭・kg）

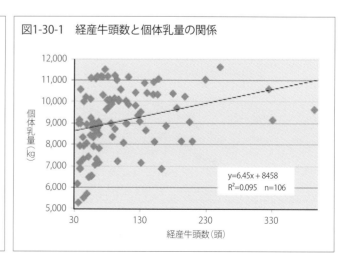

図1-30-1　経産牛頭数と個体乳量の関係

$y=6.45x + 8458$
$R^2=0.095$　n=106

31）遺伝能力向上で管理も向上させる

⇒進化に応じたエサ・環境・牛を

　酪農は急激に規模が拡大され、技術革新が行なわれ、進化してきた（**図1-31-1**）。北海道における経産牛1頭当たり乳量の推移を年次別に見ると、乳検農家は1990（H2）年は7447kg、2022（R4）年は1万25kgまで増え、乳検未加入農家を含めて北海道平均では1990（H2）年の6700kgが、2022（R4）年は8972kgまで増えてきた（農水省）。

　乳牛の遺伝改良もあって、乳成分や乳質だけでなく、1頭当たり乳量は驚異的な伸びを示した。このことは、10年前、20年前の低い乳量水準の時代と同じ飼養管理を続けていると、あらゆるトラブルが生じると警告している。時の流れと共に牛も進化しており、牛周辺の管理も数段に向上させなければならない。

　乳量を最大にするためには総合的な組み立てが必要で、**図1-31-2**の3項目から成り立っている。「エサ」は粗飼料の品質と量の確保、飼料設計の精度向上、油脂添加の適度な割合、TMRの調製技術、給与掃き寄せのタイミングである。「環境」は1頭当たりの牛床・バンクスペースの確保、群の構成や移動によるいじめの防止、快適な牛床や通路の整備、暑熱対策や寒冷対策等、ストレスを軽減する取り組みである。「牛」は肢蹄病、アシドーシスや周産期病の低減等、健康な体づくりだ。

　さらに、1戸当たり飼養頭数は増え、機械化・システム化が急速に進んでいる。酪農における周辺環境は大きく変化しているゆえに、管理する「人」そのものも変わらなければいけない。発情を発見する能力、体調の悪い初期の牛を見る眼力、疾病を未然に防止する管理等を向上させる。疾病は一時期や一牛群に集中することが多いため、原因を追求して飼養管理改善へ生かすべきだ。コンピュータ機器を活用しながら、個体から群として管理するためのモニターと管理がポイントになる。

　泌乳曲線は飼養管理を表した線でもあり、モニターにより随時、自分の作業体系を修正すべきだ。牛の遺伝的力は急速に伸びていることから、それに応じた周辺の環境改善と飼養管理を向上させるべきであろう。

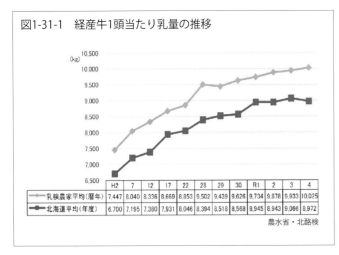

図1-31-1　経産牛1頭当たり乳量の推移

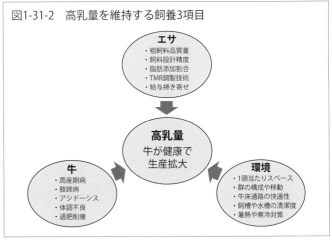

図1-31-2　高乳量を維持する飼養3項目

32）泌乳曲線で管理をモニターする

⇒乳量の動きでチェックすべきは

　乳牛にとって一乳期を通して飼料構成や濃度は変わらず、ルーメン内の恒常性を維持することが望まれる。しかし管理者側から見ると、圃場および調製時期等によって、給与する粗飼料の品質や栄養濃度は変わらざるを得ない。牛側から見ると、乳期別に要求する栄養分の違いがあるので、それに応じた飼料の組み立てが必要になる。

　群分けで共通している課題は、泌乳前期群から中後期群への移動時期に大きく乳量が減ることだ。大型酪農家で、その乳量変化を調べたことがある。群移動の判断は、牛個体の乳量、BCS、受胎の有無等で、分娩後6カ月前後が多かった。

　飼料設計は、泌乳前期がTDN74％・CP17％、中後期がTDN71％・CP16％であった。調査牛68頭における乳検の平均乳量は、移動前30.9kgから移動後25.1kgと5.8kg（19％）も大幅に減った（**図1-32-1**）。乳検成績の個体検定日成績で、前月より大きく下回ったときは「※▽▼」記号が付く。飼料がデンプン主体から繊維主体に変わったとき、ルーメン内微生物叢に大きな影響を与え、細菌増殖が抑制される。群移動での乳量減は、分娩後の経過もあるが、多くは移動ストレスと飼料メニュー変更のためと判断できる。給与する飼料が突然変わることは、目に見えないルーメン・ストレスがあると考えるべきだろう。

　図1-32-2に、泌乳曲線のチェックすべき3点を示した。

　第一は、乳検が可能になった分娩後5〜10日目の飛び出し乳量とピーク乳量の比率（B／A）である。目標値は10％以内で、30％以上は分娩後の体調不良で疾病と考えるべきである。

　第二は、ピーク乳量（B）までの日数である。目標値は20日以内で、40日以降になるのは分娩直後の群やエサに慣れていないことが多い。昔のピーク乳量は分娩後50日前後といわれていたが、最近はかなり早まってきている。『NRC2001』では、経産牛の4％脂肪補正乳量は2週目でピークに達している。

　第三は、ピーク乳量と分娩後300日乳量の比率（C／B）で、泌乳持続性が判断でき6割前後が望ましい。ピーク乳量が30kgであれば300日乳量は18kg、50kgであれば30kgが目安になる。1カ月間における乳量の減少率は6％以下で、泌乳持続性を維持すべきだろう。ただ、受胎せず分娩間隔が長期化すると、急激な落ち込みが少なくなるので勘違いする。泌乳曲線を確認し、健康度をモニタリングしながら飼養管理へ生かすことで健康維持と高乳量が期待できる。

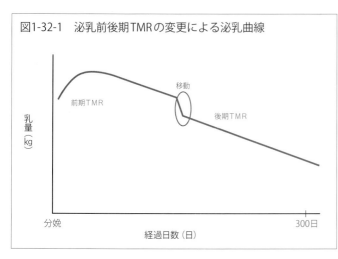

図1-32-1　泌乳前後期TMRの変更による泌乳曲線

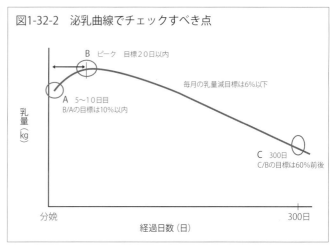

図1-32-2　泌乳曲線でチェックすべき点

33）高乳量農家は周産期病が少ない

⇒牛の健康を維持して均一化の管理を

　高乳量農家であるK酪農家は繋ぎ牛舎で、搾乳牛頭数56頭、年間乳量1万4800kg、体細胞数17.9万個、空胎日数162日である。乳脂率4.0％、乳タンパク質率3.4％、乳糖率4.5％と乳成分は高めで、乳量だけでなく乳質も良好で、繁殖管理も徹底している。

　高乳量酪農家における3年間の分娩後平均乳量は初産牛40kg、2産以上牛60kg程で最高78kgにも達し、双方が交わることはなかった。群全体で30kg以下の極端な低い牛は僅かで、バラつかず、分娩後日数が経過しても持続性があった（図1-33-1）。

　図1-33-2は、K高乳量農家の分娩後日数と乳ケトン体（BHBA）を見たもので、0.13mmol／ℓ（血中1.2mmol）以下で推移し、潜在性ケトーシス牛は3年間で1頭のみだ。初回検定におけるBHBAは2％で、北海道平均9％と比べ極端に低く周産期病が少ない。肥り具合を判断できる分娩50日以内乳脂率5％以上の割合は2％と低い（北海道7％）。これは泌乳末期から分娩にかけてBCSの調整がなされているからだ。脂肪酸組成はデノボFA31％、プレフォームFA33％で、ルーメンの動きも良いと判断できる。

　過肥牛の原因となる繁殖管理に力を入れており、高乳量であっても分娩間隔442日と全道並みだ。初回授精時の日乳量は50～70kgであり、初回授精日数を122日と意識的に遅くしている（北海道88日）。受胎率は、初回授精41％（同39％）、2回目以降49％（同47％）と高い。

　さらに、泌乳初期牛のエネルギー不足を防ぐ管理に力を入れており、100日以内乳タンパク質率は2.8％以下が6％と低い（同12％）。綿密な飼料設計によりエネルギー不足を補っていた。エサは良質で十分量の粗飼料、カルシウムやビタミン添加、優れたTMR調製技術のほか、快適な牛床や通路、夏場の暑熱対策や冬場の寒冷対策等、周辺環境を整備してストレスを軽減していた。分娩前のボディコンディション・スコア（BCS）調整と泌乳初期の飼養管理で、高乳量を維持することができている。

　それらにより、牛個々の大きさ、BCS、ルーメンフィル・スコア、毛づや、乳房の色、肢蹄の強弱等、均一な群であった。分娩前後の飼料や管理を徹底して周産期病を低減し、肢蹄病やアシドーシスを減らし、削痩や過肥をなくして体調を整える。牛の健康を維持し、群として均一化する高乳量牛群の管理を追求すべきであろう。

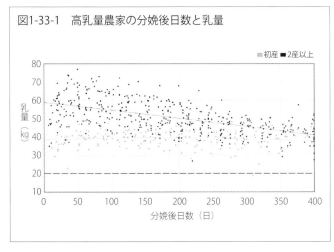

図1-33-1　高乳量農家の分娩後日数と乳量

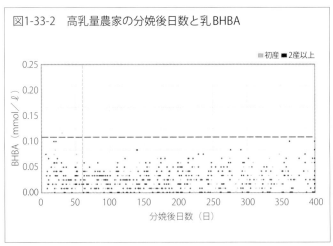

図1-33-2　高乳量農家の分娩後日数と乳BHBA

34）乳量は独自の飼養管理技術の証だ

⇒繁殖や乳質の情報交換も積極的に

　乳牛の飼養管理に関する情報は数多くあるが、個々の酪農家でその技術が確立しているかが問題だ。主な酪農技術3項目（乳量・分娩間隔・体細胞数）に絞って、前年と本年の2カ年の関係を検証すると、この数値が高いほど技術の成熟度が高いと判断できる。

　図1-34-1は、酪農家103戸の2カ年における個体乳量の関係を示しているが、決定係数が0.892と極めて高い。近似曲線上に位置し前年6000kgであれば本年6000kg、1万2000kgであれば1万2000kgと一致する。前年8000kgの酪農家が今年は1万3000kg、逆に前年1万3000kgの酪農家が今年8000kgを搾ることは考えられない。このことから個体乳量は飼料設計うんぬんではなく、個々の酪農家で独自の飼養管理技術が確立されている証でもある。天候不順でサイレージの品質が低下しても、購入飼料や添加剤等で修正している。これは乳量に関する技術が学問的に解明され、現場の酪農家はその技術を習得していることを意味する。

　図1-34-2は同様に分娩間隔の関係を示しているが、決定係数は0.395と高いもののバラツキがある。前年400日であれば本年も400日、450日であれば450日と同じ傾向だが、完全に一致するといえない。つまり繁殖は、その年の給与する飼料や管理の違いによる牛の状況、発情発見や授精タイミング等、人の要素が大きく今一歩確立されていない。ブラックボックスの部分が多く、現場の酪農家はこの分野の技術を習得しているとは言い難い。

　その中間にあるのが乳質で、体細胞数の関係は決定係数0.659と高いがややバラツキもある。前年10万個であれば本年も10万個、30万であれば30万個と関係は強いが、必ずしも一致していない。これは次年度も数年後も同様の傾向になると推測できる。

　これらから、酪農技術の中で最も成熟しているのは乳量で、次に乳質、繁殖の順であることがわかる。研究・普及・団体等からの情報発信、地域での酪農家間の技術的検討も同様の順と考えるべきであろう。

　ここ数年、大型経営や搾乳ロボットが増えてきた。「1頭当たり乳量はそこそこで、疾病が少なく作業効率が高い牛、繁殖が良好で長命連産の牛を求めている」という声が現場で聞かれる。乳量は独自の管理技術が確立されているゆえ、今後は、繁殖と乳質の情報交換も積極的に行なうべきであろう。

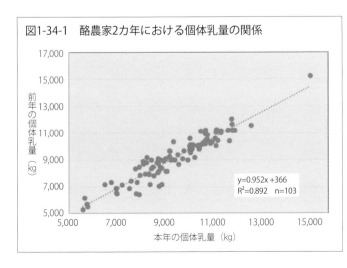

図1-34-1　酪農家2カ年における個体乳量の関係

y=0.952x +366
R^2=0.892　n=103

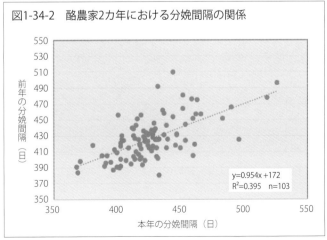

図1-34-2　酪農家2カ年における分娩間隔の関係

y=0.954x +172
R^2=0.395　n=103

牛舎で生産者と牛・エサ・施設について検討（著者左）

第2章

乳脂率からの
モニタリング

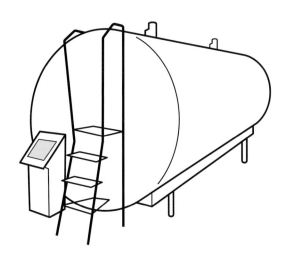

第2章　乳脂率からのモニタリング

1）乳脂率の動きを注意深く観察する

⇒泌乳初期の乳脂率の動きを

　乳脂肪は乳中に脂肪球の形で分散し、主要成分は98％がトリグリセリド、その9割が脂肪酸である。脂肪酸の起源は、①粗飼料の繊維源からルーメン内で産生された酢酸と酪酸、②綿実や加熱大豆等飼料中の脂肪、③体脂肪、の三つの原料から合成されている。これらを見分けるのは炭素数で、C4～14はルーメンから、C18～は飼料と体脂肪からである。乳脂肪の原料割合は、ルーメンで繊維からの脂肪が約50％、残りは飼料の脂肪40％、体脂肪10％前後だが、乳期・個体別で大きく異なる。

　図2-1-1は、経過日数別における乳脂率個体牛を示しているが、平均3.87％で3.0～4.5％にほとんどの牛が収まっている。しかし、泌乳初期だけは最低2.5％～最高6.5％と広く分散している。

　表2-1-1は、同一牛群での、分娩後3カ月以内の泌乳前期、4～10カ月の泌乳中後期における平均と標準偏差であるバラツキを示している。乳脂率は0.5～0.6で、乳タンパク質率0.3、乳糖率0.2に比べ動きが激しい。しかも、泌乳前期は中後期に比べ標準偏差が0.63と、1シグマで3.15～4.41と差がある。それだけ分娩後は体脂肪動員や濃厚飼料多給によるルーメンアシドーシス等が起きやすく、個体牛間で乳脂率に大きな差が生じている。

　北海道における乳脂率は、1985年が3.69％、1998年が3.93％、2022年が4.01％で、ここ20年は変わらないものの昔と比べ向上した。これは遺伝改良、初産牛割合が高くなる、分娩間隔長期化、給与技術等飼養管理の改善が大きいと考えられる。

　北海道の乳価体系は、乳脂率と無脂固形分率の比率によって計算され、1993年は50：50から45：55、1995年は40：60へ乳タンパク質率を重視してきた。しかし、新型コロナ禍後、外食やインバンド回復等からバターの需要が高まり、脱脂粉乳の在庫解消傾向もあり、2024年10月から50：50へと乳脂率の比重が高くなった。U酪農家は年間平均で個体乳量1万365kg、乳脂率4.51％、無脂固形分率9.12％、乳価124円／kgで、一農協114戸における最高の乳価で、最低との差が15円であった。

　今後、乳生産においては、個体乳における乳脂率の動きを注意深く観察して、乳脂率の高い牛と低い牛を確認し対応すべきである。一乳期の中で、泌乳前期を中心に牛を健康に保つという側面からも、乳脂率をモニタリングする価値は高い。

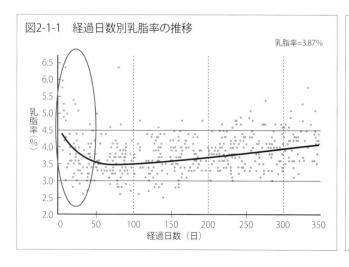

図2-1-1　経過日数別乳脂率の推移

表2-1-1　乳期・各項目別の平均と標準偏差

	項目	日乳量(kg)	乳脂率(%)	乳タンパク質率(%)	乳糖率(%)
泌乳前期 1,112頭	平均	35.4	3.78	3.05	4.62
	標準偏差	8.5	0.63	0.31	0.22
泌乳中後期 1,048頭	平均	27.2	3.77	3.21	4.59
	標準偏差	6.5	0.51	0.26	0.21

（同一牛）

2) 分娩後の高乳脂率は体脂肪動員だ

⇒ケトー等周産期病のリスクが

　分娩後3カ月までは乳生産に対して給与する飼料が間に合わず、体脂肪を原料にして乳へ結びつける牛が多い。本来、分娩後の飼料摂取量は低下するが、乳脂率は泌乳初期、乳検では1回目が極端に高くなる牛がおり、これは体脂肪の動員と考えられる。

　体脂肪は血液中で遊離脂肪酸（NEFA）という形で肝臓へ運ばれ、中性脂肪として沈着するため、肝臓機能が低下すると脂肪肝になる可能性がある。この現象は、乳量40kgの牛では分娩2～5週が最大になり、12週目まで確認した（V. S. Madhab, 1997）。分娩後3カ月以内1112頭の乳脂率を見ると、5.0％以上が47頭、5.5％以上が16頭いたが、ここでは4.5％以上を体脂肪動員と判断した。分娩後に粗飼料の繊維等ルーメンの揮発性脂肪酸（VFA）から、乳腺細胞で大量に合成されるとは考えられない。現場では体脂肪の動員をボディコンディションによって判断するが、数値的には泌乳初期の高乳脂率を目安とすべきである。

　表2-2-1は、泌乳前期における乳脂率と乳成分、5カ月経過後における生存率と繁殖状況を示している。体脂肪動員と考えられる乳脂率4.5％以上の牛は全体の11.7％で、乳量は3.9％以下に比べて4.2kgも低い。逆に、乳タンパク質率は体組織からのエネルギーと体タンパク質が動員されたこともあって、3.31％まで高くなった。また、同一牛を5カ月追跡してみると、体脂肪動員の牛は他の群に比べ廃用率が8.4％（生存率91.6％）と高く、授精した頭数の割合は78％と極端に低かった。

　図2-2-1は、酪農家141戸における乳脂率5％以上割合と、潜在性ケトーシスと判断できる分娩後60日以内の高ケトン体（BHBA）割合の関係を示している。乾乳時に過肥になり分娩後高乳脂率の多い牛群は、周産期病にかかるリスクが高いことが理解できる。

　これらのことから、分娩初期のエネルギー不足は体組織が移行し、乳生産だけでなく体調不良による廃用率、繁殖へも悪影響を示すことがわかった。乳へ結びつけるため乳脂率が分娩後1～2カ月に低下し、泌乳後半へ向かって高くなるメリハリのある牛の方が、体調は良好のようだ。しかしボディコンディション・スコア（BCS）の低下を1単位以内に抑えるように、乳脂率とBCSを組み合わせて体脂肪動員を検討し、泌乳初期の飼料充足を図るべきであろう。

表2-2-1　泌乳前期の乳脂率と乳生産・生存・繁殖状況

乳脂率	分娩3カ月以内				5カ月経過後				
	頭数	日乳量	乳タンパク質率	P／F	頭数	生存率	授精頭数	授精率	空胎日数
4.5～	131	32.1	3.31	0.68	120	91.6	102	77.9	124
～4.4	264	34.7	3.14	0.75	246	93.2	228	86.4	124
～3.9	717	36.3	2.95	0.87	682	95.1	628	87.6	121

（％・頭・％・日）

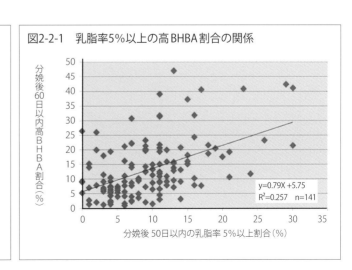

図2-2-1　乳脂率5％以上の高BHBA割合の関係

3）体重の落ち込みは乳脂率に反応する

⇒BCS 3.25を目標に肥り過ぎを

　現場で2週間毎に体重を測定しながら、分娩前後における牛と受胎の関係について、根室生産連、農業改良普及センター、根室家畜人工授精協会と一緒に確認した。Field（現場）・Advice（助言）・Consideration（検討）の頭文字をとった「FAC活動」を9農協でスタートした。

　授精師が、乾乳牛5頭を泌乳末期から泌乳前期まで酪農家とあらゆる角度から調べ、授精と受胎状況を追跡した。体重、ボディコンデション・スコア（BCS）、ルーメンフイル・スコア、分娩状況（難産、双子、死産、胎盤排出）、分娩後体温、飼料充足率、直検したときの卵巣・子宮の状況等をチェックした。2カ月に1回集まり情報交換を行なったが、肥り具合が繁殖に関係するだけでなく、乳脂率にも影響することが判明した。

　活動を通して得られた36頭からの貴重なデータを分析し、議論しながら一定の方向が導きだされた。**図2-3-1**は、泌乳末期から泌乳前期に測定した1頭当たり10回前後の平均体重と、分娩直後の体重の関係を示した。BCSが高く体重が重い牛ほど、分娩後の落ち込みが大きいことが理解できる。分娩後のBCS変動が1.0以上になると0.5～1.0と比べ、初回排卵日数（42 vs 31日）、初回発情日数（62 vs 41日）初回授精日数（79 vs 67日）が延び、初回授精受胎率（17 vs 53％）が大きく低下する（Buter & Smith1989）。

　図2-3-2は、分娩前後で一番重かった体重と、泌乳初期における乳脂率の関係を示した。体重と泌乳初期の乳脂率はほぼ正の相関が認められ、肥っている牛は分娩後の体脂肪を動員していることがわかった。乾乳から泌乳初期にかけて負のエネルギーにより、体脂肪が血液中を通して乳脂肪へ移動することを現場で確認できた。

　K肉牛農家は1年1産を実現する極めて優秀な繁殖経営で、母牛の発情は同居する子牛の尻（ふん）を見て判断するという。下痢をしていれば母牛は草を食べず歩き回るため、ルーメンからの脂肪ではなく、体からの脂肪であるために起こる現象と断言する。FAC活動で、泌乳後期から分娩にかけてBCS3.25を目標に、「肥り過ぎは厳禁」というパンフレットを作成し、授精業務のときに酪農家へ助言した。人工授精師は業務を通して多くの酪農家と接する貴重な人材で、酪農家からすれば頻繁に相談でき心が開く。授精師の一言は酪農家を動かし、地域を大きく変える。過肥牛は体重の落ち込みが大きく、分娩後における体脂肪が乳脂率へ反応する。

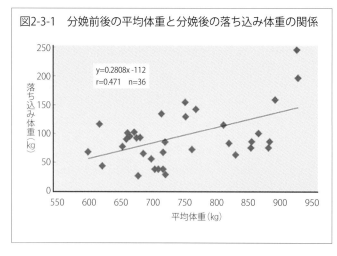

図2-3-1　分娩前後の平均体重と分娩後の落ち込み体重の関係

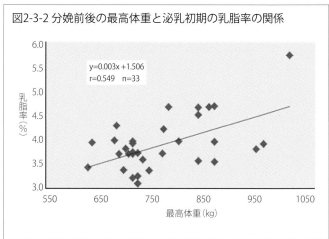

図2-3-2 分娩前後の最高体重と泌乳初期の乳脂率の関係

4）乳脂率と血中遊離脂肪酸は関連ある

⇒泌乳初期の管理の徹底を

　乳牛の落ち込み体重と泌乳初期の乳脂率は、ほぼ正の相関が認められ、肥っている牛は分娩後に体脂肪を動員していることがわかった。当然、血液を通して脂肪が移動して肝臓で処理することから、血中遊離脂肪酸（NEFA）にも反応する。

　飼料が喰い込めない状態になると負のエネルギーバランスになり、代替手段として蓄積されている体脂肪を利用する。体脂肪は体の至るところに中性脂肪の形で蓄積され、ホルモン感受性リパーゼという酵素を持っている。エネルギーが不足すると、このホルモンが活性化して細胞内の中性脂肪を分解して大量の脂肪酸を生成するが、水に溶けにくいため血中でアルブミンと結合して遊離脂肪酸として血液中を移動する。これが体脂肪動員で、血中に出現した脂肪酸を測定することによって、体脂肪動員の程度を推察することができる。

　この理論から考えると、NEFAと乳脂率は関係があると推測できる。そこで北海道の石中将人獣医師と酪農家3戸で、78頭の個体牛から同一日に代謝プロファイルテストで採血し、乳のサンプルを分析した。

　図2-4-1は、分娩後100日以内の乳脂率とNEFAとの関係を示しており、相関係数0.550と高いことが確認できた。乳脂率が4％以下であれば、NEFAも200μEq／ℓ以下がほとんどで均一だが、乳脂率が4％を超えるとNEFAも高めで60～500μEq／ℓとばらついていた。

　図2-4-2は、全乳期を対象にしたもので、乳脂率とNEFAとの相関は認められない（$r=0.189$、$n=78$）。

　乳脂率とNEFAは分娩後に関係が見られ、経過日数と共に弱くなる傾向を示した。泌乳初期から最盛期にかけての乳量増に、エネルギー供給が間に合わずNEFAは高くなり、その後は低値で推移する。なお、NEFAは乳量や乳タンパク質、乳糖率等、他の乳成分との相関はなく、乳脂率だけに反応していた。

　体脂肪を乳脂肪へ変換する量が多くなると、脂肪肝や肝臓機能、免疫機能の低下だけでなく、食欲をなくし摂取量を減らし、目に見えないホルモン作用も働く。分娩時に過肥の場合は乾乳時にBCSの調整が難しいため、肝臓に蓄積した中性脂肪の放出をサポートするバイパスコリン添加も一方法だ。BCSで中長期にわたりその経過を辿ることができ、NEFAは採血した時点のエネルギー過不足を異なった視点で判定できる。

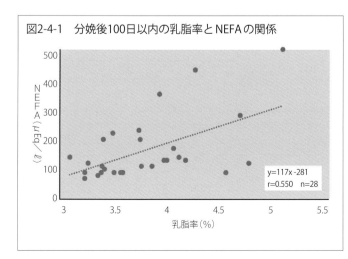

図2-4-1　分娩後100日以内の乳脂率とNEFAの関係

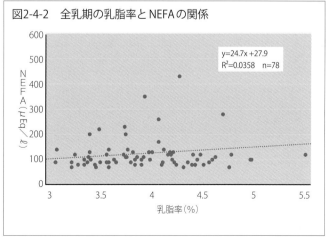

図2-4-2　全乳期の乳脂率とNEFAの関係

5）分娩時の肥満牛は乳脂率に注目する

⇒分娩後20日以内のモニターを

　分娩直後、乾物摂取量（DMI）の低い数週間は、エネルギーバランスがマイナスになるため大量の体脂肪を動員する。そのため、分娩後における血液中脂肪酸の70～80％を遊離脂肪酸（NEFA）が占める。肥った牛ほど分娩後、エサから摂取する脂肪酸の影響は限られ、体由来のものが多い。しかも、分娩前のDMIが落ち込むのは一般的に5週間前からだが、痩せ牛は分娩直前に、肥満の牛は分娩17週間前からと長期間に及ぶ。さらに双子の場合は、分娩1週間前からDMIが急激かつ大幅に落ちる。

　肥満の牛はNEFAが高くなりやすく、免疫機能を持つIgM（イムノグロブリンM）、IFN（インターフェロン）の血液濃度が低下する。これらが低下すると乳房炎や蹄病になり、他の疾病の回復力も落ちる。体脂肪動員が行なわれストレスは増幅し、ケトーシスや第四胃変位、アシドーシス等の疾病の原因になる。

　表2-5-1は、分娩後30日以内の乳脂率と乳量、そしてストレスの指標として体細胞数を示した。乳脂率3％以下は乳量36kg、体細胞数12万、リニアスコア（RS）2.43。乳脂率5.01～6％は乳量30kg、体細胞数58万、RS4.1。乳脂率6％を超えると乳量27kg、体細胞数95万、RS4.83であった。つまり、分娩後、乳脂率の高い体脂肪動員の牛はDMIが落ち込み、免疫機能は低下して乳質が悪くなることを意味している。

　一方、分娩初期の高乳脂率は過肥が懸念されるが、はたして分娩後何日までを注視すべきなのだろうか。**表2-5-2**は、分娩後10日毎の乳脂率4.5％以上の出現割合および体細胞数とリニアスコアを示した。乳脂率4.5％以上の牛は分娩後10日以内が45％にも達し、体細胞数56万、RS4.3と高かった。同様に、11～20日は26％、体細胞数53万、RS3.5であったが、分娩後21～30日は4.5％以上の出現割合が11％、31～40日は6％まで低下した。分娩後の乳脂率4.5％以上は他の牛から見るとストレスが大きいが、経過日数と共に体細胞数とRSは低くなる。

　乳脂率の経過日数別推移を見ると、泌乳前期は急激に落ちて、その後、緩やかに上昇していく。分娩間隔が延びてBCSが4.0以上の牛は一乳期を通して乳脂率が高く、5～6％超が散見される。このことを考えると、飼料ではなく体脂肪動員から乳脂肪を生産しているのは泌乳初期である。乳検では検定1回目の成績で判断すべきだが、分娩後20日以内の数値もモニターすべきであり肥満牛は要注意である。

表2-5-1　分娩後30日以内の乳脂率と乳量・乳質の関係

乳脂率（％）	頭数（頭）	日乳量（kg）	体細胞数（万）	リニアスコア
～3.0	51	36.1	11.8	2.43
～4.0	326	35.0	33.9	3.00
～5.0	277	34.1	38.0	3.37
5.01～	68	29.9	57.9	4.10
6.01～	13	26.6	95.0	4.83

表2-5-2　分娩後10日毎の乳脂率4.5％以上牛出現割合と乳質

分娩経過日（日）	頭数（頭） 全頭	頭数（頭） 4.5％以上牛	4.5％以上割合（％）	体細胞数（万） 全頭	体細胞数（万） 4.5％以上牛	リニアスコア 全頭	リニアスコア 4.5％以上牛
～10	154	69	45	55	56	3.8	4.3
～20	287	76	26	34	53	3.0	3.5
～30	305	33	11	23	44	2.7	3.3
～40	254	15	6	20	33	2.5	2.9

6）周産期病で乳脂率は特異な動きをする

⇒初産牛は高く推移するが

　乳熱は分娩直後に血中Ca濃度が低下し起立不能に、ケトーシスは分娩前後1週間における負のエネルギーバランス時に起きる。第四胃変位や脂肪肝等は他の疾病と複雑に絡み併発し、低泌乳牛ではなく高泌乳牛に多く発症する。

　周産期病に共通しているのは、飼料摂取量が十分でないことだ。ルーメンは150～200ℓの容量があり消化管全体の50％を占め、内容物は150ℓにも及ぶ。この巨大なルーメンは摂取した飼料を内容物として溜め込み、それは反芻の原料となる。内容物は深さ50cm、ルーメンマットの厚さ30～37cmで、給与する飼料によって深さ・厚みは変化する。牛は体調によって分娩直後で飼料の好みが異なり、分娩前に食欲のあった牛はTMRや濃厚飼料等栄養濃度の高いものを選ぶ。しかし、体調の悪い牛は濃度の低い乾草やラップサイレージ等の長ものを好む傾向にある。

　図2-6-1は、健康牛とケトーシス牛における経過日数別乳脂率の推移を示している。疾病牛は分娩後の乳脂率が5％程で極端に高く、その後、急激に低下し、分娩後50日で3.4％以下になり緩やかに上昇する。乳熱牛等の他の周産期病もほぼ同じような曲線を描き、特異な動きをする。

　図2-6-2は、健康な初産牛と3産以降牛、乳熱牛とケトーシス牛における経過日数別乳脂率の推移を示している。健康な初産牛は、乳熱牛とケトーシス牛より分娩後150日を通して0.2％程高い。分娩後20日以内は乳量が少なく、とくに初産牛は3産以降牛より高い乳脂率が注目される。初産牛は分娩前後における施設や飼料、管理等の環境変化に十分適応できず、飼料摂取量不足に陥っていると推測できる。高産次牛は泌乳後期から乾乳期に蓄積された体脂肪が分娩後の一時期に消費されるが、初産牛は発育段階であるため、体重の落ち込みが激しくダメージは大きい。

　一方、経過日数と共に飼料の喰い込みは増え、体脂肪がなくなると乳脂率は標準数値へ戻る。しかし、分娩後1カ月経過しても5％以上で推移する牛は、分娩後の数カ月間は遺伝能力により乳量や乳脂肪を生産している。産褥期と分娩前3週間（クロースアップ期）の乾物摂取量の相関は高いので、乾乳から分娩にかけて喰い込み量を増やしておくべきだ。

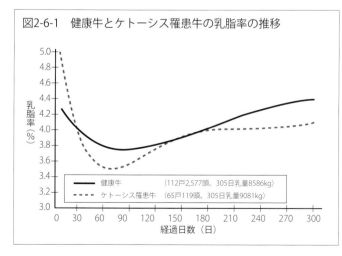

図2-6-1　健康牛とケトーシス罹患牛の乳脂率の推移

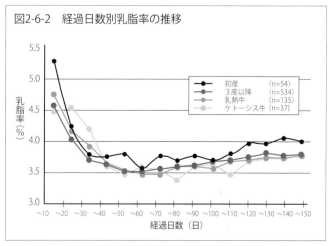

図2-6-2　経過日数別乳脂率の推移

7）放牧時期は乳脂率が低下する

⇒繊維（NDF）量の十分な供給を

　乳脂率は年間の牛群平均だけでなく、時系列で推移を確認することも原因を解明する有効な手段だ。北海道全体で月別乳脂率の推移を見ると、5〜10月は3.8％前後まで低下し、舎飼期になると4.0％を超える。

　図2-7-1はA酪農家、**図2-7-2**はB酪農家の月別乳脂率の推移を示している。A酪農家はTMR給与のため栄養濃度がほぼ一定で、年間を通して4.0〜4.2％に安定していた。しかし、B酪農家は放牧時期の5〜9月は3.8％、最盛期の6月は3.5％を割っており、舎飼い期になると4.0％を超え、1年間の変動が大きかった。この放牧期の乳脂率低下は、繊維源であるNDF量が放牧草から十分に供給されていないからだ。

　放牧時における泌乳初期のNDFを35％に設定すると、乳量は38.8kg搾れたが、乳脂率は3.36％まで低下した。放牧草はNDFを50％前後含んでいるが、有効NDFを考慮して、設計ではNRC推奨値の35％ではなく40％にする。そのためには牧草サイレージを併給すべきだが、放牧草の摂取量を減らさないようにしながら乾物で2〜3kg以下に抑える。なお、昼夜放牧による放牧草の摂取量は乾物で11〜13kgだが、飼料設計をするときは11kgにすることが適当だ（道立根釧農試、1995・1998）。

　他方、放牧草はリノール酸とα-リノレン酸含量が多い多価不飽和脂肪酸（乳中のプレフォーム脂肪酸）が増加し、乳腺でのデノボ合成を阻害する。放牧草に含まれるこの脂肪酸は、チモシー主体サイレージ比べると約3倍多く含まれ、早春の5月は高く、6月以降はほぼ安定する。放牧草のプレフォーム脂肪酸含量が高いのは、牧草の葉身に多く含まれ、草丈が短いからであり、嗜好性の良い時期に採食量が高まり葉身割合の高い時期と重なる。

　乳脂率が高くなる要因は粗飼料にあり、物理性があるほどルーメン内の酢酸・酪酸の生産量が多くなることによる。また、給与する飼料が加熱大豆、綿実、油脂等、脂肪含量の割合が高くなると乳脂率に反映される。とうもろこし等、穀類を多給するとプロピオン酸醗酵が盛んになり糖新生が促される。その結果、血糖値が上昇、インスリンが増加し、体脂肪動員が抑えられ乳脂率が低下する。これらのことから、乳脂率の数値が上下する場合は、給与している飼料の質が原因と判断できる。

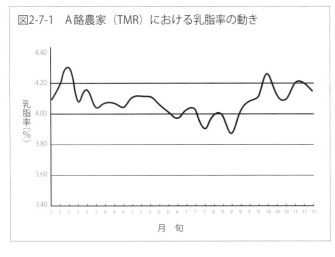

図2-7-1　A酪農家（TMR）における乳脂率の動き

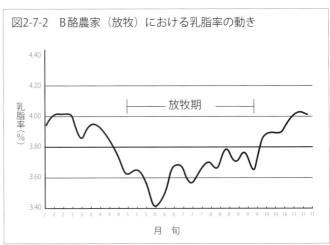

図2-7-2　B酪農家（放牧）における乳脂率の動き

8）夏場は暑熱で乳脂率が低下する

⇒粗飼料を喰い込む管理を

　北海道では数年前、猛暑に見舞われ乳生産は大きく減少し、乳用牛の日射病・熱射病発生による死廃が極端に多かった。その被害はオホーツク、根室等の海岸地域に偏っていたのが特徴で、必ずしも気象台が発表する最高気温とは一致していなかった。寒冷地域での急激な気温上昇が、乳牛にとって大きなダメージになったことが理解できる。猛暑の影響は夏期間だけでなく、気温が低下した以降もストレス回復が見られず、計画生産を達成できなかった。暑熱対策が十分でない10年前であれば、被害はさらに拡大しただろうとの声が聞こえた。

　図2-8-1は、北海道における最高平均気温と5000戸・35万頭の乳脂率の関係を示している。年間の平均乳脂率は4.0％であるが、例年7～9月の夏場は3.8％まで落ち込み、最高気温の旬平均が高くなると1～2旬遅れて乳脂率も低下している。しかも、10月以降は気温が低下しているにもかかわらず、乳脂率は上昇せずタイムラグがある。

　一方、例年であれば、気温の下がる夜間に回復していたが、暑熱時は夜間も高温で、昼間に低下した採食量をカバーできなかった（**図2-8-2**）。そして暑熱時は、最高気温よりも最低気温の方が乳脂率と連動していた。乳脂率の原料は繊維で、牛はそれを摂取すると発酵熱で体温が上昇することを知っているのだろう。さらに暑熱時は酸化ストレスを受け、体表に血流が集まるのでルーメンで酸の吸収が落ち、ルーメンアシドーシスのリスクが高い。なお、旬中で気温が極端に高い一日は乳脂率の関係は薄いことから、突発的な気温上昇よりも、ジワジワと高温が長期間続くことが牛へのストレスを大きくすることがわかる。

　暑熱被害の少なかった酪農家に共通していたのは、粗飼料が良質で嗜好性も高く、給与回数が多かったことだ。飼槽をしっかり清掃し、牛床等のカウコンフォートにも気を配り、飼料を喰い込ませていた。暑熱問題は過去に何度も被害を被っており大きな教訓になっている。

　各地域でトンネル換気や扇風機の台数も増やしてきたが、暑熱被害が多いことは、今なお不足していることを意味している。しかも対応する時期を早め、6月初めから万全の体制で暑さ対策を徹底すべきである。暑熱は一つの要因だけではなく、いくつかが重なって被害を拡大している。

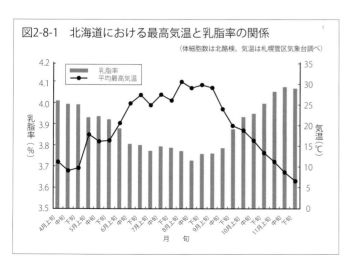

図2-8-1　北海道における最高気温と乳脂率の関係

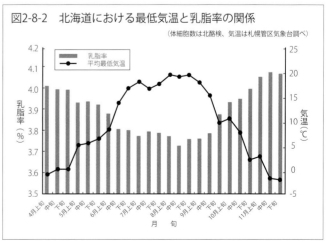

図2-8-2　北海道における最低気温と乳脂率の関係

9）繊維摂取不足は乳脂率が低下する

⇒粗飼料を変えたとき残飼の確認を

　F酪農家はある時、乳脂率がバルク乳で3.11％、個体乳単純平均で3.10％まで低下した。経産牛54頭と比較的規模が小さいものの、フリーストール飼養、アブレストパーラー搾乳で、該当月は日乳量26.7kg、乳タンパク質率3.21％、MUN10.5mg／dl、体細胞数9.6万だった。過去の月別乳脂率は3.77％、3.95％、3.63％、3.80％、3.51％、3.89％だった。前年平均は3.75％と全道的に比べて低めだが、牛群で3％まで下がることをFさんは想像していなかった。

　図2-9-1は、F酪農家における7月の個体牛の乳脂率分布を示したが、分娩後200日まで3％前後で推移している。初産牛3.28％、2産牛2.81％、3産以降牛2.96％、最低牛2.15％、最高牛5.10％であった。

　主体粗飼料はロールパックサイレージで、分析値は水分38％、乾物中CP10％、TDN57％、NDF68％だ。醗酵品質は現物中で乳酸1.1％、酢酸0.08％、VBN／TN8.2％、Vスコア87点であった。一方、飼料設計上はTDN69％、CP14.6％で、繊維源としてのNDFは39％でほぼ妥当な数値である。このことを考えると、飼料分析値や飼料の組み合わせに大きな問題はない。

　F酪農家は1日1回ショベルローダで残飼を、すべて畜舎外に持ち出し堆肥化している（**写真2-9-1**）。そこでFさんに「残飼は増えていませんか？」と質問すると、ロールパックサイレージを変えたら喰い込みが悪く、明らかに残飼が増えたという。通常より1.3〜1.5倍多く、その中身は穀類ではなく、長ものであったことが確認できた。

　追跡すると、Fさんはラップ表面に収穫日と圃場名を記入しており、該当飼料は降雨で十分な予乾や収穫ができなかったものであることが判明した。残念ながら、その時の飼料分析は行なっていないので数値の詳細はわからないが、劣悪と推測できた。

　一般的に、粗飼料と濃厚飼料の給与比率は乳脂率へ強く影響し、繊維源の比率が低くなるとルーメン内での酢酸や酪酸の生産が減少する。乳脂率を維持するには安定したルーメン内醗酵、とくにpH低下をさせないことだ。予想もしない乳脂率の低下は、粗飼料の給与量ではなく摂取量で、残飼量の多少を見極めることが問題解決の早道だ。

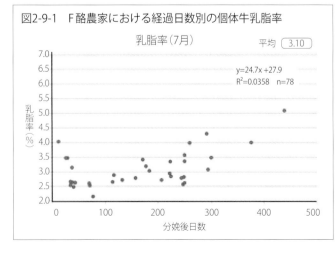

図2-9-1　F酪農家における経過日数別の個体牛乳脂率

写真2-9-1　1日の残飼が通常より多い（手前の山）

10）乳脂率の低下は蹄病と関連がある

⇒ルーメンアシドーシスの予防を

　乳脂率を乳期別に見ていくと、分娩直後は高く、泌乳初期が最低になり、以降高くなる。**図2-10-1**は、分娩経過日数による蹄病の発生推移を示しているが、分娩後60日まで高く、以降少なくなっている。**図2-10-2**は、蹄病多発農家の個体乳で、乳脂率が低く、診療（治療）月を境に高くなった。しかも、各酪農家の診療月は1年間のうち63％が同月に集中していた。

　蹄病の原因は複合的で、環境、遺伝、病気、栄養、削蹄等の多くが関与している。タイプも、細菌的（有毛イボ、趾皮膚炎、趾間腐爛）、物理的（蹄底潰瘍、白帯病）、生理的（蹄葉炎）と異なる。

　その中でも、分娩前後の飼養形態の急激な変化に伴うルーメン内の変化が、蹄病発生と大きく関係している。分娩後における濃厚飼料の多給や固め喰いによりルーメン内pHが急速に低下するアシドーシスが蹄葉炎、とくに潜在性蹄葉炎の原因とされている。亜急性ルーメンアシドーシス（SARA）の基準は、pH5.8未満が300分以上続いた場合とされている。

　ルーメンの微生物は、繊維分解菌、デンプン分解菌、有機酸利用菌等が共存共栄しながら増殖していく。中でも繊維を分解する微生物の生息域はpH5.9〜6.2と、他と比べて高い。アシドーシスは、ルーメン内の醗酵酸の生産が増え、吸収のバランスが崩れ、pHが低下する現象である。そのため繊維の消化率が下がり、酢酸の生成量が減り、結果として乳脂率が下がる。牛は体全体が不快感に陥り、乾物摂取量が減り、乳量は減少し、蹄病が目立つようになる。切断長の短いサイレージより乾草や長ものをほしがり、重曹の減り方が激しくなる。

　注意したいのは、乳脂率の低下が群全体なのか、一部の個体牛に見られるものなのかだ。バルク乳であれば、飼料設計を変えた、濃厚飼料が増えた、粗飼料を変えた、ミキサーの混合時間を変えた、暑熱期、厳寒期等、群でのリスクが高まると考えるべきだ。一部の個体牛が低下するのであれば、選び喰い、固め喰いであり、パーラーから早く飼槽に戻って激しく移動を繰り返しながら濃厚飼料を喰べている高泌乳牛、高産次牛等、そうした個体牛を特定すべきだ。

　また、飼料設計通り喰い込める環境であれば、粗飼料等の物理的有効繊維で反芻時間は長く、唾液により中和作用が働き疾病リスクが下がる。TMR給与後4〜5時間後に目視で反芻している個体牛を数え、6割以上を目安とするべきだ。

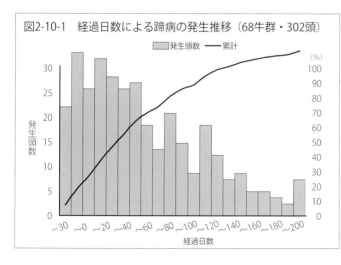

図2-10-1　経過日数による蹄病の発生推移（68牛群・302頭）

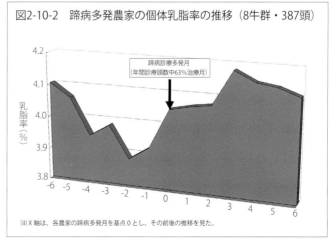

図2-10-2　蹄病多発農家の個体乳脂率の推移（8牛群・387頭）

（注）X軸は、各農家の蹄病多発月を基点0とし、その前後の推移を見た。

11）不飽和脂肪酸多給は乳脂率が低下する

⇒副産物給与量のチェックを

　脂肪酸は複数の炭素が鎖状に繋がった形をしており、その数と二重結合によって脂肪酸の種類が決定される。酢酸は炭素数2個、プロピオン酸3個、酪酸4個が繋がった脂肪酸で、空気中で揮発するため揮発性脂肪酸（VFA）と呼ばれている（図2-11-1）。

　炭素の鎖が長いステアリン酸は、炭化水素基に二重結合がない飽和脂肪酸だ。オレイン酸（C18:1）は一カ所、リノール酸（C18:2）は2カ所、α-リノレン酸は3カ所の二重結合がある（図2-11-2）。一直線の脂肪酸である飽和脂肪酸と異なって、二重結合があって曲がった脂肪酸は不飽和脂肪酸で、ルーメン微生物にとって毒となる。液状の不飽和脂肪酸の二重結合に水素が添加されると固形の飽和脂肪酸に変換されるが、その時に中間産物として形成されるトランス脂肪酸は乳腺で乳脂肪合成を強く阻害する。

　不飽和脂肪酸であるリノール酸と異なる共役リノール酸は、ルーメンで生成されるのは20種類あるが、トランス10-シス12-CLAが乳脂肪低下の主犯である。微生物にとって生息環境を守るために生成され、エサの繊維に取り付いて醗酵を制限し、VFA生成が減って乳脂率は低下する。ルーメンアシドーシスのような環境では水素添加が上手くいかず、糖やペクチンを給与すると促進され、共役リノール生成は抑制される。

　粗飼料は放牧草やとうもろこしサイレージ、濃厚飼料は綿実や大豆等、ルーメン微生物にとって苦手な不飽和脂肪酸が多い。さらに、醤油粕、ビール粕、豆腐粕、焼酎粕等の粕類やDDGSが該当し、脂肪含量が高いのが共通点だ。とうもろこしは不飽和脂肪酸であるオレイン酸（C18:1）35%・リノール酸（C18:2）50%、綿実は同様に20%・56%、加熱大豆も同様に23%・54%と高い。これらの脂肪酸は乳腺細胞でのデノボ脂肪酸合成を阻止し、乳量や乳脂率が低下する数日前に数値として現れる。

　ここ数年、高泌乳牛には濃厚飼料だけでなく中間飼料の粕類を多用せざるを得なくなり、食品副産物を利用するエコフィードを推進する動きが見られる。飼料設計は、安価で繊維を含み嗜好性の高い副産物を増やす傾向にある。不飽和脂肪酸が多い副産物の多給は、乳脂率だけでなく異常風味にも関連することから、「牛は反芻動物であり健康なルーメン醗酵ができないときにリスクが高まる」ことが懸念される。

図2-11-1　主な脂肪酸の種類

		炭素数	炭素2重結合数		名称
飽和脂肪酸	短鎖脂肪酸	2	0	C2:0	酢酸
		4	0	C4:0	酪酸
		6	0	C6:0	カプロン酸
	中鎖脂肪酸	8	0	C8:0	カプリル酸
		10	0	C10:0	カプリン酸
		12	0	C12:0	ラウリン酸
		14	0	C14:0	ミリスチン酸
		16	0	C16:0	パルミチン酸
		18	0	C18:0	ステアリン酸
不飽和脂肪酸	長鎖脂肪酸	18	1	C18:1	オレイン酸
		18	2	C18:2	リノール酸
		18	3	C18:3	αリノサン酸
		18	3	C18:3	γリノレン酸
		20	4	C20:4	アラキドン酸
		20	5	C20:5	イコサペンタエン酸（EPA）
		22	6	C22:6	ドコサヘキサエン酸（DHA）

図2-11-2　飽和脂肪酸（上）と不飽和脂肪酸（下）

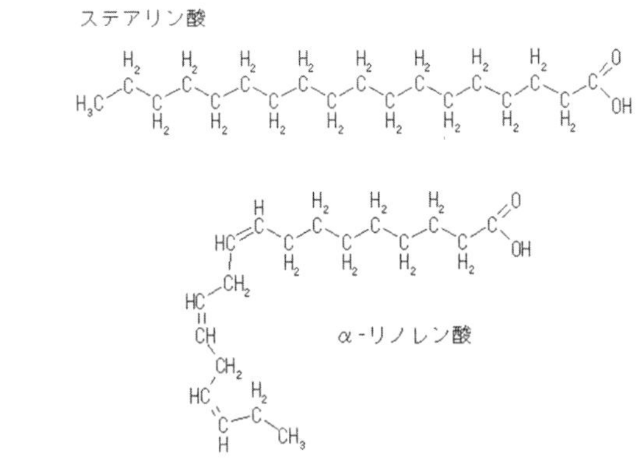

ステアリン酸

α-リノレン酸

12）乳脂率はルーメン微生物の活性化で高まる

⇒乾物中脂肪含量を基準値以下に

　ルーメンは巨大な臓器であり、その内部には膨大な量の飼料が蓄えられ、昼夜休むことなく微生物によって醗酵が行なわれている。ルーメン微生物を活性化させることで、乳量だけでなく、乳脂率を高めることができる。ルーメン微生物はpH低下が苦手なので、マットがルーメン壁を機械的に刺激して噛み返し（反芻）が行なわれる。それにより大量の唾液が分泌されて、醗酵によって生成された酸が中和され、ルーメンは健康に保たれる。微生物にとって快適な住環境は、硬く充実したマットが形成された臓器だ。最近の搾乳ロボットは反芻時間が表示されており、1日600分が目安になる

　油脂サプリメントを添加すると、乳量と乳脂率は上昇して乳タンパク質率が低下するといわれている。ここ数年、ルーメン内で溶けないバイパス油脂が普及してきた。K酪農家は乳量アップと乳脂率維持を目的に、飽和脂肪酸C16のパルミチン酸80％製品を1日1頭当たり330g添加した。その結果、乳脂率は3.85％が4.03％と0.18％高くなった（**図2-12-1**）。油脂によりエネルギーを充足させることで、泌乳ピーク量を高めて乳脂率はアップし、過度の体脂肪動員を防ぎ繁殖成績は改善された。

　飼料設計では、微生物のエサとなるデンプンと、ルーメンマットを形成する繊維のバランスを取り、乾物中脂肪含量（とくに不飽和脂肪酸量）を基準値以下とする。さらに、選び喰い、固め喰い、早喰いが行なわれるとルーメンアシドーシス状態になり、水素添加で不飽和から飽和へ転換できなくなることに注意する。暑熱期、移行期、厳寒期等、牛周辺の環境も脂肪酸に反応する。給与する脂肪はルーメン環境によって乳脂率を高めることができるが、下げることもある。乳脂率を高めるためには、ルーメン微生物を活性化することだ（**写真2-12-1**）。

　油脂を添加して乳脂率を高めるためには、パルミチン酸（C16）等の飽和脂肪酸を給与すべきであろう。原料によっては乳脂率の低下を招く恐れがあり、不飽和脂肪酸である副産物や油脂の給与量をチェックすべきだ。飼料中の油脂過剰は乳脂率を低下させるだけでなく、植物油脂は不飽和脂肪酸で異常風味にも関連する。飼料設計ガイドラインでは、健康なルーメン醗酵を促すことを目的に、飼料中の脂肪は乾物中で7％、植物性油脂は不飽和脂肪酸で5％を限界としている。

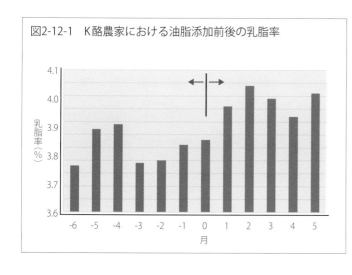

図2-12-1　K酪農家における油脂添加前後の乳脂率

写真2-12-1　飼料設計でルーメン微生物を活性化する

13）乳脂率は過去20年間変わらない

⇒粗飼料の栄養価・嗜好性の改善が

　北海道における過去の合乳検査成績を見ると、乳量、乳タンパク質率、無脂固形分率は高まり、生菌数や体細胞数も改善された。しかし乳脂率は、2000年度3.99％、2010年度3.94％、2020年度3.98％、2023年度は4.05％と、過去20年間でそれほど変わっていない（**図2-13-1**）。

　乳脂肪の原料になる、ルーメン内での酢酸や酪酸を産生する粗飼料はどうなってきたのか。北海道の牧草作付面積は55万haだが、栄養価と嗜好性を改善してこなかったといえる。草地の更新率は、1993年に6％前後であったものが、2005年は4.6％、2010年は2.8％まで低下している。以後、3％前後で推移している（北海道）。

　これは、草地更新が30年に1回という頻度まで減ったことを意味する。補助事業が減少したこともあって、石灰やリン酸等の土改剤が適正に投入されず、草地の土壌はpHが低くなった。さらに規模拡大が進み、収穫機械の大型化、収穫作業の高度化・外部委託が高まった。大きなハーベスターが草地を走り、併走する大型トラックが重いタイヤで頻繁に動き回る。

　土壌の硬度化が加速した結果、播種したチモシーやアカクローバが消え、踏圧に強い草が優勢してきた。ギシギシ、レッドトップ、シバムギ、リードカナリーグラス、メドウフォックステール等の地下茎イネ科雑草が増えてきた。サイレージ用とうもろこしは、過去には見られなかった、すす紋病や根腐病が発生してきている。

　各地で草地の植生調査が行なわれているが、「約半分が雑草」というショッキングな報告が多い。雑草は牧草と比べ出穂が早く、栄養価を下げ、WSC（水溶性炭水化物）が少ないため乳酸醱酵しづらく、採食量を落とす。米国では26研究機関が調査した結果、1970〜2014年の44年間で、乾物摂取量は1.72倍に、乳量は1.99倍に増えたが、乾物消化率、NDF消化率はまったく変化がなかったという（S. B. Pottsら, 2017）。

　図2-13-2は、疾病多発農家10戸と疾病少発農家9戸における乳脂率の推移だが、疾病の多い酪農家は一乳期を通して粗飼料の影響力が高い乳脂率が0.2％程低い。牛は草食動物であることを考えると、良質なサイレージや乾草を調製して栄養価・嗜好性の改善をすべきだ。昔から言われている「牛作りは草作り、草作りは土作り」であることを、この図が物語っている。

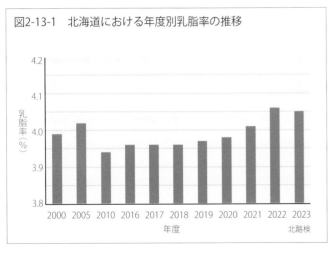

図2-13-1　北海道における年度別乳脂率の推移

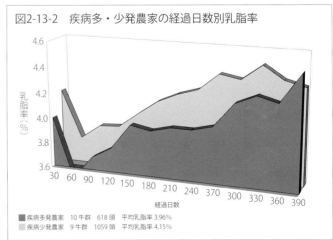

図2-13-2　疾病多・少発農家の経過日数別乳脂率

第3章

脂肪酸からの
モニタリング

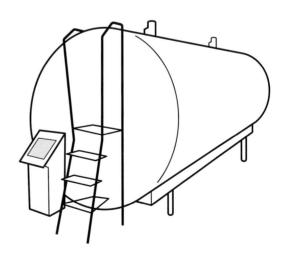

1）ルーメンの健康が脂肪酸組成で明らかになる

⇒脂肪酸組成の分析が安価・簡易・迅速に

　酪農では、乳脂肪は従来まで率（％）で表示され、その脂肪酸の起源は理解されていなかった。一部の研究機関ではガスクロマトグラフィによる分析が行なわれていたが、分析機器は高価で数も限られていた。しかし技術の進歩により、中赤外線式乳成分測定機で高精度な、脂肪酸の分析が可能となった（決定係数0.967）。この分析技術を導入することで、安価・簡易・迅速に脂肪酸組成が明らかになり、酪農家へ提供する道しるべが整った。

　飼養管理に関する技術的項目は数多くあるが、その中心はルーメンであり牛の健康だ。乳脂肪の起源がルーメンからなのか、給与しているエサや体脂肪からなのか。乳脂率が高いからといって、どこで生成された脂肪酸なのかが問題だ。

　脂肪酸は複数の炭素が鎖状に繋がった形をしており、その数と結合状態によって脂肪酸の種類が決定する。これらは、その起源に応じて三つのグループに分類することができる。①粗飼料の繊維等によるルーメン内の揮発性脂肪酸（VFA）から乳腺細胞で合成されるデノボ（De novo）脂肪酸：炭素数C4酪酸、C6カプロン酸、C8カプリル酸、C10カプリン酸、C12ラウリン酸、C14ミリスチン酸、C14:1ミストレイン酸。②双方（①と③）からのミックス（Mixed）脂肪酸：炭素数C16パルミチン酸、C16:1パルミトレイン酸。③飼料および体脂肪で血液中から取り込まなければならない既成のプレフォーム（Preformed）脂肪酸：炭素数C18ステアリン酸、C18:1オレイン酸、C18:2リノール酸、C18:3αリノサン酸である（FAO, FOSSダニエル資料から）。

　①の短鎖脂肪酸は、生乳には3割弱含まれているが、魚介類や牛肉・豚肉・鶏肉にはほとんどない。「デノボ」はラテン語で「新たなに」「再び」という意味で、乳腺細胞により作られる脂肪酸だ。③の「プレフォーム」は「前もって」「既に」という意味で、あらかじめ作られた脂肪酸だ。

　図3-1-1は、バルク乳におけるデノボのMilk（乳）とFA（脂肪酸）の関係を示しているが、両者の相関は強い。一方、**図3-1-2**は個体乳における両関係を示したもので、バルク乳より相関が低く、デノボFA20％以下でMilk1.2％以下の牛もいる（丸囲み）。牛群および個体の脂肪酸組成を分析することで、乳牛の健康が明らかになった。

　なお、脂肪酸組成はFAO（Fatty acid origin）という言葉でも表現されている。

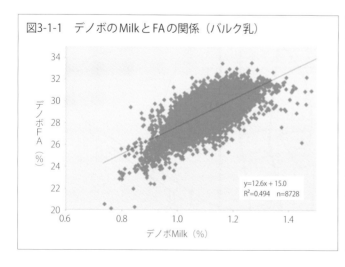

図3-1-1　デノボのMilkとFAの関係（バルク乳）

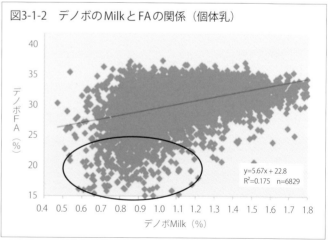

図3-1-2　デノボのMilkとFAの関係（個体乳）

2）脂肪酸組成はFAベースで明らかにする

⇒デノボ脂肪酸28％以下は問題が

　デノボ脂肪酸（De novo FA）ベースとは、全脂肪酸100gに対するデノボFA gで、単位は％である。酪農家にFAを説明する際、Milkベース（乳中％）より活用度合いが高く、わかりやすく説得力がある。①デノボ、②ミックス、③プレフォームを合計すると、およそ97％で残りはグリセロールだ。

　北海道におけるバルク乳平均は、デノボ29.0±27.3～30.5％、ミックス32.7±30.9～34.5％、プレフォーム36.1±33.4～38.8％であった（n＝8728）。個体乳平均は、デノボ29.3±26.4～32.2％、ミックス32.3±29.1～35.5％、プレフォーム35.9±30.5～41.3％であった（n＝6829）。

　①デノボと②ミックスは高い相関であった（R^2＝0.838、n＝6829）。①と③プレフォーム、すなわち飼料および体脂肪からの脂肪酸は逆相関であった（**図3-2-1**）。②と③も逆相関であった（R^2＝0.806、n＝6829）。

　表3-2-1は、デノボFAベースによる個体牛の乳成績を示している。デノボFA20％以下は、搾乳日数35日、乳脂率5.05％、乳タンパク質率3.13％、乳糖率4.34％と極端だ。脂肪酸組成の平均を見ると、デノボ17.9％、ミックス24.5％、プレフォーム54.8％であった。デノボFA34％以上は、搾乳日数142日、乳脂率3.42％、乳タンパク質率3.39％、乳糖率4.48％だ。デノボ割合が28％以下は、乳脂率が高く、乳タンパク質率が低く、体脂肪動員によるものと推測できる。

　デノボと飼料充足率の関係は高く、乾物摂取量との相関係数は0.814、デノボFA32％で体重当たり乾物摂取量4％を示す。またTDN充足率とも関係が高く、相関係数は0.605、デノボFA31％でTDN充足率100％だった（宮崎畜試）。地域により飼料基盤が大きく異なることから公式はできないが、デノボと飼料およびエネルギー充足率との関係は深い。

　このことを考えると、北海道はFAベースでデノボ28％以下の牛は健康が懸念される。基本的にFAベースで判断すべきだが、同時にMilkベースでも確認しながら、牛の健康と乳生産を最大にするのが望ましい。新たな検査項目であるデノボFAを高めることは、乾物摂取量とくに粗飼料の摂取量を最大にすることを意味する。FA分析は、給与した飼料を効率的に乳へ結びつけるための有効なアイテムとなり得る。

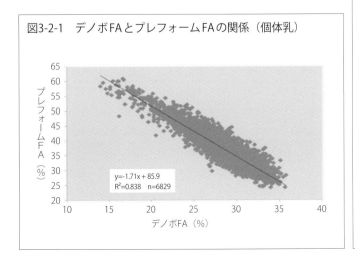

図3-2-1　デノボFAとプレフォームFAの関係（個体乳）

表3-2-1　デノボFAと乳成績

デノボFA	n	産次	搾乳日数	乳量	乳脂率	乳タンパク質率	乳糖率	体細胞数	305日乳量
～20	97	2.4	35	30.3	5.05	3.13	4.34	21.1	8890
～22	102	2.5	63	29.8	4.45	3.11	4.41	25.9	8678
～24	184	2.6	130	29.8	4.37	3.20	4.41	33.2	9323
～26	400	2.6	172	28.1	4.09	3.18	4.43	20.7	9112
～28	948	2.6	214	26.9	4.10	3.29	4.43	18.4	9104
～30	1901	2.7	215	28.2	4.12	3.37	4.44	20.4	9314
～32	2279	2.7	201	30.0	4.09	3.43	4.45	20.3	9541
～34	861	2.9	169	32.9	3.93	3.43	4.45	24.2	9945
34～	57	3.1	142	34.2	3.42	3.39	4.48	15.4	10052
	6829	2.7	194	29.3	4.10	3.36	4.43	21.0	9420

（％・頭・産・日・kg・万・％）

3) 脂肪酸組成はMilkベースで明らかにする

⇒デノボMilk0.9%以下は問題が

デノボ脂肪酸（De novo FA）ベースは全脂肪酸100gに対しての割合、Milkベースは乳100gに対しての割合だ。ベースがFAかMilkは、双方変換することが可能だ。FAベース＝〔Milkベース／（Fat×0.97）〕×100（％）である。FAベースはデノボ、ミックス、プレフォームの割合であって量ではない。都府県では、夏季の取引価格にも影響する乳脂率3.5％を維持するためにMilkベースの方が活用度合いは高い。

バルク乳の月旬別推移は乳脂率とデノボ脂肪酸が上下し、相反する動きが見られる。群平均の乳脂率は4.0％でも、個体牛によって2.0～7.0％までバラツキ、デノボMilkは0.5％～2.0％超がいる。デノボFAが38％と高いにもかかわらずデノボMilkは0.8％と低い牛、逆にデノボFAが23％と低くてもデノボMilkは1.4％と高い牛もいる。デノボFAが高く健康な牛（群）に見えても、デノボMilkで低い牛（群）がいるので注意する。

図3-3-1は、デノボMilkと乳脂率の関係を示したが、高い相関関係にあった。ただ左上に、デノボMilk1％以下で、乳脂率5％を超える牛も数多くいる。デノボMilkが低く乳脂率が高い牛は、体脂肪を動員して体重が減少していると考えるべきだ。

ミックスが多くなるほど（$y=2.07x+1.47$、$R^2=0.751$、$n=6829$）、飼料および体脂肪からのプレフォームが多くなるほど、乳脂率は高くなる（$y=1.89x+1.52$、$R^2=0.565$、$n=6829$）。脂肪酸組成によって乳脂肪への影響度は異なるが、すべてが乳脂率を高めている。

表3-3-1は、デノボMilkベースによる個体牛の乳成績を示している。デノボMilk0.9％以下は牛群全体の13.9％を占めており、搾乳日数が少なく、乳脂率3.6％以下、乳タンパク質率3.1％以下と低い。ルーメンでの脂肪やタンパク質の生成量が少ないということは、ルーメンの動きが鈍いと考えられる。これらのことを考えると、デノボはMilkベース0.9％以下で、乳牛の健康と乳脂率低下に懸念が生じると推測できる。

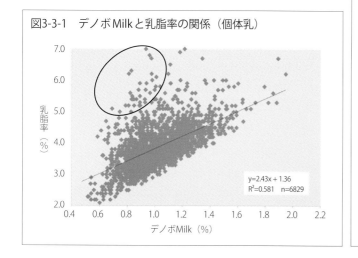

図3-3-1　デノボMilkと乳脂率の関係（個体乳）

表3-3-1　デノボMilkと乳成績

デノボMilk	n	産次	搾乳日数	乳量	乳脂率	乳タンパク質率	乳糖率	体細胞数	305日乳量
～0.8	333	2.5	115	32.4	3.20	2.97	4.40	16.6	9389
～0.9	614	2.6	130	32.6	3.51	3.06	4.43	15.7	9658
～1.0	999	2.6	159	31.5	3.67	3.15	4.44	18.4	9586
～1.1	1303	2.7	190	30.1	3.88	3.28	4.45	21.0	9572
～1.2	1238	2.7	205	28.9	4.12	3.40	4.45	20.3	9384
～1.3	998	2.7	220	28.1	4.37	3.50	4.46	22.1	9390
～1.4	629	2.8	233	26.4	4.66	3.63	4.43	28.4	9094
1.4～	715	2.7	254	25.5	5.08	3.72	4.34	23.9	9018
1.13	6829	2.7	194	29.3	4.10	3.36	4.43	21.0	9420

（％・頭・産・日・kg・万・％）

4）脂肪酸組成はプレフォームが激しく動く

> ⇒ルーメンより体やエサからの反応が

　脂肪酸（FA）はその起源に応じて三つのグループに分類され、それぞれ乳期で動きが微妙に異なる。

　図3-4-1は、6829頭の個体乳における分娩後経過日数別の、脂肪酸組成の動きを示している。デノボFAは山型、プレフォームFAは谷型に推移している。分娩直後は両者間に大きな開きがあるものの、少しずつ狭まり100日以降は平行線をたどる。プレフォームFAは他の脂肪酸と比べ動きが激しく、個体間のバラツキが大きい。ミックスFAはデノボFAより5％ほど高めで、ほぼ同じ軌跡で推移する。

　図3-4-2は、プレフォームFAのヒストグラムで、分娩後60日以内は、高いところへ傾れるように点在しているが、泌乳中後期は左右対称の正規分布となる。この動きはデノボFAやミックスFAにも見られるが、プレフォームFAは顕著だ。分娩後数日間の産褥牛は乾物摂取量が少なく、体調の悪い牛が多く、体脂肪を動員している。牛群平均であるバルク乳を経時的に見ても、デノボFAよりプレフォームFAが激しく動く。

　現場で酪農家と話すと、デノボFAは20～35％ほどだが、プレフォームFAは25～55％と幅が広い。デノボFAより、飼料および体脂肪由来のプレフォームFAの方が個体間差は大きく激しく動く。パルミチン酸（C16）の脂肪添加剤は、インシュリンの抵抗性を落として体脂肪を動員する。他の添加剤と異なりC18の脂肪酸消化率を高め、C16を給与しても必ずしもミックスFAが増えるとは限らずプレフォームFAが高くなる（ミシガン州立大学）。

　3戸の酪農家へC16パルミチン酸80％製品を300g給与した。バルク乳の脂肪酸組成を給与前後10週で比較したが、プレフォームFAを含めて差がなかった。油脂の添加量が基準値を超えなければ、ルーメン微生物に影響は少ないと判断した。給与飼料中の脂肪含量が高まっている酪農家にとって、飼料設計上の目安になる。

　当初、酪農家へ脂肪酸組成情報を提供するとき、見やすくするためデノボだけを表示することが検討された。しかし、動きが激しいプレフォームを併用することで、飼養管理との関係が高く、指導助言に説得力がある。

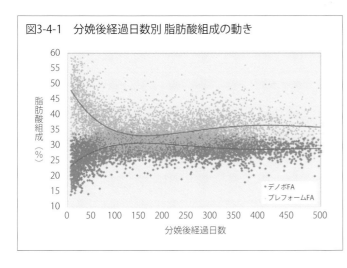

図3-4-1　分娩後経過日数別 脂肪酸組成の動き

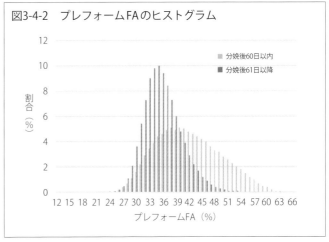

図3-4-2　プレフォームFAのヒストグラム

5）デノボ脂肪酸は乳タンパク質と相関がある

⇒ルーメン微生物という共通点が

　デノボ脂肪酸（De novo FA）は、ルーメン微生物の活動によって乳腺細胞で合成される。一方、乳タンパク質は、飼料中のタンパク質がルーメン微生物の働きにより、ペプチド、アミノ酸、アンモニアへ分解されることが起源だ。アンモニアは飼料中のエネルギー（炭水化物）により微生物タンパク質を合成する。このことを考えると、デノボFAと乳タンパク質は「ルーメン微生物」をキーワードとする点で一致する。

　デノボMilkと乳タンパク質率の関係は、決定係数が個体乳0.329（n＝6829）、バルク乳0.301（n＝8728）と高い（**図3-5-1**）。バルク乳8728件の中から、デノボFAが極端な酪農家30戸（高低それぞれ）の乳成分を見た。高い30戸は、デノボFA33％、プレフォームFA31％、乳タンパク質率3.43％、乳糖率4.46％、MUN9.7mg／dlであった。低い30戸は、デノボFA22％、プレフォームFA47％、乳タンパク質率3.26％、乳糖率4.26％、MUN13.8mg／dlであった。乳脂率はほぼ同じであったが、乳タンパク質率、乳糖率、MUNに大きな差が見られた。

　表3-5-1は、デノボ脂肪酸が28％以下と31％以上の高・低酪農家の乳成績を示している。搾乳日数や乳脂率に差はないが、高デノボFA牛群は乳量2.2kg多く、乳タンパク質率は0.13％高かった。

　ルーメンには多くの微生物が生息しており、採食した飼料中の繊維、炭水化物、タンパク質等を分解・発酵し、栄養源となる揮発性脂肪酸（VFA）を産生している。しかし、VFAが大量に産生されるとルーメン内は酸性に傾き、微生物の活動を抑制する。そのためpH6.0～7.0の弱酸性にする必要があり、唾液がその役割を果たす。唾液中にはバッファーとしての重炭酸イオンが多く含まれている。反芻によって多量の唾液がルーメン内に流入することにより、ルーメン内の酸性化を予防している。

　分娩後のデノボFAはルーメンpH及び血中遊離脂肪酸（NEFA）と負の相関関係にある。このことから、牛の健康はルーメンから、ルーメンの動きは微生物からで、デノボFAと乳タンパク質の動きはほぼ一致する。

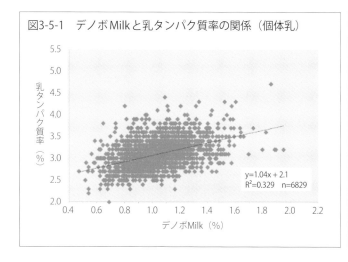

図3-5-1　デノボMilkと乳タンパク質率の関係（個体乳）

表3-5-1　高・低酪農家デノボFAにおける乳成績

デノボFA区分	酪農家戸数	デノボFA	搾乳日数	日乳量	乳脂率	乳タンパク質率	MUN
全戸	678	29.8	202	27.9	4.05	3.40	10.9
<28	74	26.8	204	27.0	4.11	3.33	11.8
>31	138	31.7	202	29.2	4.00	3.46	10.5

（戸・％・日・kg・％）

6）デノボ脂肪酸はケトン体（BHBA）と相関がある

⇒プレフォームは体かエサかの判断を

　デノボ脂肪酸（De novo FA）の低い牛の中には、乳量が50kgと高く、その後、乾物摂取量が急激に増え、一発で受胎する極めて健康な牛もいる。しかし、多くの牛はトラブルが生じて周産期病に罹患するか、体調が思わしくない。

　ケトン体（BHBA）は、分娩後のエネルギー収支がマイナスとなり体脂肪が過剰に動員されると産生される。BHBAは2018年から個体乳情報として北酪検から提供され、0.13mmol／ℓ以上を潜在性ケトーシスとしている（第9章）。さらにエネルギー不足が続いた場合は、蓄積されていた肝臓の脂肪がケトン体の産生へ回り臨床性ケトーシスになる。体脂肪だけでなく、エサからのオレイン酸等の長鎖脂肪酸も肝臓への脂肪沈着が指摘されている。トリグリセリドからリポタンパク質で輸送する速度が遅く、脂肪肝になると回復まで長期間を要する。デノボFAが少なく、プレフォームFAが多くなると、BHBAと同様で肝臓への負担が大きくなる。

　牛の健康状態をモニターできる、デノボFAとケトン体（BHBA）の関連を見た。全乳期1326頭での決定係数は－0.259だが、分娩後60日以下は－0.529（n＝196）と強い逆相関であった（**図3-6-1**）。同様に、プレフォームFAとBHBAの決定係数は0.183（n＝1326）だが、分娩後60日以下は0.462（n＝196）と高かった（**図3-6-2**）。

　酪農家23戸における高低デノボFA牛と潜在性ケトーシスである高ケトン体（BHBA0.13mmol／ℓ以上）の関係を見た。高デノボFA牛（33.6％、n＝115頭）は高BHBA割合4.3％、低デノボFA牛（23.8％、n＝77頭）は15.6％であった。I酪農家は搾乳牛101頭、分娩後30日以下牛は22頭で、BHBA0.13mmol／ℓ以上牛が41％と高く（北海道平均14％）、デノボFAは22.7％と極端に低かった。I酪農家はロボット搾乳へ移行中で、飼養管理に問題があり、乳牛にとって大きなストレスとなっていた。

　プレフォームFAは体脂肪とエサからの脂肪で、どちらの起源なのかがわからない。しかし、プレフォームFAが高くBHBAも反応して高くなれば、体脂肪動員と判断できる。逆に、プレフォームが高くてもBHBAが低ければ、エサからの脂肪と考えるべきであろう。この現象は、泌乳中後期ではなく、分娩後1～2カ月で顕著だ。なお、デノボFAとBHBAは個々で異なるように見えるが、乾物摂取量という観点から連動している。

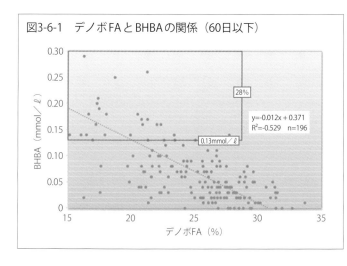

図3-6-1　デノボFAとBHBAの関係（60日以下）

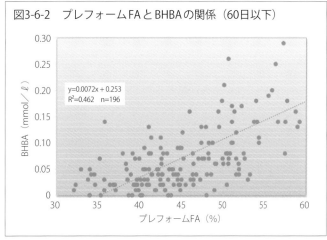

図3-6-2　プレフォームFAとBHBAの関係（60日以下）

7）デノボ脂肪酸は肢蹄・RFS・BCSが一致する

⇒牛は草食動物なので繊維源の給与を

　酪農家28戸におけるデノボ脂肪酸（De novo FA）の高低両極端な各5頭を確認した。高い牛135頭（デノボFA平均33.5％）、低い牛85頭（同23.8％）を対象に、肢蹄スコアとルーメンフィル・スコア（RFS）で3段階、ボディコンディション・スコア（BCS）で段階別に分けた。

　肢蹄スコアは、高い牛では「良好」が34％だが、低い牛では飛節が腫れていたり蹄が赤く足踏みしている「要治療」が35％もあった。RFSは、高い牛では「膨満〜中間」が96％だが、低い牛では「ペチャンコ（凹み）」が41％もあった。BCSは、高い牛では2.75〜3.25の「適度」が89％だが、低い牛では2.5以下の「痩せ過ぎ」が40％もあった（**図3-7-1・2・3**）。

　健康で肢蹄が丈夫であれば、寝起きを頻繁に繰り返し、繊維源の粗飼料を喰い込んでルーメンは膨張する。直近の採食量を評価できるRFSは肢蹄病との相関が高く（r＝0.605、n＝523）、両者は密接に関係していた。デノボFAの評価は、肢蹄、RFS、BCSの評価とほぼ一致し、その中でもRFSと共に粗飼料を含めた乾物摂取量の判断ができる。

　北海道の同一地域におけるTMRセンター2カ所でのデノボFAと乳成績を見た。搾乳日数、乳量、乳脂率に差はなかったものの、NセンターはデノボFA1.8ポイント、乳タンパク質率0.09ポイント低く、ケトン体（BHBA）は極端に高かった。Nセンターの一部の構成員が搾乳システム変更や分娩前後トラブルで、牛の体調が極端に悪かったからだった。構成員の規模、粗飼料基盤、収穫体系はほぼ同じであるにもかかわらず、ルーメンの動きは微妙に異なっていた。

　酪農家間での脂肪酸組成の違いは、牛周辺における環境の違い、個々の飼養管理によるものだ。牛は草食動物であり、細かい穀類よりも、ガサのある繊維源でルーメンの動きは活発になる。とうもろこしよりグラス、同じグラスサイレージでも切断長1cmより3cm、グラスサイレージより乾草が、デノボFAを高くすることを確認した。まさに昔からいわれている「牛作りは草作り、草作りは土作り」である。なお、過肥牛や大型牛はルーメン内容物ではなく、皮下脂肪で覆われていることもあり、判断を見誤らないことだ。

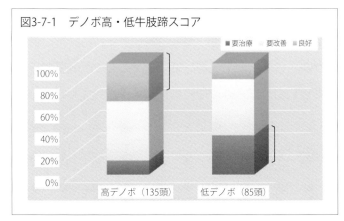

図3-7-1　デノボ高・低牛肢蹄スコア

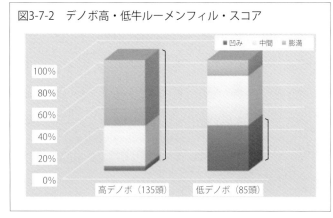

図3-7-2　デノボ高・低牛ルーメンフィル・スコア

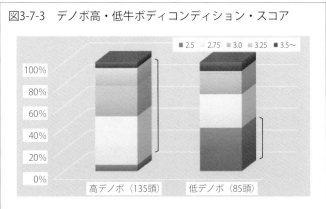

図3-7-3　デノボ高・低牛ボディコンディション・スコア

8）デノボ脂肪酸は繁殖や除籍に影響する

⇒分娩前後はスムーズな移行を

　分娩後、デノボ脂肪酸（De novo FA）の低い牛は体調が優れず、分娩後数カ月後の繁殖まで影響することが想定できた。分娩後1カ月以内の高低デノボFA牛を追跡して、分娩3カ月後の繁殖と除籍割合を示した（**表3-8-1**）。

　分娩後1カ月以内の低デノボ牛（22％以下、平均18.9％）は、分娩後3カ月後で授精していない牛が49％、除籍（廃用）した牛が16％で、これらを問題牛として65％であった。高デノボ牛（28％以上、平均30.3％）は、同様に33％、0％で問題牛は33％であった。全体平均は同様に35％、7％、42％なので、高低デノボ牛は明らかに差がある。現場では分娩後1カ月の乳脂率が4％ほどで、体脂肪動員のプレフォームFAは低めが体調も良く繁殖にプラスのようだ。このことから、デノボ脂肪酸はその時の状態だけでなく、分娩数カ月後の繁殖や除籍にも影響することがわかった。

　では、分娩後1カ月以内の低いデノボ牛の数値は、その後どのような動きをするのか2地域で確認した。デノボFA22.0％の牛48頭を追跡したところ、翌月27.6％、翌々月31.0％まで回復していた。同様にデノボFA22.1％の牛19頭を追跡したところ、翌月25.0％、翌々月30.0％まで回復していた（**表3-8-2**）。これらのことから、デノボFAの高低は、育種・改良や牛自体の問題ではなく、人の飼養管理によるところが大きい。

　分娩から泌乳初期にかけて、疾病等で喰い込めない状況に陥れば、治癒すればすべてが解決するというものではない。子宮の回復を遅らせ、授精や受胎に悪影響を及ぼし、分娩間隔を長くするだけでなく廃用のリスクを高める。

　年間1回もカルテがなかった牛を「健康牛（n＝704）」、分娩後2カ月以内に乳房炎になった牛を「乳房炎牛（n＝186）」、それ以外の疾病になった牛を「他疾病牛（n＝328）」に分けた。個体牛毎に分娩間隔を見ると、「健康牛」と比べ「乳房炎牛」は27日、「他疾病牛」は36日延びていることが確認できた。酪農家毎に見ても、年間平均体細胞数と分娩間隔には相関関係がある（r＝0.452、n＝106）。

　このことから、難産、胎盤停滞、乳熱、第四胃変位等、分娩後トラブルは乾物摂取量を低くし、デノボの数値も低くなる。分娩前後はスムーズな移行をさせ、体調を良好にすることで次期の授精・受胎に好影響を及ぼす。乳中脂肪酸組成は、飼養管理の指標として問題解決を図る有効アイテムとなり得る。

表3-8-1　分娩後1カ月以内高・低デノボ牛の授精・除籍

分娩後1カ月以内デノボFA		頭数	3カ月後				
基点	平均		未授精頭数	割合	除籍頭数	割合	全体割合
<22	18.9	43	21	49	7	16	65.1
≧28	30.3	45	15	33	0	0	33.3
全牛	25.0	159	56	35	11	7	42.1

（頭・％）

表3-8-2　低デノボ牛におけるその後の動き

	頭数	今月	翌月	翌々月
デノボFA	48	22.0	27.6	31.0
	19	22.1	25.0	30.0

（％）

9）デノボ脂肪酸は乳量と微妙な関係にある

⇒アシドーシス状態で高乳量の追求も

　飼養管理に関する技術的指標は数多くあるが、デノボ脂肪酸（De novo FA）はルーメンの動きや喰い込んだ飼料の指標になる。デノボFAは、ルーメン微生物によって生成された揮発性脂肪酸である酢酸や酪酸が、乳腺細胞で合成されたものだ。このことを考えると、デノボFAが高い酪農家や牛は、乳量の高さと一致するという結論になる。

　図3-9-1は、個体乳6829頭のデノボFAと乳量の関係を示しているが、両者はパラレルである。デノボFA28％以下は乳量27.8kg（n＝1731）、30.1～32％は30.0kg（n＝2,279）、34％以上は34.2kg（n＝57）であった。一方、酪農家90戸においてデノボFA29％を基準に2区分した（**表3-9-1**）。29％以下（平均27.9％）の酪農家は乳量27.2kgであったのに対して、29％以上（平均30.1％）は29.5kgであった。

　個体牛および酪農家ともに、デノボFA率（％）が高くなるほど、乳量（305日乳量、補正乳量）は増えている。しかも肢蹄は強健、ボディコンディション・スコアも適度で、ルーメンフィル・スコアも高い〔3-7〕項参照〕。そのため乳牛は健康であり、粗飼料を含めた乾物摂取量と連動している。

　ただ、FAと乳量の相関係数は個体牛0.114、酪農家0.175と、双方の関係は薄い（n＝6829）。デノボFAが高いからといって、必ずしも乳量も高いとは限らず微妙な関係だ。酪農家の中には濃厚飼料を多給してアシドーシス状態で高乳量を追求しているケースがある。それは、ルーメン環境が悪化しても高個体乳量を追求していることを意味する。

　泌乳初期は乳量に対する乾物摂取量が追い付かず、ルーメン微生物が活性化を失いデノボFAが低くなる。デノボFAと乳量との相関が低いのは、泌乳初期における粗飼料の摂取量が影響していると推測できる。体脂肪を動員して、プレフォーム脂肪酸が高くなっても高乳量を維持することが高乳量牛の宿命だ。

　乳量がピークになるのに応じて繊維源の割合を高め乾物摂取量を充足させ、ルーメン微生物を活性化させることが最も重要だ。酪農経営で、個体乳量を上げて所得を高めるならば、牛の健康と高乳量という表裏一体の栄養管理を見出すべきだ。

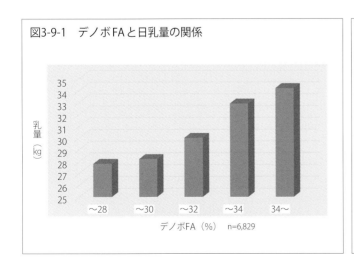

図3-9-1　デノボFAと日乳量の関係

表3-9-1　酪農家におけるデノボの違いによる乳生産

デノボFA%区分	牛群数	デノボFA	日乳量	ミックスFA	プレフォームFA
<29	26	27.9	27.2	31.5	38.1
>29	64	30.1	29.5	33.1	34.3

（戸・％・kg）

10）デノボ脂肪酸は分娩後60日以下を注視する

⇒産褥牛は一つのグループで管理を

　脂肪酸（FA）組成は、FAベースとMilkベースに分けて3-2）・3-3）項でガイドラインを示した。

　表3-10-1は、北海道における6829頭の分娩後搾乳日数別の脂肪酸組成を示したが、一乳期の中で泌乳初期だけは異質である。搾乳日数30日のデノボはMilk0.97％、FA24.3％、プレフォームはMilk1.88％、FA45.6％であった。搾乳日数31～60日のデノボはMilk0.98％、FA27.9％、プレフォームはMilk1.41％、FA39.8％で、他と比べて極端に差がある。

　表3-10-2は、分娩後60日以下・61日以上牛の脂肪酸組成の平均と標準偏差を示している。60日以下牛のデノボFAは平均26.3％、標準偏差4.1、プレフォームFAは42.3％、7.0であった。61日以上牛のデノボFAは平均29.8％、標準偏差2.3、プレフォームFAは34.7％、4.2であった。つまり、分娩後60日を境として脂肪酸組成は大きく異なっている。

　北海道の同地域のTMRセンター2カ所で、デノボFAが28％に達する搾乳日数が微妙に異なっていた。Aセンター7戸は分娩後45日（r＝0.488）、Bセンター9戸は58日（r＝0.591）であった。Aセンター構成員はBセンター構成員と比べ、乳期全体、とくに泌乳初期のデノボFAが明らかに高かった。Aセンターは草地更新を毎年1割実施し、収穫時期は地域の中でも早く、しかも高刈りを徹底していた。その粗飼料の嗜好性・栄養価は高く、さらに給与回数が摂取量を多くしてデノボFAを高くしていると考えられた。

　産褥牛は、密飼いによる狭い飼槽幅、少ない牛床数のうえ、動きが鈍く他の牛から圧倒される弱い立場だ。乳量がピークになるものの、喰い込めずデノボの生成量が落ちる。そこで規模の大きい酪農家は、産褥牛群として一つのグループを作っている。

　この期間は、乳熱、ケトーシス、第四胃変位および繁殖障害のリスクが高く、クループ化することは、警告サインを見逃がさない有効な手段となる。欧米では、乳中脂肪酸組成を飼養管理の指標として、周産期リスクと関連づけて活用している事例がある。脂肪酸組成は一乳期の中でも分娩後60日以下を注視し、一つのグループとして乾物摂取量を高める管理が望まれる。

表3-10-1　分娩後搾乳日数別脂肪酸組成

搾乳日数	n	Milkベース		FAベース	
		デノボ	プレフォーム	デノボ	プレフォーム
～30	454	0.97	1.88	24.3	45.6
～60	586	0.98	1.41	27.9	39.8
～90	599	1.04	1.25	29.7	35.6
～120	585	1.10	1.22	30.4	33.8
～150	545	1.13	1.24	30.4	33.7
～180	592	1.15	1.28	30.3	33.7
～210	570	1.17	1.31	30.2	33.9
～240	587	1.18	1.34	30.1	34.1
～270	629	1.19	1.38	29.7	34.7
～300	484	1.21	1.44	29.4	35.3
300～	1198	1.20	1.49	28.9	36.2
194	6829	1.13	1.39	29.3	35.9

（頭・％）

表3-10-2　分娩後60日以下・61日以上牛の脂肪酸組成

		デノボFA	ミックスFA	プレフォームFA
60日以下牛	平均	26.3	29.1	42.3
	標準偏差	4.1	3.6	7.0
60日以上牛	平均	29.8	32.9	34.7
	標準偏差	2.3	2.8	4.2
全牛	平均	29.3	32.3	35.9
	標準偏差	2.9	3.2	5.4

6,829頭　（％）

11) デノボ脂肪酸は乳期で指標値を確認する

⇒データをパターン化して問題解決を

　デノボ脂肪酸（De novo FA）を現場で説明する際、当初、日本では推奨される指標値が明らかでなかった。そこで我々は、6829頭の統計処理を行ないながら、酪農家5戸を1年間、毎月巡回して、デノボと牛の状況と給与飼料を調査した。

　図3-11-1は、個体乳におけるデノボFAのヒストグラムを示したが、10～40％と広い範囲で分散している。一番頻度の高い30～32％は約半分を占め、体調が悪いと低い方へ雪崩のように示される。逆に、プレフォームFAは高い方へ同様な傾向を示した。これは分娩後60日以下牛に見られる傾向で、61日以上牛は正規分布をしていた。

　北海道では、分娩後60日を基点に泌乳初期と中後期に分けての指標値を示した（**表3-11-1**）。60日以下は、デノボFA22％以上、プレフォームFA50％以下。61日以上は、デノボFA28％以上、プレフォームFA40％以下である。FAベースだけでは判断できないことから、デノボMilkを全乳期0.9％以上とした。各項目には2割程の牛が逸脱しており、それらは体調に問題があると判断できる。なお都府県においては、粗飼料基盤の違いがあることから指標値は微妙に異なる。

　分娩後のルーメンpHとデノボFAは負の相関関係にあり、ルーメン低pHが長くなるほどデノボFAは低下する（$R^2=0.26$）。亜急性ルーメンアシドーシス（SARA）の指標値であるpH5.8以下が300分以上続くと、デノボFAは21.4％であった。今回示した基準値と一致する（福森理加、2021）。

　現場で様子を確認すると、5パターンに傾向が分かれる。

①分娩後1カ月以内でプレフォームが高い牛は、肥り過ぎで、乾物摂取量不足で体脂肪を動員している。
②泌乳初期でデノボが低い牛は、体調が回復できず、泌乳ピークに達しても乾物摂取量が追いつかず残食量が多い。
③乳期に関係なくデノボの低い牛が点在する場合は、肢蹄の悪化で寝起きが少なく、選び喰いが行なわれている。
④群全体でプレフォームが高い場合は、暑熱や寒冷対策が十分でないか、不飽和脂肪酸を多く給与している。
⑤群全体でデノボが低くバラツク場合は、粗飼料が悪い、給与技術が低い、飼料スペースが狭い等で、喰い込めない。

　泌乳初期と中後期に分けて脂肪酸組成を指標値と比べながらパターン化することで、問題解決は早い。

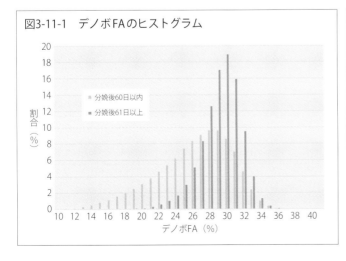

図3-11-1　デノボFAのヒストグラム

表3-11-1　北海道における脂肪酸組成の指標値

脂肪酸（％）	泌乳初期 ～60日	泌乳中後期 61日～
デノボFA	22％以上	28％以上
プレフォームFA	50％以下	40％以下
デノボMilk	0.9％以上	

12）脂肪酸組成は低デノボ牛割合で判断する

⇒個体牛間のバラツキをなくし均一に

　現場でデノボ脂肪酸（De novo FA）と飼養管理を検討していくと、牛の健康度合いに一定の傾向があることに気がつく。群全体の平均やバルク乳の脂肪酸組成は大きな違いはないが、個体牛で見るとバラツキがある。

　表3-12-1は、酪農家5戸におけるデノボFAの平均と乳成績を示しているが、乳量や乳成分は微妙に差があるものの平均29％前後で推移している。**図3-12-1**は同様に、3カ月間のデノボFA28％以下牛の割合を示している。

　C酪農家はデノボFA28％以下牛割合が毎月7％ほどで、乳脂率は3.5％以下もしくは5％以上の牛割合は1～2頭で安定していた。ボディコンディション・スコア（BCS）が適正範囲2.75～3.25は93％、肢蹄が極端に悪い牛は10％、ルーメンフィル・スコア（RFS）が極端に凹んでいる牛は2％であった。個体牛間の乳成分や外貌を見てもバラツキが小さく、牛群が健康という印象を受けた。

　一方、D酪農家はデノボFA28％以下牛割合が動くものの25％で、乳脂率は3.5％以下もしくは5％以上が10頭程いた。BCS2.75～3.25は70％、肢蹄が極端に悪い牛は30％、RFSが極端に凹んでいる牛は33％であった。個体牛間の乳成分や外外貌を見てもバラツキが大きく、牛群は不健康という印象を受けた。

　デノボFAは双方とも平均29％であるにもかかわらず、C酪農家は25～32％であったが、D酪農家はデノボFAが18～35％と個体牛差が大きかった。

　酪農家674戸における分娩後60日以下の低デノボFA（22％以下）牛は10.2％（n＝6476）、分娩後61日以上の低デノボFA（28％以下）牛は17.4％（n＝3万4996）、乳期全体で低デノボは16.3％であった。これらのことから、低デノボ牛割合は、牛群中15％以下とすべきだ。

　デノボFAは、平均では大きな差がなくても、28％以下牛割合を見ると差があるのは、個体牛間差である。ゆえにデノボFAは群平均だけでなく、低デノボ牛の割合でも判断すべきだ。北海道の牛群検定WebシステムDLでは、「周産期レポート」で低デノボ牛割合（分娩後60日以内）・個体乳量推移を表示している。経時的にデノボFA28％以下牛割合が低く、毎月ほぼ同程度で推移することが望ましい。飼養頭数が増えている現状では、群を均一にすることが省力化につながり、最も重要な技術的項目になる。

表3-12-1　酪農家別デノボFA平均と乳成績

酪農家	経産牛	デノボFA平均	日乳量	乳脂率	乳タンパク質率
A	40	30.8	30.3	3.79	3.46
B	61	29.6	36.0	3.74	3.32
C	43	29.6	30.0	3.98	3.33
D	48	29.7	27.9	3.44	3.44
E	68	28.9	34.5	3.94	3.41

（頭・％・kg・％）

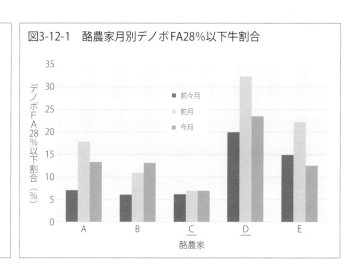

図3-12-1　酪農家月別デノボFA28％以下牛割合

13) 暑熱時は動きが鈍くデノボ脂肪酸が低くなる

⇒快適性を追求し喰い込める環境に

図3-13-1は、北海道における約3000検体のバルク乳脂肪酸組成について、1年間を通して月旬別の推移を示したものだ。デノボFAは29%で推移したものが8月は27%まで低下、逆にプレフォームFAは35%が39%まで高くなっている。7～8月は乳脂率が下がり、デノボFAも低下し、プレフォームFAは上昇している。

暑熱時は、同一牛舎内でもデノボの高い牛・低い牛が集中するところがある。G酪農家は、産んだら空いたところへ繋ぐ方式で、産次や分娩日の順番は関係がない。高デノボ牛が集中するところは通路が交わる牛床で、風速3mを示し、快適な環境であった。通路を境にして、左右の牛床で脂肪酸組成が異なることを確認できた。

図3-13-2は、あるTMRセンターで暑熱時のデノボMilkと乳タンパク質率の相関は高い。同一飼料濃度と給与量でも、夏季で脂肪酸組成に差が生じるのは、構成員間で牛への暑熱ストレスが違うからだ。乳脂率が低くプレフォームFAが高ければ、暑熱対策が十分ではない。

暑熱時はルーメンに喜ばれる繊維源である粗飼料の採食量が激減し、エネルギーを満足せざるために濃厚飼料や油脂製剤を給与するが、ルーメン環境が最悪になる場合がある。ルーメン内微生物への悪影響を防ぐには、給与飼料中の脂肪含量は7%以下に設計すべきとしている。油脂を給与した場合、脂肪酸とグリセリンが結合し、ルーメン内脂質分解菌によって遊離脂肪酸へ加水分解される。遊離脂肪酸は小腸で吸収され、グリセリンはルーメン内で分解されプロピオン酸となりエネルギー源に利用される。

繊維が豊富で嗜好性の高い粕類やDDGSは脂肪含量が高い。『日本飼養標準 乳牛2017年版』によると乾物中の脂肪含量は、醤油粕12.6%、ビール粕9.3%、豆腐粕12.6%、焼酎粕13.3%である。

ルーメン内の酢酸供給量を増やすためには、粗飼料の給与だけでなく、繊維の消化性を高める。さらに、乳牛の快適性を追求し、喰い込める環境が脂肪酸組成に反応する。

植物性油脂は、ルーメン微生物にとって苦手な不飽和脂肪酸だ。脂肪酸組成（デノボ）の変化は、乳量や乳脂率低下の数日前に数値として現れる。デノボ数値を見て、早期に暑熱対策することで経済損失を最小限に抑えられる。

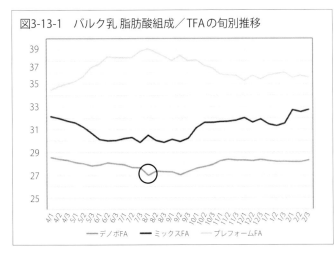

図3-13-1 バルク乳 脂肪酸組成／TFAの旬別推移

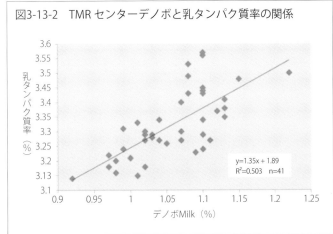

図3-13-2 TMRセンターデノボと乳タンパク質率の関係

14) デノボ脂肪酸はバルクで 次に個体を確認する

⇒主体粗飼料より個々の飼養管理が

　乳によるデノボ脂肪酸（De novo FA）の分析は、合乳がバルク乳で毎旬、個体乳が乳検で毎月行なわれている。

　図3-14-1は、酪農家82戸におけるバルク乳と個体乳の平均デノボFAの関係を示しているが、両者の決定係数は0.734と高い。同様に、デノボMilkは決定係数0.615、ミックスMilkは0.607、プレフォームMilkは0.433で、個体乳数値の集まりがバルク乳数値であると判断できる。

　個々の牧場では、まず、バルク乳で全道および地域と比べて、デノボFAが高いか低いかを見て、群としての健康状態を確認すべきだ。さらに、時系列に月旬別脂肪酸組成の動きを見て、給与した飼料や管理を再点検する。粗飼料の品質や量、暑熱や寒冷による摂取量、選び喰いや固め喰い等に注目し、飼料設計の精度、従業員の給与技術、掃き寄せ回数等を追求すべきであろう。

　さらに、個体乳でデノボの高低をモニターし、牛の体調を確認すべきだ。密飼いにより飼槽スペースが不足すると、強い牛と弱い牛が混在しバラツク。分娩直後で喰い込めないと血中遊離脂肪酸（NEFA）やケトン体（BHBA）が高く、低カルシウム血症、ケトーシス、第四胃変位になりかねない。脂肪酸組成の比率が、ルーメンからでなく、体や飼料からになる。

　表3-14-1は、北海道における地域別の脂肪酸組成を、MilkベースとFAベースで見たものだ。デノボはMilkベース1.1％、FAベース29％、プレフォームはMilkベース1.4％、FAベース36％と大きな違いはなかった。地域は気候だけでなく、主体粗飼料がグラスかとうもろこしサイレージかの違いもある。このことを考えると、北海道内では主体粗飼料の違いによる脂肪酸組成の差はなく、差があれば、その要因は酪農家個々の飼養管理技術によるものと判断できる。ただ、都府県は粗飼料基盤が大きく異なり、暑熱による影響も大きく、油脂給与している割合も高く、ルーメン活力が低下することが推測できる。

　北海道では2021年4月より、脂肪酸組成の分析をし提供開始しているが、まずバルク乳で、次に個体乳で確認すべきであろう。今後、脂肪酸組成の統計処理や現場での調査研究・検討がさらに行なわれ、新たな知見が生まれることが期待される。

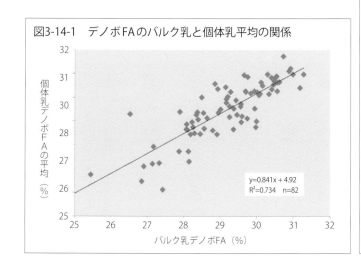

図3-14-1　デノボFAのバルク乳と個体乳平均の関係

表3-14-1　地域別における脂肪酸組成の違い

地域	戸数	Milkベース		FAベース	
		デノボ	プレフォーム	デノボ	プレフォーム
A	190	1.10	1.38	28.8	36.1
B	61	1.12	1.36	29.6	35.9
C	53	1.12	1.33	29.6	35.3
D	44	1.08	1.37	29.0	37.0
E	49	1.10	1.37	29.2	36.4
F	27	1.11	1.37	29.2	36.1
G	241	1.11	1.35	29.4	35.8
H	710	1.12	1.37	29.2	35.9
I	99	1.11	1.40	28.9	36.4
J	1038	1.11	1.39	29.0	36.3
K	—	1.08	1.32	29.2	35.7
北海道	—	1.13	1.39	29.3	35.9

(戸・％)

15）バルク乳成績は地域より高く変動を少なくする

⇒放牧はデノボが低く経時的に動きが

　デノボ脂肪酸（De novo FA）は牛の体自体が発信する数値なので価値が高く、飼料設計を見直して管理に生かすことができる。個体乳成績は乳検の月1回だが、バルク乳成績は旬毎で月3回報告されており、そこから群の健康状態を把握することを勧めたい。

　K酪農家は、搾乳牛700頭、個体乳量1万100kg、体細胞数10万個、空胎日数125日、TMR給与で飼養管理技術の高い大型経営だ。初回検定での高ケトン体（BHBA0.13mmol／ℓ以上）割合は5％で、北海道平均10％と比べると健康な牛群である。バルク乳36旬の乳脂率は4.01％（最低3.83～最高4.16）、デノボFAは30.3％（同29.3～31.6）、プレフォームFAは34.9％（同31.5～36.6）、デノボMilkは1.14％（同1.08～1.21）だ。デノボは地域より高く、プレフォームは低く、経時的に変動が少なく、ルーメンに活力があり乾物摂取量は多い（**図3-15-1**）。

　一方、H酪農家は、搾乳牛40頭、個体乳量6350kg、体細胞数20万個、空胎日数207日、放牧をしている小規模経営だ。初回検定の高ケトン体割合は16％で不健康な牛群である。バルク乳36旬の乳脂率は3.81％（最低3.55～最高4.23）、デノボFAは26.3％（同22.2～29.5）、プレフォームFAは41.9％（同35.6～48.9）、デノボMilkは0.94％（同0.78～1.11）であった（**図3-15-2**）。デノボは低く、プレフォームは高く、経時的に変動が大きく、ルーメンに活力がなく乾物摂取量は少ない。

　放牧体系は、春先に青草へ、秋口に舎飼への移行期があり、しかも放牧草は月旬毎で草量や栄養価が異なる。放牧草は、サイレージや乾草と比べα-リノール酸が多く、水素添加されて飽和化する過程で異性化したトランス脂肪酸の影響によって、デノボ合成が抑制され乳脂率が低くなる。

　ただ、放牧農家はすべてデノボが低く、月旬別で激しく動くかというと、必ずしもそうではない。F酪農家は放牧しているが、デノボFA29.4％、プレフォームFA37.9％、デノボMilk1.08％で、経時的に一定であった。制限放牧をしながら、TMRセンターから混合飼料を安定的に購入しているからだ。ルーメン微生物を活性化させるためには、日内・週間・年間を通して一貫した飼料給与がベストだ。バルク乳は脂肪酸組成の平均を見るだけでなく、過去に遡って経時的変動を少なくすべきだ。

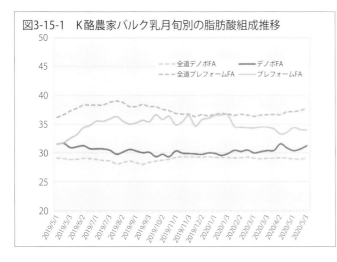

図3-15-1　K酪農家バルク乳月旬別の脂肪酸組成推移

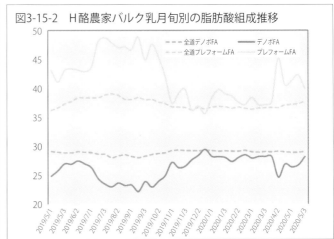

図3-15-2　H酪農家バルク乳月旬別の脂肪酸組成推移

16）デノボ脂肪酸は酪農家間の健康度で異なる

⇒個々で仮説を立てて改善の糸口を

現場で酪農家と飼養管理を検討していくと、表面的な数値は同じでも、問題点が異なることが往々にしてある。AおよびB酪農家の2戸は地域のリーダー的存在で、乳脂率や乳タンパク質率がほぼ同数値だ。しかし、デノボ脂肪酸（De novo FA）は大きな違いがあり、根底の「牛群健康度」が異なるようだ。

A酪農家は、フリーストールで搾乳牛146頭を飼養、乳量31.8kg、乳脂率4.0％、乳タンパク質率3.4％、体細胞数23万個である。デノボFAは群全体で23％、指標値28％以上牛割合は3％と低く、プレフォームFAは49％と高く、ルーメンの動きは鈍いと判断できる（**図3-16-1**）。牛群の平均産次は1.7産と回転が速く、平均搾乳日数203日と繁殖も問題で、年間の淘汰廃用牛が多く、頻繁な入れ替えで群を維持し、「不健康な牛群」と考えられる。

B酪農家は、繋ぎで搾乳牛64頭を飼養、乳量36.9kg、乳脂率3.8％、乳タンパク質率3.4％、体細胞数23万個である。デノボFAは群全体で30％と高く、指標値28％以上牛割合は89％を占め、プレフォームFAは34％と低く、ルーメンの動きは活動的と判断できる。（**図3-16-2**）。牛群の平均産次は2.6産、平均搾乳日数171日と全道平均で、「健康な牛群」と考えられた。

一方、乳期全体ではなく、泌乳初期だけデノボFAの低い酪農家もいて、分娩時のトラブルにより体調が問題であった。しかし、移行期の飼養管理を改善することでデノボは高くなり、ルーメンの動きは良く摂取量が高まり、健康な体で乳生産を増やすことができた。

多くのTMRセンターではサイロの切り替え前後で、構成員からのクレームが集中するという。粗飼料の嗜好性が落ちると、濃厚飼料多給になってルーメン微生物が死滅し、エンドトキシンが放出され血中に移行し、脂肪肝や蹄葉炎を発症する。これらのことから、粗飼料の品質とデノボは、ルーメン微生物の活動に連動するという点で一致する。

毎月、脂肪酸組成が同傾向を示すのは、牛群構成、作業手順、粗飼料収穫給与体系等が大きく変わっていないからだ。酪農家個々で牛群健康度は異なることから、デノボFAを見ながら、どの時点を改善すべきか、焦点を絞る。数値が低い牛は群全体なのか、乳期や暦月で集中するのか。仮説を立てながら脂肪酸組成を見ることで、改善の糸口を見出すことが可能になる。

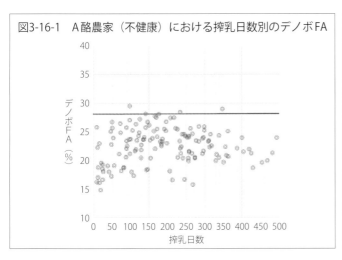

図3-16-1　A酪農家（不健康）における搾乳日数別のデノボFA

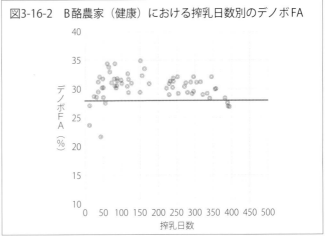

図3-16-2　B酪農家（健康）における搾乳日数別のデノボFA

17）デノボ脂肪酸で作業の一貫性を徹底する

⇒牛の個体間差がなく日々一定に

　酪農家674戸の中で、デノボ脂肪酸（De novo FA）が高い74戸、低い138戸について、個体牛のバラツキを示す標準偏差を調べた（**表3-17-1**）。デノボFA28％以下の酪農家は3.12で、31％以上の酪農家2.13と比べ、個体牛間のバラツキが大きかった。牛群における分娩後60日以上で高数値の30戸と低数値の30戸における、脂肪酸組成の標準偏差を確認した。その結果、バラツキが大きい牛群はデノボFAが低く、プレフォームFAが高かった。

　さらに、高・低デノボFAの酪農家の経時的な動きをバルク乳10旬の標準偏差も調べた（**表3-17-2**）。低デノボ64戸は1.12、高デノボ132戸は0.57であった。高デノボFAの酪農家はほぼ一定であるが、低い牛群はその月旬によって動きが大きい。すべての牛が日々同一飼料濃度と量を摂取できいていないことが理解できる。

　ルーメンでは多種多様な微生物が、互いに密接に関連しながら生態系を形成している。ルーメン内容物1g当たりに約100億の細菌類と、50万〜100万のプロトゾア（原生動物）が生息している。これらの働きにより、ルーメン内で飼料成分の分解と合成が盛んに行なわれている。さらに、適度な粗飼料が給与されていれば反芻が行なわれ、唾液を分泌してルーメン内の恒常性を維持する。ルーメン内pHは6.0以上になるよう、変動を少なくする飼養管理が求められている。飼料の激変が一時的なものであっても、ルーメン微生物には長期間にわたって悪影響を及ぼし続ける。

　昔、酪農家は、日常の管理から得られた経験と勘で、牛の小さな変化を読み取り、直感で判断してきた。ここ数年、飼養頭数が増えてきたこともあり、家族だけで対応できず従業員や外国人技能実習生で支えられている酪農家も多い。牛を観察する時間や人の技量が限界に達しているならば、個体牛間および経時間の一貫性を、脂肪酸組成で確認すべきだ。

　牛は、仲間の均一化及び、給与される飼料や手順、管理が固定されることを求めている。家族はもとより従業員や実習生を含めて、マニュアルを確認して作業の一貫性を徹底すべきであろう。

表3-17-1　高・低デノボFAの個体牛標準偏差

区分		戸数	デノボFA	標準偏差
	酪農家	671	29.8	2.57
高デノボ牛群	<28	74	26.8	3.12
低デノボ牛群	>31	138	31.7	2.13

低デノボ酪農家は個体牛のバラツキ大　　　　　（戸・％）

表3-17-2　高・低デノボFAのバルク乳旬標準偏差（10旬）

区分		戸数	デノボFA	標準偏差
	酪農家	2,920	2.19	0.70
高デノボ牛群		64	<26	1.12
低デノボ牛群		132	>31	0.57

低デノボ酪農家は日々のバラツキ大　　　　　（戸・％）

18）高デノボ牛群は健康で群のバラツキが少ない

⇒ロボ群とパーラー群で健康度に差が

　ここ数年、畜産クラスター事業もあって搾乳ロボットが急速に普及し、北海道では484戸で1101台が稼働している（北海道）。一般的に、日本のロボット搾乳酪農家は、ロボットとパーラーの二つの搾乳システムを有している。乳頭配置、乳房炎、肢蹄が悪い、体調不良、年齢が高い等、搾乳ロボットに合わない牛をパーラーで搾る。結果、ロボットで搾乳している牛は装着率が高く、パーラーで搾乳している牛は問題が多いと考えられる。

　図3-18-1は、酪農家3戸でロボット牛群とパーラー牛群のデノボ脂肪酸（De novo FA）を6カ月間追跡した。A酪農家は、ロボット牛群のデノボFA28.1％、28％以下割合40％、パーラー牛群のデノボFA27.4％、28％以下割合49％であった。B酪農家は、同様にロボット牛群30.0％、16％、パーラー牛群29.1％、29％であった。C酪農家は、同様にロボット牛群30.6％、10％、パーラー牛群28.7％、29％であった。全体平均は、ロボット牛群は29.4％、28％、パーラー牛群は28.5％、33％であった。想定したとおり、ロボット牛群はデノボFAが高い健康牛、パーラー牛群はデノボ脂肪酸が低い問題牛であった。

　図3-18-2は、酪農家672戸におけるデノボFAとバラツキを示す標準偏差の関係を示している。デノボFAが高い酪農家ほど標準偏差が小さく、逆に、低い酪農家ほど高い傾向にある。ルーメンから生成されるデノボFAが高い酪農家は、バラツキが少ないということだ。

　頭数が増えるほど、牛の大きさ、肉付き、搾乳スピード、肢蹄強弱等、均一性が求められる。牛が揃っていれば、パーラー移動や搾乳時間の短縮等、作業効率が高まる。1群を100頭とすれば、90頭が均一であれば10頭の異常牛を見出すことができるが、バラツキが大きいほど、どの牛を陶汰すべきか基準を見失ってしまう。

　飼料設計は群の平均乳量に合わせて濃度設定するが、リードファクターは、格差が大きいと平均に対して1.2〜1.3倍にしなければならない。牛群は揃っているほど多くの牛が飼料設計に該当し、乳生産へ反映される割合が高い。酪農家間で群のバラツキに差があり、牛舎を一周してみれば飼養管理レベルが理解できる。牛群が健康でデノボが高い酪農家は、乳量だけでなく、群のバラツキが小さく技術的水準が高い。

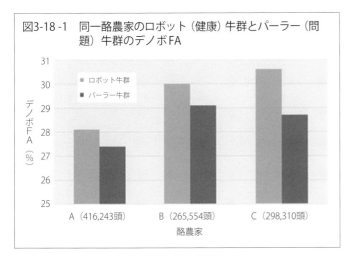

図3-18-1　同一酪農家のロボット（健康）牛群とパーラー（問題）牛群のデノボFA

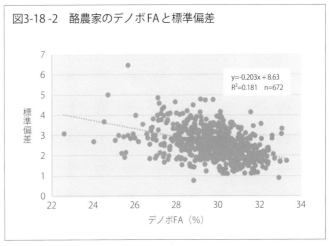

図3-18-2　酪農家のデノボFAと標準偏差

19）デノボ脂肪酸は個体牛間で健康度が異なる

⇒現場で牛を見ながらチェックを

　酪農家5戸の毎月脂肪酸組成と搾乳牛253頭の状態を追及したら、デノボ脂肪酸（De novo FA）平均は30％だが、個体牛の状態は幅広く分散していた。その中でF酪農家の1頭は、デノボFA38％と高く、プレフォームFA23％と低い。初産牛で分娩後経過日数182日、乳量23kg、乳脂率3.5％、乳タンパク質率3.4％、乳糖率4.9％、BHBAゼロだ。毛づやが良く、強健な肢蹄、適度なボディコンディション・スコア（BCS）、動きが早いという印象だ。F酪農家は「この牛は極めて健康で、喰い込みが良く、手がかからない」と話し、デノボFAと牛の健康度合いの連動に納得していた（**写真3-19-1**）。

　一方、G酪農家でデノボFAが一番低い牛は21％で、プレフォームFAは51％と高い。初産牛で分娩後経過日数14日、乳量33kg、乳脂率5.3％、乳タンパク質率3.2％、乳糖率4.4％、BHBA0.09mmol／ℓだ。動きが鈍く、喰い込み量が少なく、飼槽に残飼が高く積み上がっていた。G酪農家は「この牛は双子を出産し、その後体調が悪く、ブドウ糖の点滴治療を受けている」と話し、ここでもデノボFAと牛の健康度合の連動に納得していた（**写真3-19-2**）。

　では、このようなデノボFAが極端に低い牛は、その後、回復するのだろうか。低デノボFA牛48頭を追跡したら、1カ月後28％、2カ月後31％まで上昇していた。デノボFAはルーメンの活動量を表すもので、体調が良くなれば高くなる。泌乳初期に低デノボFA牛は、経過日数と共に乾物摂取量が増えてくる。ちなみに高デノボFA牛も追跡したら、3カ月間は30％を超える高い水準を保っていた。

　酪農家でデノボFAが低い順に牛を見て、健康度との関連を尋ねた。低い牛は分娩時のトラブル、周産期病、肢蹄病等、体調が悪い牛で、デノボFAは牛の状況をよく表しているという意見だった。

　デノボFAが高いほど、ケトン体（BHBA）は低く健康だ。プレフォームFAが高いほど、BHBAは高く潜在性ケトーシス等の疾病に陥る。この現象は分娩後数カ月で顕著に表れ、牛の健康状態が数値でモニターできる。デノボFAは個体牛間で健康度が異なるので、牛を見ながらチェックすることを勧めたい。

写真3-19-1　デノボ38％（高い）牛は毛づやが良く健康だ

写真3-19-2　デノボ22％（低い）牛は体調が悪く残飼が目立つ

20）デノボ脂肪酸をマトリックスで判断する

⇒泌乳初期は健康ブロックへ

　酪農家に脂肪酸組成を説明していたら、「マトリックス図で4区分できないだろうか」という要望を受けた。そこで、X軸にルーメンでの生産をデノボMilk（基準0.9%）、Y軸に脂肪酸バランスをデノボFA（同28%）として作成した。4区分の右上は、乳脂肪が高く、デノボFA割合も高く、「健康」ブロックである。左下は、乳脂肪が低く、デノボFA割合も低く、不健康で「問題」ブロックである（**図3-20-1**）。

　分娩後60日以下牛群を、左上、右上、左下、右下の4区に分けると、9％、34％、27％、30％と分散していた（n＝11万6904）。同様に、分娩後61日以上牛群を4区に分けると、7％、73％、5％、15％と、右上の健康区に集中していた（n＝61万8384）。マトリック図で、泌乳中後期は右上の「健康」区、初期は左下の「問題」区の割合が高くなることがわかった。右上と左下の区は牛の健康状況が明白であるが、左上と右下の区は数多くのファクターがあり、断定できず「注意」とした。そこでは、チェック項目の、①ルーメン醗酵、②乾物摂取量、③繊維摂取量、④脂肪給与を総合的に判断すべきだ。

　図3-20-2は、F牧場におけるマトリックス図で、乳期に関係なく左下の「問題」区から右下の「注意」区の割合が高い。牛群平均は、乳量32.0kg、乳脂率3.95％、乳タンパク質率3.38％だが、デノボFAは22.6％と低い。不健康な牛群で平均産次は1.7産、多くの廃用牛を導入でカバーしながら乳量維持していた。治療等の作業で肉体的にも厳しく、多大な労働時間を要している。従来の乳量や乳成分に大きな問題はないが、牛の健康という根幹が理解できる。

　一方、A牧場のマトリック図は、乳期に関係なく右上の「健康」区の割合が高い。牛群平均は、乳量37.0kg、乳脂率3.80％、乳タンパク質率3.4％で、デノボFAは30.4％と高い。健康な牛群で平均産次2.6産、時間的ゆとりをもって乳量を維持していた。

　このことから、脂肪酸組成は泌乳前期（分娩後60日以下）に注目し、右上の「健康」区の割合を高めるべきだ。

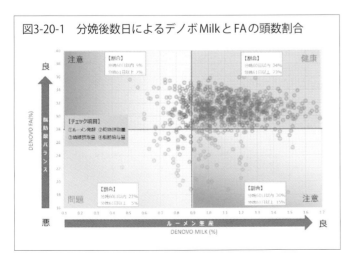

図3-20-1　分娩後数日によるデノボMilkとFAの頭数割合

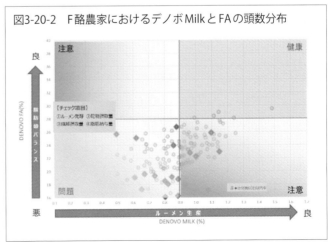

図3-20-2　F酪農家におけるデノボMilkとFAの頭数分布

21）デノボ脂肪酸で問題点を見つけて改善する

⇒乳期・産次・暦月に着眼を

　デノボ脂肪酸（De novo FA）を活用しながら問題点を見つけ、飼養管理を改善して経営を安定化させることは極めて重要だ。しかし、数多くの飼養管理技術があり、どの項目に着眼して深掘りするかが難しい。

　G酪農家は、繋ぎ牛舎で個体乳量1万2000kgを搾る、地域のリーダー的存在だ。搾乳頭数63頭、乳量36.5kg、乳脂率3.80％、乳タンパク質率3.37％、グラスサイレージととうもろこしサイレージ主体である。**図3-21-1**は、G酪農家の搾乳日数別デノボFAを示しているが、牛群平均29.7％で、ほぼ地域平均と同様だ。ただ、分娩後50日以下のデノボFAが極端に低く、高BHBAの潜在性ケトーシスが多発していた。

　聞いてみると、分娩場所から搾乳牛舎まで移動を3回ほど経た後、38kg設定の高濃度のエサへ馴致していた。そこで、移動ストレスをなくすため、分娩後に直接搾乳牛舎へ移し、隣1ストール空けて「いじめ」をなくし、飼槽横に乾草を置くことを勧めた。牛は産褥期に繊維をほしがり、乾草を自由採食させることで健康なルーメンを維持することができるからだ。

　その結果、3カ月後に乳量38.0kg、乳脂率3.95％、乳タンパク質率3.57％まで改善された。しかもデノボFAは30.4％と高く、分娩後50日以内のデノボが極端に低い牛は激減した（**図3-21-2**）。肢蹄、腹、毛づや、乳房の色を見ると、代謝が良くなり、姿勢も良く、活動的な印象を受けた。Gさんは、牛の移動を減らしたことで作業が単純化し、労働負担も減り、牛群が健康になったと実感していた。

　現場で数多くの酪農家を見てきたが、一生懸命働いても成果が表れないケースもあれば、逆にゆとりがあって所得が高いケースもある。労働時間と所得には関係がなく、管理の着眼点にあるように思えてならない。分娩前後3週間の移行期管理が、すべてにつながることに着眼すべきだ。

　縦軸に個体牛名、横軸に乳検月の乳量・乳成分・デノボFA・プレフォームFAを記入し、指標値から外れている欄に赤印をしている酪農家がいた。空白は乾乳で、次にデノボFAに赤が続くと分娩後体調の悪い牛として処置していた。乳期・産次・暦月によるデノボFAデータを分析することで、どこに問題点があるか、どこに着眼すべきかが明らかになる。

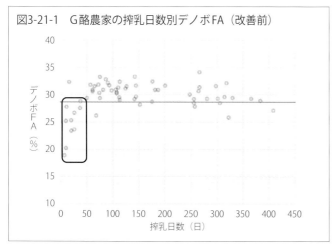

図3-21-1　G酪農家の搾乳日数別デノボFA（改善前）

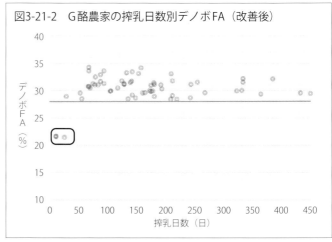

図3-21-2　G酪農家の搾乳日数別デノボFA（改善後）

22）デノボ脂肪酸は飼養管理技術の中心にある

⇒エサ・環境・牛の総合的な管理徹底を

　乳からのモニタリングとして、乳房炎は体細胞数、飼料のエネルギーとタンパク質のバランスは乳中尿素窒素（MUN）、体脂肪の動員はケトン体（BHBA）、乳の取り扱いは遊離脂肪酸（FFA）、受胎の確認は妊娠関連糖タンパク（PAGs）等、多岐にわたる有効情報が提供されている。その中でも、牛・ルーメンの健康を示すデノボ脂肪酸（De novo FA）は、飼養管理の中心に位置し画期的な指標だ（**図3-22-1**）。

　ルーメンは巨大な臓器で膨大な量の飼料が蓄えられ、いろいろな働きをする多くの細菌や微生物が棲み、日夜休むことなく醗酵を続けている。デノボFAを最大にするために、「エサ・環境・牛」の3項目の管理を総合的に徹底すべきだ（**図3-22-2**）。「エサ」は、粗飼料の品質と量、飼料設計の精度、脂肪添加の適度な割合、TMR調製技術と掃き寄せのタイミングである。「環境」は、1頭当たりの牛床、バンクスペースの確保、群の構成や移動によるいじめをなくす、快適な牛床や通路、暑熱対策や寒冷対策等ストレスを軽減する。「牛」は、分娩前後の飼料や管理を良くして周産期病を低減し、施設改善と飼料の組み立てで肢蹄病やアシドーシスを減らす等、体調を良好にすべきであろう。

　デノボFAは、牛群間（酪農家）や個体間（牛）で、次のような関係がある。
①個体乳量（乳量）で差がない。
②経営規模（飼養頭数）で差がない。
③牛群構成（平均産次）で差がない。
④北海道内の地域（粗飼料）で差がない。
⑤飼養形態（繋ぎ、フリーストール、搾乳ロボット）で差がない。

　ただし⑤飼養形態の中で、放牧は青草が不飽和脂肪酸であるα-リノレン酸を含み、乳腺でデノボ脂肪酸の合成を阻害する。そのため他の飼養形態と異なりデノボが低く、プレフォームが高く、年間の変動が激しいのが実態だ。

　どのような状況であっても、酪農家個々の飼養管理が全てであることを意味している。デノボFAをモニターすることによって、的確な飼料設計が可能となる。デノボFAを高く維持することは、「牛を健康に保ち、乳生産を最大にする」ことに直結して所得を高める。

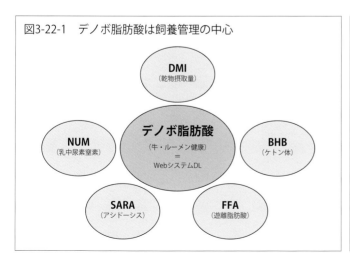

図3-22-1　デノボ脂肪酸は飼養管理の中心

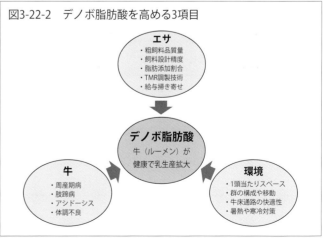

図3-22-2　デノボ脂肪酸を高める3項目

23）デノボ脂肪酸は経営者が独自に判断する

⇒健康や乳量だけでなく経営方針を

　酪農現場でデノボ脂肪酸（De novo FA）と飼養管理を検討していくと、牛およびルーメンの健康だけで良いのか、という疑問を持つ。酪農家は乳量に違いがあると同時に、経営に関して哲学を有し、多様性がある。

　表3-23-1は、デノボFA平均が違う酪農家5戸の、デノボFA 28％以下割合、初回検定高BHBA割合、乳量を示した。

　D酪農家は、デノボFA平均29.7％、28％以下割合23％、初回検定高BHBA牛割合23％、乳量27.9kgだ。牛群は不健康で乳量も低いため、飼養管理を中心に根本的な解決法を考える必要がある。

　注目すべきはB・C酪農家で、牛群の健康度と乳生産が相反している。B酪農家は、デノボFA平均29.6％、28％以下割合が13％、初回検定高BHBA割合6％、牛群の健康度は地域平均だが乳量は36kgと極めて高い。C酪農家は、デノボFA平均29.6％、28％以下割合が7％、初回検定高BHBA割合2％、乳量30.0kgである。牛群の健康度は良好であるが、乳量は地域平均よりやや低めである。

　C酪農家は繋ぎ牛舎で、毎日午前中はパドックへ放し、粗飼料は乾草主体＋とうもろこしサイレージであった。乾草という長ものの繊維は、大きなルーメンを持っている草食動物にとって最高の食べ物なのかもしれない。肢蹄は綺麗かつ健康、腹の膨みも良く、適度な肉付きで牛群が揃っていた。そこで、C酪農家に「あなたの牛は健康なので、乳量を上げるため濃厚飼料を増やすか、飼料中タンパク質を高めてはどうか」と提案した。しかし、C酪農家は「私の経営方針は、多少乳量が少なくても、疾病や事故がなく省力的であることが一番」と明言した。

　図3-23-1は、デノボ脂肪酸活用における「牛の健康」「乳生産」「経営方針」である。酪農の経済性を考えると、疾病を減らし、乳量を増やし、所得を高めるべきだが、個々の経営者には哲学と目指す方向がある。脂肪酸組成のデノボ活用は牛（ルーメン）の健康に集中しがちだが、酪農経営を総合的に判断することにもつながる。酪農家の考え方、過去からの流れを考慮して、適度なデノボ数値を経営者が独自に判断すべきであろう。

表3-23-1　酪農家別デノボFAと健康度・日乳量の関係

酪農家	健康度	乳生産	デノボFA28%以下割合	初回高BHB割合	日乳量
A			13.3	3	30.3
B		○	13.1	6	36.0
C	○		7.0	2	30.0
D	×	×	23.5	23	27.9
E			12.5	17	34.5

高BHBは0.13mmol／ℓ以上　　　　　（％）

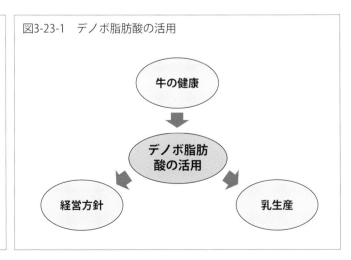

図3-23-1　デノボ脂肪酸の活用

24）デノボ脂肪酸はソフトを使って活用する

⇒牛群検定WebシステムDLを

　北海道では2015年に、「牛群検定WebシステムDL」が北酪検で開発された。乳検情報をはじめとした各種生産情報が活用できるDLとは「Dairy Data Linkage」（酪農情報連結）の略称で、検定加入農家は無料で利用できる。牛群検定、バルク乳、個体識別情報、授精等の記録は自動で反映され、グラフ等でわかりやすく、そこから問題も見出せる。このシステムは、①繁殖管理、②バルク情報管理、③課題の見える化（グラフ閲覧機能）の3本で構成されている。

　脂肪酸組成の情報は2021年4月に追加され、バルク情報と乳検情報の双方をタイムラグなく確認できる。ルーメン活動レポート（バルク情報）では、乳脂率、デノボFA、プレフォームFAの推移を、地区平均と比較しながら確認できる。バルク乳のデノボFA／Milkが高いほどルーメンは活発な動きの牛群であり、給与している粗飼料の嗜好性や栄養価が高いと判断できる（**図3-24-1**）。

　ルーメン活動レポート（乳検情報）では、検定日のデノボFAとプレフォームFAを、産次別、分娩後経過日数別に分けて表示している。また、各ステージにおける「低デノボ頭数」情報は、問題の発生パターンを考察する有効なアイテムになる。個体牛のバラツキは、初産牛と2産以上牛に分けてグラフで視覚的に確認することができる。「デノボFA分布」グラフでは、分娩後60日以内で22％、それ以降で28％に線が引いてあり、この数値より下回っていれば問題牛と判断する。乳脂率3.4％以下のアシドーシスが疑われる牛は「▲」が表示されており、その牛の割合も示されている（**図3-24-2**）。また、「個体検定成績」や「問題牛の追跡」等の画面に、脂肪酸組成の情報が表示されている。検定成績の乳量、タンパク質の分布グラフと合わせて確認すれば、多くの有益なヒントを得ることができる。

　まずは、バルク乳情報で群全体の動きを把握し、個体情報（乳検）で産次や分娩後経過日数を用いて深掘りしていく。このツールを活用し、地区の検定農家、所属グループ、仲間とデータを比較しながら改善点を見つけるべきであろう。ぜひ「牛群検定WebシステムDL」を使って、脂肪酸組成を飼養管理に活用していただきたい。

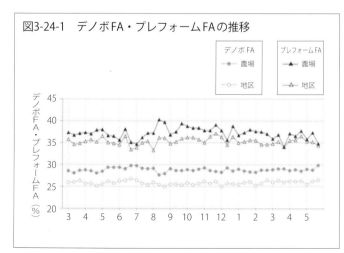

図3-24-1　デノボFA・プレフォームFAの推移

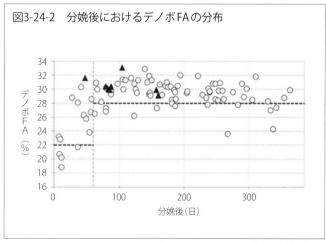

図3-24-2　分娩後におけるデノボFAの分布

牛舎で生産者と牛・エサについて検討（著者右）

第4章

乳タンパク質率からの
モニタリング

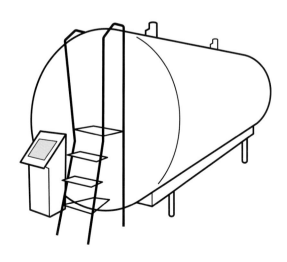

1）乳タンパク質率はエネルギー充足の指標となる

> ⇒飼料タンパク質を上手に給与を

　乳タンパク質は、20種類のアミノ酸が血中を通って下部消化管から吸収され、乳腺上皮細胞で合成される。原料は、ルーメン内からの微生物タンパク質と、非分解性タンパク質から供給される。微生物タンパク質の量は、第一は醗酵性の炭水化物（エネルギー）の量、第二はルーメン内分解性タンパク質の量によって決まる。多くの場合、エネルギー不足によって微生物タンパク質が低下し、肝臓での糖新生にアミノ酸が多く利用されるため、乳タンパク質率が低くなる。

　給与する飼料が適正なバランスであれば、吸収されるアミノ酸の50％以上は微生物タンパク質から供給される（E. J. Erasmus, 1999）。このタンパク質の消化率は85％と高品質のアミノ酸であり、体組織や乳タンパク質とほぼ同じ構成で、低コストな資源である。

　同時に、飼料中の非分解性タンパク質を適度に与え、アミノ酸の組成に配慮することが望まれ、一般的にメチオニンやリジンの不足が懸念される。アミノ酸の過剰添加を避けるため、ルーメン保護アミノ酸添加を分娩2週間前から給与して、ピーク乳量までが目安になる。乾物摂取量（DMI）が増加すると、ルーメン内で飼料の通過スピードが高まり、滞留時間が短くなり、非分解性タンパク質が増加する（E. J. Erasmus, 1999）。ただ、同じタンパク質飼料でも分解性は一定ではなく、大豆粕の場合、泌乳初期の非分解性タンパク質は66〜87％という報告もある。

　粗飼料の大部分がとうもろこしサイレージの酪農家では、飼料設計で非構造性炭水化物（NFC）が40％を超え、乳タンパク質率は年間を通して3.5％まで高くなる。給与するエネルギー（デンプン含量）が高くなることで、肉付きも良くなり、個体間格差をなくす（**写真4-1-1**）。ただし、この数値が極端に高くなると、牛は、寝ない、反芻が弱い、糞に粘液状が多くアシドーシス気味になる。

　年次別に北海道の乳タンパク質率を見ていくと、1985は3.04％、1990年は3.08％、1995年3.15％、2000年3.22％、2005年3.29％、2020年3.33％、2023年3.36％だ（**表4-1-1**）。過去と比べ高まっているが、海外と比べるとそのスピードは遅い。今後の生乳消費動向はタンパク質重視へと変わることが予想され、遺伝改良と飼養管理の向上を図るべきである。

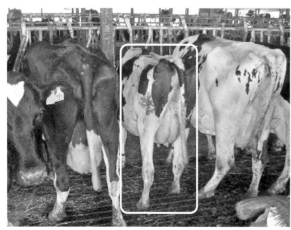

写真4-1-1　肉付きエネルギー充足の個体間格差をなくす

表4-1-1　北海道における乳成分の年次別推移

年度	乳脂率	乳糖率	乳タンパク質率	無脂固形分率
2000	3.99	4.52	3.22	8.74
2005	4.02	4.48	3.29	8.77
2010	3.94	4.48	3.26	8.74
2016	3.96	4.45	3.32	8.77
2017	3.96	4.46	3.33	8.79
2018	3.96	4.46	3.31	8.77
2019	3.97	4.46	3.31	8.78
2020	3.98	4.45	3.33	8.78
2021	4.01	4.46	3.35	8.82
2022	4.06	4.46	3.36	8.81
2023	4.05	4.46	3.36	8.82

北酪検　（年度・％）

2）乳量が増えると乳タンパク質率が下がる

⇒乳量水準によって傾斜と相関に差が

　乳タンパク質率は、泌乳期における飼料エネルギーの充足率を判断することができ、分娩後は乳量が増えるのに対して飼料摂取量が間に合わず低下する。分娩後における乳タンパク質率の経過別の動きは、1カ月目が高く、2カ月目に低くなり、それ以降は上昇し、乳量と逆の動きをする。ただ、乳量水準によって関係は微妙に異なり、酪農家間で傾斜や相関に差が生じる。

　同一月における同程度規模の酪農家2戸における乳量水準で比較した。**図4-2-1**は低泌乳農家で、日乳量は10～40kgに集中して、個体乳量は7400kgだ。年間平均で経産牛74頭、乳脂率3.90％、乳タンパク質率3.21％、乳糖率4.40％であった。**図4-2-2**は高泌乳農家で、日乳量は20～55kgにバラつき、個体乳量は1万1000kgだ。年間平均で経産牛70頭、乳脂率3.97％、乳タンパク質率3.58％、乳糖率4.50％であった。乳量水準の高い酪農家ほど乳量だけでなく、乳タンパク質率、乳糖率等の乳成分も高かった。

　この中で注目すべきは2点ある。低乳量農家では、日乳量10kgの牛は乳タンパク質率4.24％、40kgの牛は2.56％まで低下している。高乳量農家では、日乳量10kgの牛は乳タンパク質率4.23％、40kgの牛は3.48％と比較的高めに推移している。日乳量10kgの乳タンパク質率は同程度だが、乳量水準で乳タンパク質率の傾斜が変わってくる。

　もう一つは、低乳量農家における両者の関係は相関係数0.812と極めて強く、牛個体が線上に集中し、乳量が増えれば乳タンパク質率は低い。高乳量農家における両者の関係は相関係数0.634で分散し、牛個体の乳タンパク質率がバラつく。乳量と無脂固形分率の関係も同様な傾向で、両者の関係は乳量水準によって大きく異なる。

　つまり、個体乳量の低い酪農家は、給与する飼料の量を増やし、エネルギーを充足させる。常に飼槽にエサを置き、腹一杯喰べさせることで、乳量だけでなく乳タンパク質率が高くなる。乳量水準が高まるにつれてエサ以外のあらゆる管理が影響してくることから、飲水量、換気、横臥時間等も改善が望まれる。乳量が増えると乳タンパク質率は低下するが、急激なのか緩やかなのか、一部かすべての牛なのか、酪農家間で対応策は異なる。いずれにしても、乳量と乳タンパク質を高める飼料と管理が経営的にプラスの影響を示す。

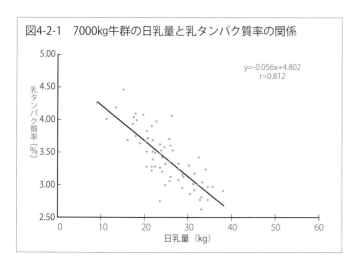

図4-2-1　7000kg牛群の日乳量と乳タンパク質率の関係
y=-0.056x+4.802
r=0.812

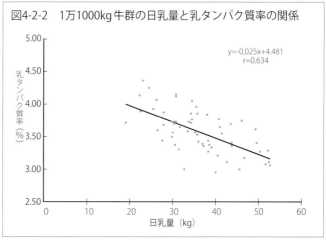

図4-2-2　1万1000kg牛群の日乳量と乳タンパク質率の関係
y=-0.025x+4.481
r=0.634

3）母牛の体調で初乳のタンパク質率が変わる

⇒移行期管理と分娩をスムーズに

　生まれた子牛が元気かどうかは、乾乳から分娩までの移行期管理が十分だったか、分娩がスムーズであったか、母牛の健康度に左右される。乳用雌子牛の死亡は生後1週間でおよそ1％、1カ月3％に達する。原因の多くは、出生から離乳前後の下痢や肺炎で、体力が落ちていることだ。子牛の健康と生存を決定するうえで重要なことは、高品質な初乳を、出生後できるだけ早く、かつ適切な量を給与することだ。初乳は母牛が分娩後最初に分泌したミルクで、特異的に免疫グロブリンが富み、子牛に免疫防御機能を供給する。

　一般に、初乳の成分組成は常乳と異なり、タンパク質、脂肪、灰分が多く、乳糖は少ないのが特徴だ。その中でも、乳脂率は初乳6.2％（常乳4.0％）だが、タンパク質率は14％（常乳3.2％）と極端に高い。黒毛和牛はホルスタインより濃度や免疫グロブリンをさらに多く含むのが特徴だ。

　表4-3-1は、周産期病牛と健康牛の初乳を示しているが、健康牛は乳成分が高めで、免疫物質であるタンパク質率は4.4％ほど高い。初乳免疫グロブリン濃度は牛個体で大きなバラツキが認められ、漏乳している牛や初産牛および2産牛は濃度が低い。暑熱時に冷却対策をとった母牛から生まれた子牛は、とっていない母牛から生まれた子牛と比べ、生時体重は大きく、免疫濃度が高い。

　乾乳時に母牛が健康であれば、分娩介助することなく自然分娩が行なわれ、母子共に元気である（**写真4-3-1**）。しかも、初乳はタンパク質に富み、免疫グロブリンを多く含み、初生子牛は吸収率が高い。母牛はその後も健康で、受胎が早いため肥り過ぎることなく、次の分娩も順調に行なわれる。

　一方、分娩で、介助、難産、双子等のトラブルがあれば、母子共に不健康だ。初乳はタンパク質が少なく、免疫グロブリンが低く、初生子牛は吸収率が低く、虚弱になる。母牛は胎盤停滞、子宮内膜炎等の周産期病にかかりやすく、受胎が遅れ、肥り過ぎで次の分娩もトラブルを起こす。淘汰や廃用が行なわれ、経費、労力等、莫大な損失につながる。

　上記二つの違いは、移行期と分娩の管理にあり、これをどう乗り越えるかで初乳の乳タンパク質率は異なってくる。「泌乳期が終わってからの乾乳期」という発想ではなく、「乳期は乾乳期からスタートする」という考え方が重要だ。分娩後の母牛が健康であれば、初乳は免疫グロブリンを多く含み乳タンパク質率が高くなる。

表4-3-1　周産期病牛と健康牛の初乳の違い

	周産期病牛	健康牛
頭数（頭）	12	23
乳脂率（％）	3.2	4.0
無脂固形分率（％）	14.9	19.5
タンパク質率（％）	11.4	15.8
乳糖（％）	2.5	3.1
体細胞（千個）	1226	2724

酪農大学

写真4-3-1　母子の健康度は分娩をどう乗り越えるか

4) 周産期病牛は乳タンパク質率が低下する

⇒低いタンパク質率割合と日数が

表4-4-1は、飼料充足率が低下する分娩後31〜60日における低乳タンパク質（2.7%以下）の割合を示している。乳量と体重が少なく疾病罹患率の低い初産牛は、低乳タンパク質の割合が10%で、乳量と体重が多く疾病罹患率の高い3産以降牛は21%であった。低乳タンパク質割合は、分娩後における疾病牛が健康牛と比べ高く、その中でも乳熱牛27%、ケトーシス牛35%と高い。

乳熱は分娩直後にCaが乳汁中へ排出され、血中Ca濃度が低下する疾病である。ケトーシスは負のエネルギーバランスによって体脂肪動員が生じ、ケトン体が蓄積し、呼気、尿、乳汁へ流れる。乳熱は分娩後5日以内に発症するのが77%（n=115）だが、ケトーシスは幅広く2〜4週目に発症する。

一方、乳タンパク質率は、一時期の極端に低い数値だけでなく、その期間が長期化することが問題になる。**図4-4-1**は、健康牛を産次別、疾病別における泌乳初期の分娩後経過日数別の乳タンパク質率の推移を示している。健康な初産牛は乳タンパク質率が3%を下回ることなく、3産以降牛で3%に戻るのは健康牛が70日、乳熱牛およびケトーシス牛が90日であった。ケトーシス牛は110日まで3%前後で動き、完全に脱したのは120日と長期化していた。分娩後150日間における平均乳タンパク質率は初産牛3.21%、3産以降牛3.14%、乳熱牛3.08%、ケトーシス牛3.04%と差があった。これらのことから、乳タンパク質率2.7%以下の牛群割合を、初産牛1割、3産以降牛2割以下、3%をクリアする日数は初産牛が0日、3産以降牛は60日以内を目標にすべきだろう。

また、泌乳初期の低乳タンパク質率は、サルモネラ症の発症要因となっているとの報告もある（道立畜試、2008）。これは飼料の摂取不足やルーメンの醗酵低下によって、ルーメン内でサルモネラ菌が増殖するためである。ルーメン機能を正常に維持する飼養管理、すなわち採食量を制限することなくアシドーシスを防止する管理が重要である。

担当した酪農家で、1日1回給飼を2回に増やしたら、3日後に乳量は29.6kgから31.3kgへ、乳タンパク質率は3.18%から3.22%へ改善された。多くの場合、乳タンパク質率を高めることは牛が健康になり、乳量も増えてプラスの関係にあるようだ。

表4-4-1 分娩後31〜60日における乳タンパク質率2.7%以下割合

	健康牛		疾病牛	
	初産牛	3産以降牛	乳熱牛	ケトーシス牛
全頭数（頭）	184	1713	437	118
2.7%以下頭数（頭）	19	367	119	41
低乳タンパク質率割合（%）	10	21	27	35

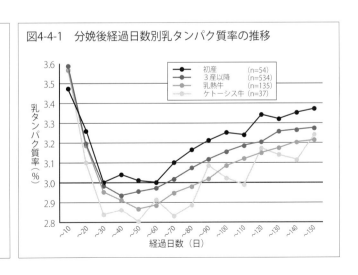

図4-4-1 分娩後経過日数別乳タンパク質率の推移

5）低乳タンパク質率は繁殖が悪化する

⇒泌乳前期の飼料充足率を高く

　乳タンパク質率は繁殖に悪影響を及ぼすことが、国内外を問わず複数報告されている。

　図4-5-1は、分娩後60日までの乳タンパク質率が除籍や繁殖に及ぼす影響を104万頭のビッグデータから分析したものだ。泌乳初期の乳タンパク質率2.8％未満と2.8％以上に分けると、乳期中に除籍された率は28.1％ vs 22.0％で差があった。しかも、不受胎牛の率は34.7％ vs 28.3％、次産の分娩間隔は452日 vs 433日で、大きな差が認められた。

　図4-5-2は、分娩後60～90日に測定した乳タンパク質率およびMUN濃度と空胎日数との関係を示している。MUN濃度と空胎日数の関係は8～16mg／dlまで1～2日で、ほとんど差が認められなかった。しかし、乳タンパク質率はMUNに関係なく、3％未満、～3.2％、3.2％以上の3段階で各4～6日と差が明確であった。3.2％以上は114日と短いが、3％未満は128日と延びていた。初回検定時と分娩後60～90日検定時の両方で、乳タンパク質率の低下に伴う空胎日数の増加が見られた。

　分娩後30日前後の乳成分と発情周期回帰の関係について、比較試験が行なわれた（帯広畜産大学）。それによると、乳タンパク質率3.0％以上の牛は全体の63.8％が該当し、発情周期回帰日数は38.8日であった。乳タンパク質率3.0％未満の牛は発情周期回帰日数は50.5日で、両者間の差は大きかった。

　乳タンパク質率の高い牛は、ルーメン内で微生物タンパク質の合成が多く、必要な飼料エネルギーが十分であった。乳タンパク質率はエネルギー充足率の指標となり、低い牛は卵巣機能の回復が遅れ、受胎が遅れて空胎日数が延びる。

　このことは、泌乳前期において乳タンパク質率の低下を最小限に抑えることが繁殖を良好な方向へ導くことを意味する。授精前の乳タンパク質率が高まるほど受胎率は高まるようで、分娩後日数や季節、産乳量等を牛毎に考慮しながら、飼料充足率を高くすべきだろう。早期に受胎させるためには、乳タンパク質率が高くなるような飼養管理を行なうことが重要である。

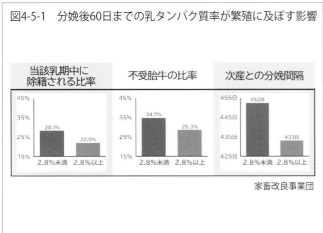

図4-5-1　分娩後60日までの乳タンパク質率が繁殖に及ぼす影響

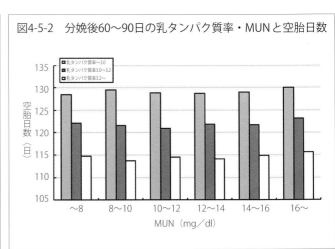

図4-5-2　分娩後60～90日の乳タンパク質率・MUNと空胎日数

6）泌乳前期の乳タンパク質率が低い

⇒2.7％以下にならない管理を

　乳タンパク質率で飼料充足、とくに泌乳前期におけるエネルギーの充足率を判断することができる。分娩後は乳量が増えるのに対して飼料の摂取が間に合わず、乳タンパク質率が極端に低下する。

　表4-6-1は、泌乳前期（分娩後3カ月）の乳タンパク質率と乳生産状況を示した。乳タンパク質率2.7％以下は、乳脂率3.49％、乳糖率4.49％、体細胞数15万個と低いが、乳量は38.0kgと高い。3.4％以上は乳脂率3.62％、乳糖率4.51％、体細胞数54万個、乳量は29.7kgと低い。乳タンパク質率2.71％〜3.4％は、乳脂率3.73％、乳糖率4.65％と高く、体細胞数24万個、乳量は35.9kgだ。

　泌乳初期の体組織動員は、遊離脂肪酸（NEFA）として血液からエネルギーが供給され、体タンパク質からアミノ酸が動員されて多くなると推測できる。分娩前2週目から分娩後5週の間に最大となり、12週まで確認でき、体蓄積エネルギー出納のうち、体脂肪が93％、残りは体タンパク質7％であった（V. S. Madhab, 1997）。なお、適切な飼養条件下では、泌乳初期牛における飼料中タンパク質率やバイパス率は、体組織動員に影響はないという報告もある。

　表4-6-2は、泌乳前期（分娩後3カ月）の乳タンパク質率と5カ月後までの生存率（淘汰廃用）、繁殖成績状況を示している。乳タンパク質率2.5％以下の牛は全体の3％おり、5カ月後までの淘汰廃用18％、授精割合は74％だ。同様に、3.2％以上の牛は淘汰廃用8％、授精割合85％と成績が良い。これらのことから、乳タンパク質率が低く、しかも長く続くと、疾病や繁殖にもマイナスということがわかった。ただし、乳タンパク質率がすべてエネルギー充足率と同じかというと、必ずしもそうとは限らない。乳量が低いためエネルギーが充足したり、分娩後日数が長くなったり、乳房炎になると高くなる。

　これらから、乳生産と乳質を考慮すると、泌乳前期は乳タンパク質率が2.7〜3.2％が適正な範囲といえる。乳検1〜3回目の乳タンパク質率が2.7％以下とならないエネルギー充足にする飼養管理が求められる。また、乳タンパク質率が低い牛は、発情を注意深く観察し、発見に努め、初回授精を早めに行ない空胎日数を短縮するべきであろう。

表4-6-1　泌乳前期の乳タンパク質率と乳生産状況

乳タンパク質率(%)	頭数(頭)	日乳量(kg)	乳脂率(%)	P/F比	乳糖率(%)	体細胞数(万)
〜2.7	152	38.0	3.49	0.77	4.49	15
〜3.4	808	35.9	3.73	0.82	4.65	24
3.4〜	152	29.7	3.62	0.85	4.51	54

表4-6-2　泌乳前期の乳タンパク質率と5カ月後の生存・繁殖状況

乳タンパク質率(%)	分娩3カ月以内			5カ月経過後		
	頭数(頭)	生存頭数(頭)	生存率(%)	授精頭数(頭)	授精率(%)	空胎日数(日)
〜2.5	34	28	82.4	25	73.5	126
〜2.7	118	106	89.8	99	83.9	135
〜2.9	317	305	96.2	281	88.6	124
〜3.1	306	293	95.8	267	87.3	123
3.2〜	337	310	92.0	287	85.2	115

（同一牛）

7）泌乳中後期の乳タンパク質率が低い

⇒肢蹄病を疑って優しい環境を

　乳タンパク質率の経過別の動きは、分娩後1カ月目が高く、2カ月目に低くなり、それ以降は上昇していくのが一般的だ。しかし、この標準曲線よりも極端に低い牛が見られ、泌乳初期であれば周産期病の可能性もあるが、中後期であれば肢蹄病のケースが多い（**図4-7-1**）。原因は肢蹄に負担がかかり過ぎているためで、起立している時間が長い牛に散見される。

　蹄に異常があったり、飛節が腫れたりすると、背中を曲げてノロノロと歩き、エサも喰べず牛床にも寝ず、通路で片足を牛床に乗せて佇立する中途半端な姿勢が目立つ。牛はエサを喰べたり、水を飲んだり、移動したり、搾乳されたりする以外は、横になって反芻する生き物だ。しかし、フリーストール牛舎で牛床数が不足していたり、寝起きの際に体をぶつけたり、滑ったり、床が濡れていたり、寝たときに空気が淀んでいるような場合は、横臥時間が減る。通路は牛床に比べ液分が多く、凹凸やコンクリートの硬さは肢蹄に対して良くない。

　1頭当たり飼槽幅による1日の採食時間は、70cm以下が271分、70cm以上は315分で初産牛33分、2産以上牛48分短かった（**表4-7-1**）。同様に、1日1頭当たりの牛床数と横臥時間の関係は、1以下は654分、1.1以上は813分で159分の差があった。しかも、初産牛は1以下が623分、1.1以上が813分で190分の差があり、2産以上より差が大きかった。1頭当たりの牛床数を人為的に減らしていくと、喰べた乾物1kg当たりの乳量が減少するという報告もある。

　肢蹄病の原因は、泌乳前期に肢蹄病が多ければ濃厚飼料多給によるルーメンアシドーシスの可能性が高いが、中後期に多ければ物理的要因が考えられる。蹄浴槽を効果的にするためには、長さ3〜3.7m、幅75cm、高さ10〜18cm、牛が通過する際に4本の蹄が少なくとも2回薬液に浸るレイアウトにする。

　乳検では個体牛の場合、乳タンパク質率が対前月比0.3〜0.4％減は「▽」、0.5％以上減は「▼」で表示されているので、注意深く観察する。泌乳中後期に乳タンパク質率が極端に低い牛は、肢蹄病を疑って優しい蹄環境を提供すべきだ。また、栄養面からの疑いもあるので、第2章（乳脂率）と第5章（P／F比）を参照してほしい。

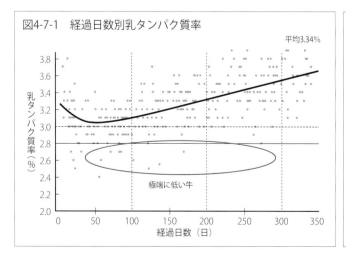

図4-7-1　経過日数別乳タンパク質率

表4-7-1　1頭当たり飼槽幅と1日の採食時間

1頭当たり飼槽幅	1日の採食時間（分）		
	牛群	初産牛	2産以上
70cm以下	271	289	259
70cm以上	315	322	307

根釧農試1999

8）春と秋に乳タンパク質率が低下する

⇒粗飼料の質・量低下を補う

　乳タンパク質率が低下する月や旬があり、原因を追及すると、多くの場合は粗飼料の質的低下と量不足にある。とくに粗飼料が大きく変わる春先、秋口の季節の変わり目に乳タンパク質率が低下する傾向にある。

　図4-8-1は、放牧地域108戸、とうもろこしサイレージ（CS）地域67戸の、飼料基盤の違いによる乳タンパク質率の推移を比較したものである。ただし、放牧地域であってもCSを給与したり、CS地域においても放牧している場合が数多くあり、傾向としてとらえていただきたい。CS地域は放牧地域と比べ乳タンパク質率は年間を通して高めに推移していることが理解できる。放牧地域は4～5月にかけて乳タンパク質率が低下しており、前年収穫した貯蔵粗飼料が残り少なくなるため給与量が減ってしまうことが原因だ。また、気温の上昇に伴いサイレージの二次醗酵が起き、栄養価の低下と採食量の減少が考えられる。

　8～9月に乳タンパク質率が低く推移するのは、放牧草のタンパク質が十分であるにもかかわらずエネルギーが不足傾向にあるためだ（**写真4-8-1**）。乳中尿素窒素（MUN）は高くなり、貴重な飼料タンパク質が乳や尿へ排出される。その際にもエネルギーが消費されるため、乳タンパク質率はさらに低下する。

　昼夜放牧をしているS酪農家は、朝一番にとうもろこしサイレージを腹一杯喰い込ませてから放しており、乳タンパク質率は高く、MUNも適正範囲であった。O酪農家は、粗飼料が不足しており、乳タンパク質率は3.1％、乳脂率は2.8％まで低下していた。粗飼料を緊急購入して十分に給与したら3.25％まで上昇した。F酪農家は、牛の健康を維持するために放牧を実践しているが、TMRセンターに加入給与している。そのため、乳タンパク質率だけでなく、乳脂率等、ルーメンの活動を評価できるデノボ脂肪酸が高位安定していた。

　これらのことから、乳タンパク質率低下は飼料不足が原因と判断でき、購入飼料に変更がなければ粗飼料の質・量によるところが大きい。北海道は給与飼料の6割前後が粗飼料であり、サイレージや乾草の質と量が乳タンパク質率を上下させている。春と秋は、放牧期と舎飼い期、前年と今年の粗飼料、一番草と二番草……等の移行時期であり、細心の管理が求められている。

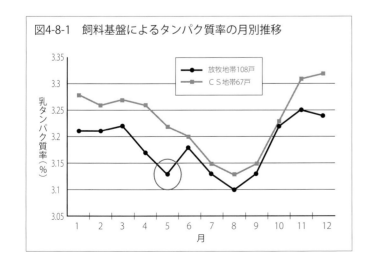

図4-8-1　飼料基盤によるタンパク質率の月別推移

写真4-8-1　放牧はタンパク質が豊富だがエネルギーが不足

9）夏場に乳タンパク質率が低下する

⇒管理で暑熱の影響を最小限に

図4-9-1は、暑熱年におけるＨ酪農家の乳タンパク質率とMUNの推移を示しているが、8月中旬に乳タンパク質率が低下しMUNは高くなっている。Ｈ酪農家は、牛舎が低いところに建てられ、風向きと平行に位置し、窓が小さく、暑熱の影響を最も受けていた。

猛暑年（2023）の北海道全域におけるバルク乳のタンパク質率の低下とリンクするようにMUNが上昇、同様の傾向を示した。これは暑熱の影響でエサの喰い込みが落ちてエネルギー不足になり、ルーメン内の微生物タンパク質合成が低下したものと推察される。

このときの牛は目がうつろになり、体全体が小刻みに震え、動き回ることなくジーっと立ちすくんでいた。牛舎内で扇風機を回したが、ほとんど効果なく、粗飼料ではなく高タンパク質の濃厚飼料だけを喰べていた。このように、極端な高MUN、低乳タンパク質率の現象が、暑い年に多くの酪農家で見受けられた。

その中でも、牛床の位置が悪く風通しがまったくない飼養環境の3頭の牛は、ほとんどエサを喰べず、MUN11mg／dlが19mg／dlまで急激に上昇した。飢餓状態になると、組織タンパクの異化亢進によって、体内でアンモニア生成が行なわれ尿素の合成量を増加させる。タンパク質分解によって遊離されたアミノ酸の75〜80％は新しいタンパク質合成に利用されるが、残りは尿素になるために上昇したと考えられる。

また、乳検成績で8〜10月における授精報告は、すべての牛が遅れて、予定分娩間隔が63日も長い451日になった（**表4-9-1**）。しかも、初産より3産以降の高乳量牛群ほど、暑熱の影響が大きかった。受託乳量は、8月中旬は対前年比93％まで落ち込み、乳タンパク質率は3.01％まで低下した。

この暑熱年の北海道は、乳用牛の日射病・熱射病の発生は943頭にも及び、うち339頭が死亡・廃用になった。粗飼料摂取量不足により反芻時間が少なくなり、唾液量の減少でアシドーシスのリスクが高まる。皮下への血流量は上昇せざるを得ないため、内臓への血流量が減り揮発性脂肪酸が減少する。ホルスタイン種はオランダ原産で、寒さに強く暑さに弱い生き物だ。暑熱によって乳タンパク質率が低下することは、管理する側の対応力の違いもあると考えるべきだ。

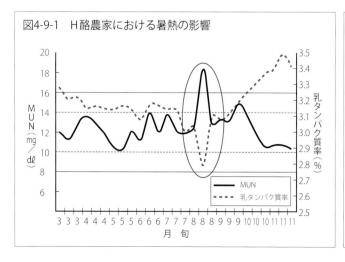

図4-9-1　Ｈ酪農家における暑熱の影響

表4-9-1　Ｈ酪農家における暑熱年の授精報告

	頭数（頭）	分娩後経過日数（日、％）					予定分娩間隔（日）
		〜59	〜79	〜99	〜119	120〜	
暑熱年	10		30	20	20	30	451
前年	10	20	40	10	20	10	388

10）暑熱対策で乳タンパク質率の低下を抑える

⇒総合的な対策の徹底を

　北海道では1999年と2000年の暑熱が2年続いたときがあり、大きな被害を受け、トンネル換気を導入して対策をとった。そのうち酪農家7戸の導入前後における乳量と乳成分を比較したら、乳量は1.3kg、乳脂率は0.15％高くなった。さらに注目すべきは、乳タンパク質率が0.32％高くなり、2.8％以下牛が少なくなった（**図4-10-1**、**図4-10-2**）。対策をとらなかった酪農家はバルク乳で3.0％まで低下していた。

　ヒートストレスの悪影響を軽減するため、横臥中の牛（牛床上0.5mの高さ）に、少なくとも1m／秒の風を当てる。そうすることで横臥時間だけでなく乾物摂取量も維持され、乳量の低下を防ぐことができ、床上1.5m（立っている牛の高さ）送風より効果は高い。

　繋ぎ牛舎では、繋留されている位置によっては、差し込む日光に数時間も曝され大きな暑熱ストレスを受ける。窓に日よけやひさし等を設置し、遮光ネット等で直射日光を遮る。屋根を散水で冷やし、蒸発熱で表面温度を下げる。牛の毛は短く刈り、体表面からの熱放散を促すことでストレス低減できる。経産牛は、乳房、尾根周り、首すじからき甲、ルーメン周辺を刈る。初妊・初産牛は全部刈る。汗腺が汚れていたり、アカが溜まると汗が出にくいので清潔に保つことだ。

　体温が上昇すると乾物摂取量を減らし、熱発生量を抑えようとするのは、身を守る生理作用が働くからだ。良質な粗飼料は第一胃の通過スピードが速く、熱発生量が少なくなり体温上昇を防ぐ。給与は数回に分けて行ない、夕方から夜間に重点的に給与することが効果的だ。重曹はTMR飼料に添加するだけでなく、ほしいときにチョイスできるようにすればルーメン内環境を整えられる。

　気温が高くなると飲水量は増えて1回で4～6ℓを一気に飲み、泌乳牛は1日100ℓ以上に及ぶ。ルーメン内温度は給飼後に上昇し、飲水時に低下するので、水は暑熱対策に有効だ。汗に最も多く含まれているミネラルはカリウムで、次いでナトリウム、マグネシウムで、要求量が増える。暑くなる3～4週間前からミネラルを1割増強した飼料プログラムが必要となる。塩の必要量は「乳量×0.46％」で、乳量20kgで92g、40kgで184g、暑い時は10～20％増量する。ホルスタイン種は暑さが苦手なので、総合的な対策を徹底し、快適性を追求して、乳タンパク質率の低下を抑えるべきであろう。

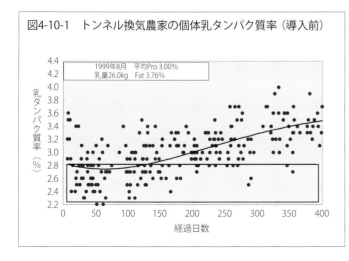

図4-10-1　トンネル換気農家の個体乳タンパク質率（導入前）

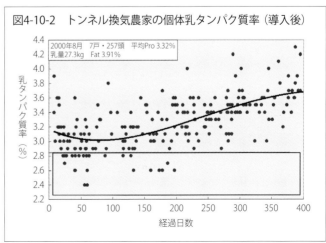

図4-10-2　トンネル換気農家の個体乳タンパク質率（導入後）

11）CS多給で乳タンパク質率が高くなる

⇒1日1頭当たり48kgの給与が

　某県T酪農家は繋ぎ牛舎で経産牛40頭を飼養しており、年間平均日乳量33kg、乳脂率4.1％、体細胞数20万個だ。脂肪酸組成の平均はデノボFA31.0％、プレフォームFA33.7％と乳牛の健康状態は良好である。

　注目すべきは、乳タンパク質率が年平均3.50％と、地域（農協）3.36％より高いことだ。**図4-11-1**は、T酪農家と地域におけるバルク乳の月旬別推移を示しているが、7～8月は暑熱の影響で3.3％まで低下しているものの、11月は3.76％まで上昇している。

　給与する飼料は、イタリアン乾草、とうもろこしサイレージ（CS）と濃厚飼料というシンプルな組み立てだが、CSを1日1頭当たり48kgと大量に給与している。高エネルギー飼料を多給すると毛づやが良くなり、皮下脂肪が付着するだけでなく、乳タンパク質率が高くなることが証明された。

　一般的に、CS40kg以上の多給は代謝病のリスクがあり、最大給与量30～35kgが限度と考えていた。Tさんは、自給飼料を優先する考えで、とうもろこし14ha作付けて給与量を増やすことによって、1日1頭当たり飼料費を1000円以下に抑えている。CSは子実が多く含まれているので、10kg給与していれば濃厚飼料1kg、48kgであれば5kg削減できる。ただ、収穫機械が古く未破砕のため、ふんへの子実未消化物排泄が目立ち、糞中に確認されるムチン（粘液状のもの）から、大腸内で異常醗酵が起こってルーメンアシドーシスの疑いもある。

　そのため、乾草等の良質な繊維源を十分に給与して反芻を促し、重曹を1日1頭当たり200gを目安にルーメン内環境を整えている。エネルギーの高いCSを給与すると、MUNが低くなることが考えられる。T酪農家はバルク乳月旬で大きく動いているが、平均11.3mg／dlで地域平均と同値であった（**図4-11-2**）。

　日本の酪農経営は、輸入飼料価格の高騰・高止まりにより厳しい状況にあるが、経営改善を図るためには自給飼料を見直し、飼料費の低減を実現すべきだ。高エネルギー自給飼料であるCSを高泌乳牛へ最大限に給与することが求められ、多くの研究機関で給与限度を追求している。今回、CS1日1頭当たり48kg給与で飼料費を軽減し、乳牛を健康に管理している優秀な経営を現場で確認した。

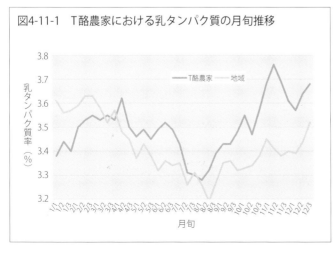

図4-11-1　T酪農家における乳タンパク質の月旬推移

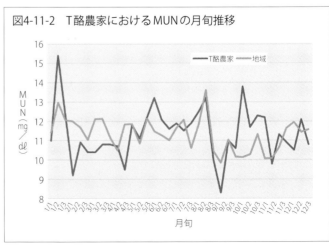

図4-11-2　T酪農家におけるMUNの月旬推移

12）制限アミノ酸添加で乳タンパク質率が高くなる

⇒Gサイレージ主体はメチオニンが

　乳タンパク質は20種類のアミノ酸が血中を通って合成されるが、1種類でも不足すると制限される。乳牛の場合、リジンとメチオニンが制限アミノ酸であることが知られている。吸収されるアミノ酸の最適な比率を実現するためには、リジンとメチオニンのルーメンバイパス製剤が不可欠だ。その結果として、ルーメン機能を最適化し、乾物摂取量と微生物タンパク質を最大化してMUNを目標レベルに収める。

　乳合成における制限アミノ酸の添加効果を検討した結果、バイパスメチオニン製剤添加により泌乳前期牛の乳タンパク質率が向上したものの、乳量の効果は認められなかった（道立根釧農試、1994）。乳合成における制限アミノ酸の添加効果を検討するため、試験1：泌乳前期にバイパスメチオニン製剤を添加（DLメチオニン30g／日）、試験2：バイパスメチオニンおよびバイパスリジン製剤を添加（DLメチオニン15g＋リジン20g）した。飼料の主体は牧草サイレージで、圧ぺんとうもろこしと大豆粕を乾物中％50対40とした。

　乳タンパク質率は、試験1の3～8週では添加区3.07％、対照区2.87％、試験2の3～12週では添加区3.00％、対照区2.80％と添加区が各々0.2％高かった（**表4-12-1**）。乳成分は遺伝に強く影響されるため、前産次の305日泌乳成績と比較すると、添加区が対照区より試験1では0.23％、試験2では0.16％高かった。

　血清遊離メチオニン濃度は、試験1で添加区3.47 umol／dl、対照区2.23umol／dl、試験2で同様に2.57、2.08と、添加区が添加量に比例して高くなった。しかし、血清遊離リジン濃度は、試験2で添加区と対照区に差が見られなかった。泌乳前期としての養分摂取量はほぼ充足され、分娩後の体重の減少も少なかった。

　これらのことから、バイパスメチオニン製剤の添加により、泌乳前期の乳タンパク質率の向上効果が認められるが、乳量への効果は限定的だ。エネルギー不足が乳生産の制限要因となっている飼養では添加効果は低い。牧草サイレージ主体での制限アミノ酸はメチオニンと考えられた。メチオニンは肝臓で複数の役割を持っており、脂肪肝予防にも効果が認められている。酪農家の飼料倉庫を覗いてみると、数多くの添加剤が所狭しと並んでいるが、目的に応じた使い方をすると効果は高い（**写真4-12-1**）。

表4-12-1　制限アミノ酸添加による乳量および乳成分

	試験1				試験2			
	添加区		対象区		添加区		対象区	
週	3-8	3-16	3-8	3-16	3-8	3-12	3-8	3-12
実乳量（kg／日）	36.9	35.4	37.8	35.8	39.3	37.9	39.3	38.0
乳脂率（％）	4.07	4.00	3.93	3.93	3.74	3.72	3.76	3.72
乳タンパク質率（％）	3.07	3.14	2.87	3.00	2.95	3.00	2.78	2.80

根釧農試1994

写真4-12-1　酪農家では数多くの添加剤を見かける

13）タンニン添加で乳タンパク質率が高くなる

⇒わずかな添加量でも効果が

　現場では数多くの飼料添加剤が出回っており、効果が判明しているのか疑問な製品もある。今回、ルーメンで微生物タンパク質合成量を増やしメタン産生の低減を目的とした製品を、現場で確認した。それは、濃縮タンニン、エッセンシャルオイル、スパイスを原料とした、タンニン・ハーブ入り混合飼料だ。

　濃縮タンニンは、ルーメンでタンパク質と結合して酸性pHの第四胃へ放出し、タンパク質のバイパス率を改善する。乾物消化率に悪影響せず、分子量が大きく血中に吸収されない。エッセンシャルオイルは、ルーメン細菌叢を調整し、プロトゾア活性の減少および微生物の活性を高める。スパイスは、腸管の消化酵素を増加し、タンパク質、デンプンおよび脂質の消化率を改善する。唾液分泌、バッファー産生の増加、尿素およびバッファーリサイクルを改善し、血液循環の促進、とくに暑熱ストレス時の代謝を促進する。

　この製品は、乳量に応じて1日1頭当たり20〜30g給与することが推奨され、海外では乳量が2kg程増えたとも報告されている。

　U酪農家は、繋ぎで搾乳牛78頭、個体乳量1万1793kg、体細胞数16.9万、分娩間隔405日と極めて優秀だ。牛はきれいでボディコンディション・スコア（BCS）も均一化しており、アダーカラーも良好だ。牛舎側面に20台の換気扇を備えて暑熱対策を徹底していた。CSとGSのTMRに、この製品を9月から1日1頭当たり20gを添加してもらった。添加前後それぞれ6カ月を見ると、管理乳量は36.3kgが38.3kgと1.99kg増えた（**図4-13-1**）。同様に、乳タンパク質率は3.33％が3.46％と0.13％上昇した（**図4-13-2**）。

　乳タンパク質率は過去3年間3.25、3.26、3.36％だったが、添加年は3.42％まで上昇した。同様に、MUNは11.1、10.8、9.4mg／dlだったが、添加年は8.2mg／dlまで低下した。北海道平均と比べ乳タンパク質率は高めに、MUNは低めに推移し、U酪農家は乳量より乳タンパク質率が上昇した。給与した飼料中のタンパク質が、ルーメン内で効率的に微生物タンパク質へ変換されたことを意味する。

　わずかな量の添加であっても、ルーメン内のアンモニア濃度を減らし、醗酵の改善が認められた。このことから、乳タンパク質率が低く、MUNが高くなる酪農家や月には、こうした製剤を試す価値があろう。

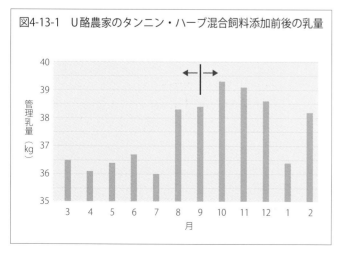

図4-13-1　U酪農家のタンニン・ハーブ混合飼料添加前後の乳量

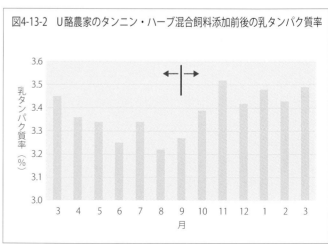

図4-13-2　U酪農家のタンニン・ハーブ混合飼料添加前後の乳タンパク質率

14）妊娠関連糖タンパク（PAGs）で受胎確認ができる

⇒検査農家数や牛は増加傾向に

　ここ数年、妊娠判定技術が進化して、プロジェステロン濃度で判別するペーパーマイクロチップ、妊娠時に発現が増加する遺伝子と非妊娠時に増加する遺伝子の検査、AIカメラを活用して発情発見するシステム、搾乳ロボットを通じて乳汁中の黄体ホルモンを自動測定するシステム……等が開発されている。

　さらに、乳汁のタンパク質であるPAGsレベルを調べることで、妊娠か空胎かの判断が可能になった。妊娠関連糖タンパクPAGs（Pregnancy Associated Glycoproteins）は、妊娠時のみに分泌される複数のタンパク質なので（s）が付いている。このタンパク質はアスパラギン酸プロテアーゼの一種で、胎盤で産生されて血液に表れる。血清、血漿、唾液、尿中にも含まれているが、乳汁で検査が行なわれている。

　乳汁中のPAGSの推移を見ると、分娩後と授精後の一定期間経過することで上下する。分娩後は妊娠時のPAGsが残って高い数値、授精後は低い数値で推移するため、検査は分娩後60日目以降、かつ人工授精後28日目以降が対象で、高い数値を検出すれば妊娠と判断する。日本では2015年10月からアイデックスラボラトリーズ㈱が商業ベースで開始、北酪検は2018年4月から検査を始め、費用の低減だけでなく、簡単・早い・便利・正確な情報提供に努めている。

　検査牛の採取日、個体識別番号、人工授精日等、必要な事項を記入し、対象牛以外の乳汁が混ざらないように、乳房炎治療中の分房からは採取しないようにする。乳汁は冷蔵保存して速やかに発送し、結果は到着日を含め3営業日以内で受胎・不受胎を報告している。

　PAGs検査は北海道全域で行なわれており、乳検時のサンプルからも分析でき、料金助成事業もあり増加傾向だ。酪農家別に見ると、年間10検体以下が全体の約30％を占め、101検体以上は14％だが、中には1000検体以上を依頼する酪農家も出てきた（**図4-14-1**）。

　検査依頼の多い酪農家で、分娩間隔が短縮された事例があり、目的は、不受胎牛を早く見つけて再授精し、空胎日数を短縮することだ。授精後28日以降の早めのタイミングで、しかもスポットではなく定期的に検査すべきであろう。生乳中のタンパク質は、栄養としての価値以外に、飼養管理面から飼料充足の指標、そして繁殖改善への利用価値がある（**写真4-14-1**）。

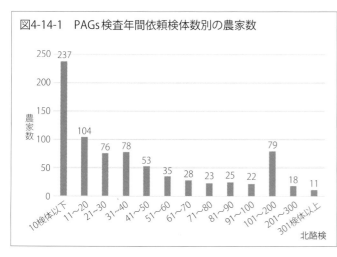

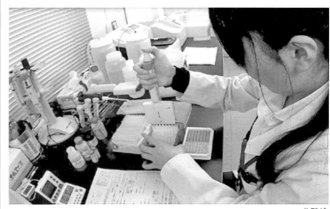

写真4-14-1　PAGs依頼検査は増加傾向だ

15）妊娠関連糖タンパク（PAGs）は複数回検査する

⇒牛にとっても人にとってもメリットが

　妊娠診断は、乳汁PAGs検査では人工授精後28日以降に結果が得られるのに対し、獣医師の直腸検査では40～50日以降となる。エコー検査は授精後30日頃からでき、卵巣の状態や双胚の判定も可能だが、価格と熟練を要する。

　PAGs検査を利用している酪農家の奥さんは、「PAGs検査は授精後28日以降で判定結果が早い。不受胎だったら、次の発情日を計算して速やかに種付けする。発情が来なかったら獣医師に診療を仰ぎながら柔軟な対応ができる」という。また、「我が家はフリーストールなので、獣医師に診てもらう時間の調整や、診療牛を集めて繋留する手間も必要だが、PAGs検査は搾乳時に乳汁を採材するだけなので、時間を費やすことなく低コストだ。省力化も図れ、とても助かっている」と語っていた。

　獣医師は、PAGsを繁殖検診の補完情報として活用でき、ホルモン処置を含めて総合的な判断ができる。ある獣医師は、「PAGsの数値を見ながら直腸検査をすれば、正確でスピーディに終えることができる」と話していた。

　図4-15-1は、人工授精後、初回の検査実施までの日数を示しており、最頻値は32日目で、それ以降少なくなっている。一部の酪農家は、検査条件の理解不足や記録ミス等で、授精後28日以前に依頼しているケースも見受けられた。発情が1～2回飛んで受胎の可能性が高い牛をPAGs検査で確認する傾向にある。検査数3万9936頭の中で、マイナスが30％、プラスが70％だった。現実は、受胎率は4割弱なので「たぶん、この牛は受胎しているだろう」という期待を抱いて検査している酪農家の心理が読み取れる。

　PAGs検査は、初回確認で人工授精後28～35日、2回目継続確認で65～75日、3回目100日以降で検査すべきだ。しかし現実は、検査実施回数1回が94％、2回が6％、3回以上が1％で、ほとんどが複数回していない（**図4-15-2**）。受胎と判定されても、胚死滅や流産、他牛の乳混入やサンプルミスの危険性もあり3回すべきだ。

　PAGs検査は、米・加・仏・独・豪等、世界各国で乳検システム等で行なわれ、研究も進められて、やがて双子判定や周産期疾病等も判定できるようになるだろう。牛にとっても人にとってもメリットが大きいが、プラスと判定されても受胎の再確認をすべきだ。

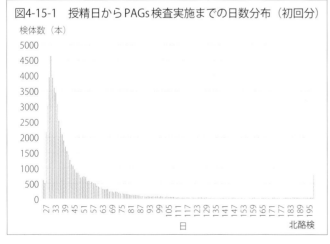

図4-15-1　授精日からPAGs検査実施までの日数分布（初回分）

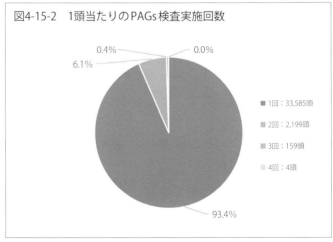

図4-15-2　1頭当たりのPAGs検査実施回数

16）妊娠関連糖タンパク（PAGs）の精度は高い

⇒不受胎の牛を早く見つけ処置を

　多くの酪農家は、妊娠関連糖タンパク（PAGs）で受胎の確認ができると思いつつも、疑心暗鬼でもあった。そこで、乳牛検定で受胎と不受胎の確認がとれた牛についてデータ分析した。

　表4-16-1は、検査数3万9936頭における、授精から検査日までの日数別PAGs検査の精度を示している。プラス「＋」と判定した牛を追跡したら、受胎確認がとれた「＋かつ受胎」は89％であった。マイナス「－」と判定した牛を追跡したら、再度授精する等、不受胎確認がとれた「－かつ不受胎」は98％であった。授精からPAGs検査までの日数が長いほど、「＋かつ受胎」判定ほど、PAGsレベルS-N値が上昇するほど、精度は高まっていた。

　偽陰性の割合は低いので、いかに早く不受胎牛を見つけて処置するか、つまり不妊娠期間の短縮が本来の目的である。牛の発情周期は21日なので、妊娠していなければ、授精後21日・42日・63日に発情が回帰する。授精後50日で妊娠鑑定マイナスがわかった場合、2回の発情を見逃していることになる。

　北海道における繁殖成績は、2024年時点で発情発見率39％、初回授精受胎率38％と低く、6割以上の牛の発情を見逃し、見つけて授精しても6割以上が妊娠していないのが現実だ。獣医師による直腸検査とPAGs検査を組み合わせることで、よりスピーディで精度の高い妊娠診断が可能だ（**写真4-16-1**）。

　飼養規模拡大により牛個体の観察が容易でなく、発情時間は短く、明瞭な徴候を見せる牛が少なくなってきたことから、繁殖成績は悪化傾向にある。乳牛の受胎率低下は日本のみならず、海外でも同様の傾向にあることが報告されている。この状況を打開するため、多くの研究者が受胎率改善の解決策を求めて様々なアプローチで取り組んでいるが、いまだ明確な解決策は見つかっていない。

　北酪検では、乳牛検定時のサンプルを有効に活用しながら、2020年5月からPAGsの検査をしている。「牛群検定WebシステムDL」で個別と一括の申し込みができ、採材する手間を少なくすることが可能になり、多くの酪農家が利用している。人は尿で妊娠検査が可能なのだから、牛でもこのような検査システムが開発・実用化されて当然なのだろう。

表4-16-1　PAGs検査結果と検定成績による受胎・不受胎結果での精度

授精からPAGs検査までの日数	PAGs検査結果（＋）			PAGs検査結果（－）		
	件数	うち受胎件数	精度（％）	件数	うち不受胎件数	精度（％）
31〜40	13,020	10,993	84	7,095	7,008	99
41〜50	4,886	4,310	88	2,300	2,259	98
51〜60	2,679	2,499	93	1,132	1,100	97
61〜70	1,918	1,832	96	539	525	97
71〜80	1,322	1,274	96	320	314	98
81〜200	4,248	4,160	98	477	445	93
合計	28,073	25,068	89	11,863	11,651	98

北酪検

写真4-16-1　直腸検査とPAGsを組み合わせると精度が高い

放牧地で生産者と授精師と検討(著者左)

第5章

乳脂率と乳タンパク質率（P／F比）からの
モニタリング

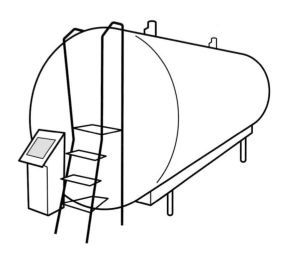

第5章 乳脂率と乳タンパク質率（P／F比）からのモニタリング

1）P／F比は0.7以下が問題だ

⇒低くなるとエネルギー不足が

　乳成分は単独ではなく複数の項目で判断すべきで、とくに泌乳前期の乳タンパク質率と乳脂率のバランス（Protein／Fat：P／F比）がポイントになる。泌乳前期の乳タンパク質率が低くなるのは摂取するエネルギー不足、乳脂率が高くなるのは体脂肪動員と判断できた（第2・4章参照）。

　表5-1-1は、泌乳前期（分娩後3カ月以内）1112頭における極端な乳脂率・乳タンパク質率と乳生産を示している。飼料充足率が低く体調が悪いと推定できる乳脂率4.5％以上・乳タンパク質率2.8％以下の牛群は、P／F比0.54、日乳量35kg、乳糖率4.34％だった。逆に、ルーメンアシドーシスが疑われる乳脂率2.8％以下・乳タンパク質率3.1％以上の牛群は、P／F比1.15、乳量33.7kg、乳糖率4.70だった。乳脂率2.8％以下・乳タンパク質率2.8％以上の牛群はP／F比1.02、乳量38.6kgと高く、乳糖率4.45％と適度な数値であった。

　表5-1-2は、泌乳前期のP／F比と、乳量および5カ月経過後の淘汰率と授精状況を示している。全体（n＝1112）の平均は0.82で、0.6以下の牛は3％、5カ月後に淘汰している割合が10％と高く、授精した割合が72％で悪かった。P／F比が低下すると肝臓へ負担がかかり、脂肪肝等、疾病の可能性が高く、廃用が多く、授精割合が低くなる。

　逆に、P／F比の数値が高くなるほど乳量は伸び、淘汰（廃用）率は低下し、授精割合は高く良好な数値を示した。しかし、1.0を超えると乳量は伸びず、淘汰率も9％と高くなり、授精割合は82％まで低くなった。高濃度のエサを喰い込むだけでなく、選び喰いや固め喰い、早喰いが行なわれている可能性が高い。このような牛は乾草等の長ものをほしがり、牛自らルーメン環境を整えているケースが散見される。

　P／F比0.7以下であれば飼料のエネルギー充足率が低く、1.0以上は濃厚飼料多給、粗飼料不足のルーメンアシドーシスの傾向が見られた。これらのことから、個体牛のP／F比は0.7〜1.0が推奨され、高くても低くても問題があり、泌乳前期のモニタリングとして有効と考えられた。なお、バルク乳ではP／F比0.83〜0.86と範囲が狭く、個体牛を中心に傾向として判断すべきだ。

表5-1-1　泌乳前期の極端な乳脂率・乳タンパク質率と乳量

乳脂率(%)	乳タンパク質率(%)	頭数(頭)	P/F比	日乳量(kg)	乳糖率(%)
4.5〜	〜2.8	15	0.54	35.0	4.34
〜2.8	2.8〜	25	1.02	38.6	4.45
〜2.8	3.1〜	18	1.15	33.7	4.70

n＝1112頭

表5-1-2　泌乳前期のP／F比と乳量・5カ月経過後淘汰・繁殖状況

	分娩3カ月以内		5カ月経過後				
P/F比	頭数(頭)	乳量(kg)	頭数(頭)	淘汰率(%)	授精頭数(頭)	授精割合(%)	空胎日数(日)
〜0.6	29	31.1	26	10.3	21	72.4	111
〜0.7	126	37.3	119	5.6	103	81.7	125
〜0.8	336	35.5	318	5.4	285	84.8	124
〜0.9	373	35.0	350	6.2	328	87.9	122
〜1.0	180	35.3	173	3.9	162	90.0	118
1.01〜	68	35.8	62	8.8	56	82.4	122

（同一牛）

2) P／F比は1.0以上が問題だ

⇒高くなるとアシドーシスが

図5-2-1は個体乳量が高い酪農家の400頭、**図5-2-2**は低い酪農家の328頭、それぞれ10戸のP／F比を示している。個体乳量が高い酪農家は0.89で、低い酪農家は0.84と比べて全体的に高く、エネルギーの充足率が高いと判断できた。

ただ、個体乳量の高い酪農家は濃厚飼料の給与量が多く、P／F比が1.0を超えてルーメンアシドーシスと考えられた。しかも、P／F比が1.0以上の出現割合が高い酪農家ほど、初回授精日数と空胎日数が長く繁殖を悪化させ、蹄病にかかるリスクが高い。TMR給与は全ての牛が24時間均一に喰べることを前提にしているが、固め喰い、選び喰い、早喰いが行なわれていることが推測できる。

ルーメンpHを適正に保つことは、ルーメン微生物の数を増加させ、乾物消化率を高め、微生物タンパク質の産生を最大にする。ルーメンは弱酸性が望ましいが、アシドーシスになるとpHが下がり、揮発性脂肪酸（VFA）の吸収量が減少し、繊維の消化能力が低下する。その原因は、ルーメン内での酸（酢酸・プロピオン酸・酪酸等）の生産と吸収、唾液による中和が間に合わないことにある。とくにデンプンから産生される乳酸はpH3.9と強力で、量が多くなると乳酸を代謝する微生物の数が減少しpHを低下させる。乳酸の吸収速度は遅いためルーメン内浸透圧が増大し、血液から水分が移動することで脱水症状を起こし、血中に吸収される。肝臓は乳酸を代謝できないので、血液pHを低下させ、全身がアシドーシスになり、組織を破壊し死を招くこともある。

ルーメンアシドーシス防ぐためには、TMRを均一に混合し、1日1回ではなく2回以上給与して、掃き寄せ回数を増やして、飼料の選び喰いを防ぐ。飲水量を増やしてカリを尿で排出させる。重曹を増やすことで、良質な繊維の醗酵が遅くなり、ルーメン内の滞留時間が長くなり、エネルギー供給を長時間安定することができる。

唾液の量は飼料の物理性によって大きく左右し、粗飼料と濃厚飼料が50％ずつで乾草80％を長ものから粉砕へ換えたら40～50％も減った（E. Poutiainen, 1996）。乳牛は採食で1日2～3万回咀嚼し、反芻を加えると5万回噛み返しを行なう生き物だ。P／F比1.0以上の牛や群はルーメンアシドーシスの可能性があり、pH低下と変動を抑える管理が望まれる。

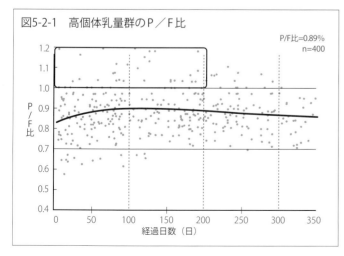

図5-2-1　高個体乳量群のP／F比

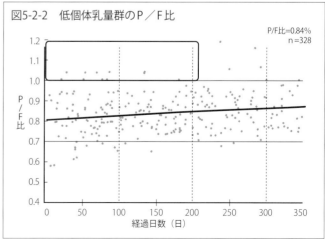

図5-2-2　低個体乳量群のP／F比

3) 乾乳が長いと次産P／F比0.7以下が多い

⇒乾乳日数70日以下で適度なBCSが

　乾乳期間2カ月という考え方は、昔、英国の一部の酪農家が乾乳日数60日で乳量を増やしていた。他の地域では2週間あれば十分という考えであったが、第二次世界大戦が始まり、食料難を回避するため、政府が乾乳期間60日を奨励したことが始まりだといわれている。

　表5-3-1は、乾乳日数別で、次産1回目の乳検でP／F比0.7以下の出現割合を示している。1〜2産牛は、乾乳日数65日以内で24%以下、2産以降牛は65日以内で30%以下だが、以降は割合が高くなっている。

　図5-3-1は、乾乳日数と分娩間隔の関係を示しており、両者の相関は高い。注目すべきは、乾乳日数が長期化しても搾乳日数は360日前後で変わらず、乾乳日数が延びているとうことだ。

　著者の調べでも、乾乳日数31〜50日で乳量9760kgだが、71日から低くなり、90日以降は9053kgまで低下していた（n=2252）。乾乳日数70日まで繁殖障害11%、疾病発症率32%だが、71日を超えると12%、36%まで高まる（n=7809）。淘汰率は、乾乳日数70日まで27%だが、71日以上90日以下38%、91日を超えると46%まで上昇していた（n=2451）。

　現代のホルスタインの妊娠期間は276日と短くなってきており、妊娠期間が短いと泌乳成績が低下し高泌乳牛ほど影響が大きい。泌乳期間が長引き、乾乳期間が長くなると、除籍リスクが高くなる（Barry Bradford, 2024）。乾乳期間が長い牛は肉が付着し、分娩前後は乾物摂取量が落ちて、負のエネルギー状態が長期化する。すると乳タンパク質率が低下し、急激な体脂肪動員で乳脂率が高く、P／F比高くなった（0.7以上）と考えられる。

　乾乳時点におけるボディコンディション・スコア（BCS）の推奨値は時代と共に変化し、1980年代は、肥り気味のスコア4にして乳量を搾る考え方であった。最近はエネルギー過剰で内臓に脂肪が付着することが問題になってきた。そのため乾乳時点BCSは、1990年3.75、2000年3.50、2010年3.25と、軽い方が牛の健康に良いと判断された。

　乾乳期間は、ある程度の日数を確保すべきで60日を目標にしてきたが、現場では10日未満〜140日超まで広く分布している。適正範囲といわれる50〜70日は、全体の5割しか該当しないのが実態である。これらのことから、乾乳日数は70日以下を目標とし長期化を防ぐ。ただし、乾乳時点でBCSが回復していない痩せ牛、体調の良くない牛、初産牛は、乾乳日数60日を確保すべきだ。

表5-3-1　乾乳日数が次産次1回目P／F比0.7以下割合

乾乳日数	次産次1回目P／F0.7以下割合（%）	
	1〜2産	2産以降
36〜45	22.0	28.9
〜55	23.0	29.4
〜65	24.2	29.3
〜75	25.9	32.6
〜85	28.1	35.6
〜95	29.7	36.3
〜105	31.4	40.1
106〜	36.1	39.8

（47万頭）　道酪農試、2019

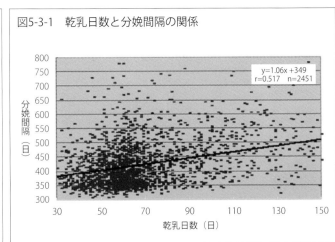

図5-3-1　乾乳日数と分娩間隔の関係

4) 高P／F比牛は選び喰いの可能性が高い

⇒弱い牛へ配慮した給与技術を

　G酪農家は、経産牛440頭、個体乳量8700kg、乳脂率4.01％、乳タンパク質率3.35％の大型経営だ。従業員だけでなく実修生を受け入れており、酪農を初めて経験する人がほとんどで、毎月、乳検成績を見ながら問題牛をピックアップして図表化したり、牛名を色分けしたりして対処法を指示している。乳房炎牛は体細胞数100万個以上で抗生物質注入、体脂肪動員牛は乳脂率4.5％以上でグリセリン投与、エネルギー不足牛は乳タンパク質率3.0％以下で増給する。選び喰い牛はP／F比0.95以上で判断する。問題牛は毎月1割ほどで、採食状況のモニタリング、TMRの調製時間や粗飼料の切断長や品質を再確認する。

　草食動物である乳牛の消化生理は、ルーメン微生物叢の働きによって成り立っているが、本能的に美味いエサを喰べる生き物だ。「選び喰い」とは、単に穀類や好物を選んで喰べるだけでなく、一度に大量に喰べる「固め喰い」「早喰い」も意味する。

　蹄病の原因を探るため、飼養環境、牛、飼料を確認し、経時的に飼槽にあるエサの高さ・幅を計測したことがある。その結果、複数要因があったものの、蹄の悪い酪農家ほど選び喰いが激しく、給与後1時間で牛側飼槽隔壁から30cm部分、2時間後には60cm部分で穴掘りが確認された。

　選び喰いの判断は、個々の動きを数時間モニターすればわかる。**表5-4-1**に、酪農現場で見分ける牛の行動変化10カ条を示した。頭や舌を飼槽表面で激しく動かし、強い牛は頻繁に移動し、給与直後や掃き寄せ時に飼槽へ牛が普段より集まる、大きな山になるまでの時間が短くなる（**写真5-4-1**）、ふんの形状が時間帯で異なり、パーラーから飼槽への動きは急ぎ足になる。初産牛は、経産牛より環境に馴れていない、社会的順序が低い、口が小さく動きが激しいため選び喰いしやすい。

　飼料設計は、「すべての牛が24時間平均的に同濃度の飼料を摂取する」ことを前提にしている。設計が正確でも、選び喰いが行なわれると、本来の目的を達成することができない。それを防ぐには、粗飼料の品質が良く、切断長は短く、TMR調製技術を高め、掃き寄せは1回目を早めにし、回数を増やすべきだ。P／F比0.95以上牛は選び喰いの可能性が高いと判断し、飼料給与に努めるべきであろう。

表5-4-1　選び喰いを見分ける牛の行動変化10カ条

1	飼槽表面を牛の顔や舌が激しく動く。
2	強い牛が頻繁に移動する。
3	飼槽へのアクセス回数が減少する。
4	最初のTMRに長時間滞在する。
5	掃き寄せした時に牛が多く集まる。
6	2回目以降の採食滞在時間が短くなる。
7	飼料が山脈になるまでの時間が短くなる。
8	飼槽の前方へ飼料が細長く散らばる。
9	朝夕の時間帯でふんの形状が異なる（スコア2）。
10	パーラーからの帰る行動が先を急ぎスムーズでなくなる。

写真5-4-1　選び喰いはエサが山になるまでの時間が短い

5）乳脂率・乳タンパク質率が高い-1

⇒繁殖状況の確認と改善を

　バルク乳や個体乳の乳脂率、乳タンパク質率等の乳成分は、酪農家間、乳牛間で単純に比較ができない。乳検成績やバルク乳で乳タンパク質率や高P／F比が高いからエネルギーが充足していると判断するのは早計だ。繁殖が悪化すると乳成分が高くなるからである。

　図5-5-1は分娩間隔の短い酪農家10戸で455頭、**図5-5-2**は長い酪農家10戸で304頭の、経過日数別乳タンパク質率の推移を示している。曲線の形状はさほど変わらないものの、分娩間隔の短い群は泌乳前期に、長い群は泌乳中期から後期にかけて牛が集中している。

　分娩間隔の短い群と長い群を比較すると、乳タンパク質率は3.23％ vs 3.33％、乳脂率は3.83％ vs 3.89％で、長い群が双方とも高い。しかし日乳量は、30.3kg vs 24.8kgで、約6kgの差があった。基本的に、日乳量が高くなるほど乳成分は低下することを考えると、両者の差が大きいことを意味する。分娩間隔の長い群は乳成分が高いが乳量が低く、マイナス面が多いことが理解できる（第1章参照）。

　分娩間隔と平均搾乳日数の関係は、12カ月で152日、13カ月で167日、14カ月で182日、15カ月で198日である。繁殖が悪化するほど平均搾乳日数が延び、乳脂率や乳タンパク質率は高くなっても出荷乳量は減る。バルク乳を経過月旬で動きを見ながら、個体牛を特定して判断すべきであろう。

　分娩後、牛群の経過日数（平均搾乳日数）は150～160日前後であれば適正だが、2024年の北海道平均は190日だ。しかも、搾乳日数を飼養日数で除した搾乳日数率は、平均が88％だ。分娩間隔が極端に長い酪農家は、牛群の平均搾乳日数が200日を超えており、搾乳日数率が低くなるので注意が必要だ。

　ここ数年、繁殖が悪化して分娩間隔が長くなっており、群平均が450～470日という酪農家も珍しくない。牛群の平均乳脂率や乳タンパク質率が高いからといって、誇れるものでもなければ飼料設計が正しいとも限らない。牛群の乳成分から飼料や管理を検討する前に、繁殖状況を確認と改善すべきだ。

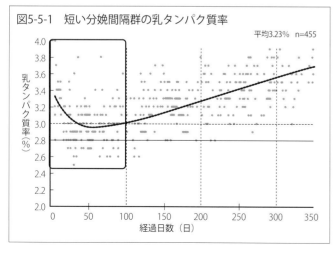

図5-5-1　短い分娩間隔群の乳タンパク質率

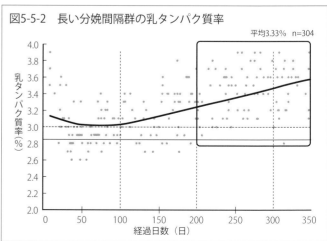

図5-5-2　長い分娩間隔群の乳タンパク質率

6）乳脂率・乳タンパク質が高い-2

⇒乳房炎状況の確認と改善を

　乳成分が高くなる原因に、分娩間隔だけでなく乳房炎の影響もある。

　表5-6-1は、1万3806頭のリニアスコア（RS）と乳脂率、乳タンパク質率の関係を示している。RS0のとき、乳脂率3.69％、乳タンパク質率3.07％であった。しかし、体細胞数が増えると双方とも高くなり、RS7（体細胞数113.2万個）以上でそれぞれ3.94％、3.26％になっている。RS0とRS3の乳牛を比較すると、乳脂率で0.28ポイント、乳タンパク質率で0.23ポイント高い。

　表5-6-2は、体細胞数の高い酪農家10戸の620頭、低い酪農家10戸の281頭における日乳量と乳成分を示している。比較すると、乳タンパク質率は3.30％ vs 3.20％で、乳脂率は3.87％ vs 3.84％で、乳房炎の多い酪農家ほど高い傾向を示した。

　また、1日当たり乳量を比較すると、26.7kg vs 28.8kgで、およそ2kgの差があった。乳房炎の多い群は乳生産へ結びつかず、生産した乳は出荷できないことが多いが乳成分は高い。

　なお、分娩後3カ月以内における体細胞数50万以上の136頭を5カ月間追跡すると、淘汰率が12％、授精した牛の割合が76％であった。正常牛787頭の淘汰率は4％、授精割合90％であり、泌乳前期に乳房炎になると廃用や繁殖にマイナスの影響があることがわかる。

　とくに乾乳期の最初の2週間と最後の2週間は、免疫の低下もあり環境性乳房炎が多発することが多い。バクテリアは乳頭口以外から入ることはない。病原菌はWalk（歩く）ことはできないが、Swim（泳ぐ）ことはできる。したがって、乾乳から分娩まで、きれいで乾燥した敷料を豊富に入れて管理することが重要である。

　U酪農家はTMR調製、育種改良（ゲノム）と牛周辺の環境改善によって、経産牛120頭、個体乳量1万365kg、乳脂率4.51％、乳タンパク質率3.61％、体細胞数12.1万個、RS1.7である。一地域（農協）114戸の中で、乳成分が高く、乳質も良好で、乳価は132円／kg（2024年）と一番高い。最高乳価と最低乳価の差は15円にも及び、年間800t出荷すると1200万円の差が生じる。

　RS2以下は健康牛、3～4は要注意牛、5（体細胞数28.5万個）は要診断牛と考えて、RSの低い群の割合を高めるべきであろう。分娩間隔同様に、乳検成績で乳タンパク質率が高いからエネルギーが充足していると判断するのは早計だ。牛群の乳成分から飼料や管理を検討する前に、乳房炎状況を確認と改善すべきだ（第8章参照）。

表5-6-1　リニアスコアと乳脂率と乳タンパク質率

リニアスコア	頭数（頭）	体細胞数（万）	乳脂率（％）	乳タンパク質率（％）
0	886	1	3.69	3.07
1	2,324	3	3.82	3.15
2	2,990	5	3.87	3.23
3	2,794	10	3.97	3.30
4	2,116	20	3.95	3.31
5	1,313	39	3.91	3.31
6	768	79	3.93	3.31
7～	615	231	3.94	3.26

n=13,806

表5-6-2　体細胞数の高低酪農家における乳生産の違い

	頭数（頭）	リニアスコア	日乳量（kg）	乳脂率（％）	乳タンパク質率（％）	乳糖率（％）	MUN（mg/dl）
高	620	4.0	26.7	3.87	3.30	4.54	8.8
低	281	2.1	28.8	3.84	3.20	4.57	9.6

各酪農家10戸

7）乳脂率・乳タンパク質率双方が低い

⇒飼料と施設の根本的な解決を

　一般的に、濃厚飼料を主体にすると乳タンパク質率が上昇し、粗飼料を主体にすると乳脂率が上昇する。油脂を多給すると乳量が増え乳脂率は高まるが、乳タンパク質率、とくにカゼインが低下する。このように多くの場合、乳タンパク質率と乳脂率は相反し、どちらかが上がればどちらかが下がる、という関係にある。

　ところが、酪農家のなかには乳脂率と乳タンパク質率が双方とも低いところがある。K酪農家は、年間平均乳脂率は3.67％、5〜9月までは3.6％、8月は3.5％を下回っていた（**図5-7-1**）。個体乳を見ても、乳脂率は同じ経過月でありながら2.5〜4.5％と幅広く分散していたが全体的に低かった。乳タンパク質率は分娩後2.8％前後で、後期になると4.0％まで上昇するが、乳糖率と合わせた無脂固形分率は8.49％で低い。

　K酪農家の牛舎は昔作られたT字型で、天井が低く、飼槽に段差があるため、作業効率が極めて悪い。しかも、人手が足りないため給飼回数が限られ、量も十分に与えられない現状にあった。粗飼料においても、刈り遅れのサイレージがほとんどで栄養価が低かった。

　図5-7-2は、K酪農家における3〜11月までの乳中尿素窒素（MUN）と乳タンパク質率の関係を示している。乳タンパク質率は3.0％を下回っており、MUNも8mg／dl前後と低く、旬別の動きが激しく、個体乳量も低かった。

　このような酪農家に共通しているのは、粗飼料の栄養価と量に問題があり、栄養充足率を高めることだ。同時に、施設整備で給飼しやすいような作業動線を、牛舎内外で構築する必要がある。

　G酪農家は経産牛80頭ほどの繋ぎ牛舎で、個体乳量1万2000kgを搾る地域のリーダー的存在だが、数年前まで極端に乳量も低かった。なぜ、このような成績に高めることができたのかと尋ねると、牛舎を新築したことと粗飼料の収穫体系の変更だと断言する。以前は古い牛舎で入れ替え搾乳、粗飼料収穫もロールパックサイレージで大変苦労した。今は施設を新築したことで作業効率が高くなり、TMRセンターに加入したことで良質な粗飼料を給与できるようになったという。乳成分だけでなく、乳量やMUN等を総合的に判断し、改善項目の優先順序を決め、根本的な解決策を考えるべきだろう。

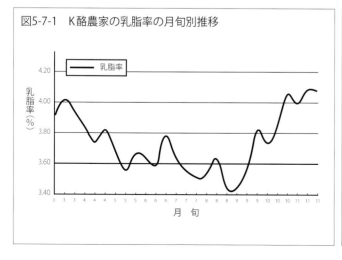

図5-7-1　K酪農家の乳脂率の月旬別推移

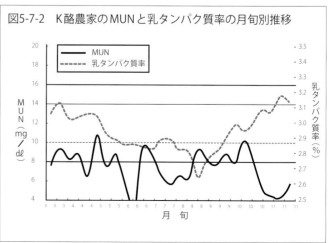

図5-7-2　K酪農家のMUNと乳タンパク質率の月旬別推移

8) P／F比は乳脂率の影響が大きい

⇒泌乳初期の乳脂率のモニタリングを

　乳成分のモニタリングは、単独でなく、乳脂率と乳タンパク質率等、複数で判断するのがポイントである。**図5-8-1**は、分娩後2週における156頭の個体成績のTDN充足率とP／F比の関係を示したものである。分娩後10週までP／F比はTDN充足率と有意な相関を示し、とくに分娩後2週間の相関係数は0.50と高かった。分娩後2週間における乳脂率は体脂肪動員もあって4.5％を超える牛も見られた。

　分娩後は牛の体調が悪く喰い込みが十分でないため、体脂肪動員で極端に乳脂率が高く、乳タンパク質率が低くなる。分娩直後は過肥牛が中性脂肪を蓄積しており、乳脂率を極端に高めている。この脂肪は水に溶けにくく、血液中ではリポタンパク質と呼ばれる粒子の中に存在する。グリセロールというアルカリ性を示す物質と脂肪酸という酸性を示す物質が結合してできている。逆に、泌乳初期は乳脂率が低く乳タンパク質率が高いほど、飼料エネルギーが充足していると考えるべきである。

　乳脂率と乳タンパク質率の、どちらがP／F比に影響が大きいかを調べてみた。**図5-8-2**は、飼料充足率が低下する分娩後30〜60日の疾病記録のない健康牛2035頭を対象として、乳脂率とP／F比の関係を見たものである。相関係数は乳脂率0.835と極めて高く、乳タンパク質率は0.249と関係は低い。乳脂率は2〜7％まで幅広く分散し、乳脂率2.5％はP／F比で1.06、4.0％は0.76と影響度は高いと判断できる。

　泌乳初期の乳タンパク質率は3％前後で動きが狭く、乳脂率は個体間格差が激しく、P／F比は乳タンパク質率より乳脂率の影響を強く受ける。P／F比0.7以下もしくは1.0以上の牛が出てきたら、乳タンパク質率より、まず乳脂率を疑うべきであろう。

　泌乳中後期はボディコンディション・スコア（BCS）が3.25を超え、乳脂率より乳タンパク質率が高く、P／F比が1前後の牛が多くなる。乳量が出ていないこともあり、双方が高くなれば給与飼料が過剰と判断できる。

　これらを考えると、P／F比のモニタリングは、泌乳期の中で激しく動く泌乳前期に注目することを勧める。牛群では1年間の流れを、個体では他の牛と比較し、エネルギー充足率を判断すべきである。

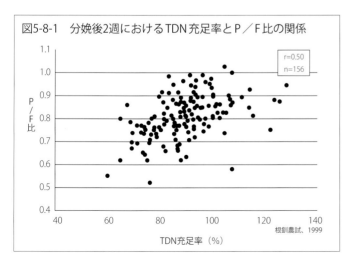

図5-8-1　分娩後2週におけるTDN充足率とP／F比の関係

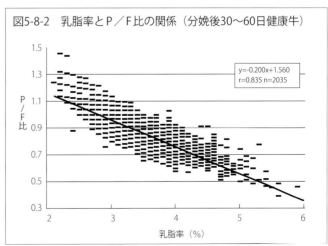

図5-8-2　乳脂率とP／F比の関係（分娩後30〜60日健康牛）

9）乳脂率・乳タンパク質率が上下する

⇒分娩後に体調が悪い牛の判断を

図5-9-1は、年間で疾病記録がなかった健康牛と、乳熱に罹患した牛の経過別乳脂率の推移を示している。分娩直後は摂取した飼料からではなく、体脂肪が動員されて乳脂率が極端に高くなる。乳熱罹患牛の乳脂率は分娩直後4.8％まで上昇しており、健康牛に比べ0.6％高く、60日後には3.4％まで急激に低下し、泌乳後期まで続いている。

図5-9-2は、健康牛と乳熱に罹患した牛の経過別乳タンパク質率の推移を示している。分娩後、体組織の一部に体タンパク質も移行するため、乳タンパク質率は一時的に高くなる。それ以降、エネルギー不足により乳タンパク質率は2.8％まで低下し、泌乳後期まで続く。

いずれも同様な曲線を描くものの、分娩直後に周産期病を発症すると、一乳期で乳脂率は乳タンパク質率より極端に上下している。

泌乳初期は高い乳量に対して摂取する飼料が間に合わず、乳脂率が5％を超え、乳タンパク質率は3％以下になるのが一般的である。よく見られる泌乳初期の乳タンパク質率が2.8％、乳脂率が4.8％であってもP／F比は0.59である。乳量は、乳熱牛は分娩後極端に低いものの、それ以降、健康牛より高く推移して、一乳期で500kgほど多く、周産期病に罹患しなければもっと増えたと推測できる。分娩後の疾病は、初産牛や低乳量牛ではなく、高産次牛や高乳量牛に発症することがわかる。

一方、周産期病の代表的な疾病の治療状況と、初診月の乳量・乳質を調べたところ、乳熱は治療回数3.5回、完治率は97％にも及んでいた。第四胃変位は右方・左方とも治癒までの診療回数は多く、完治率は83％と低かった。ということは、乳熱は他の疾病と比べて治療によって回復する割合が高い。一般に、P／F比の適正値は0.85前後である。乳熱（n＝115）や産褥熱（n＝33）では0.80で、ケトーシス（n＝76）や第四胃変位（n＝110）では0.75まで低下している。

分娩後の疾病で獣医師を呼ぶのは、起立できないほどの大きなダメージを受けているときだ。周産期病のモニターとして、P／F比0.8以下の牛は体調の悪い牛と判断し、喰い込み状況等を確認する必要がある。

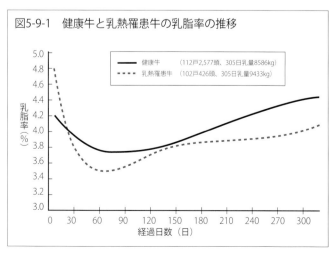

図5-9-1　健康牛と乳熱罹患牛の乳脂率の推移

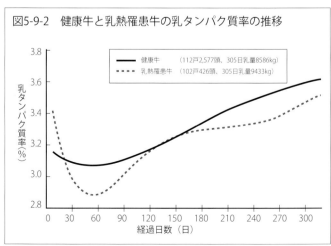

図5-9-2　健康牛と乳熱罹患牛の乳タンパク質率の推移

10) P／F比で潜在性ケトーシスを特定する

⇒分娩後1回目の低い数値を

　負のエネルギーバランスでは遊離脂肪酸（NEFA）濃度を高め、体脂肪を動員して乳生産している。肝臓でのエネルギー変換は限界が生じ、利用されない脂肪は肝臓内で中性脂肪として蓄積され、一部はケトン体に転換される。

　血中ケトン体はアセトンやアセト酢酸だが、多くはβヒドロキシ酪酸である。泌乳初期に乾物摂取量（DMI）が不足すると、高生産を維持するために血中ケトン体が高くなり、尿および乳中へ移行し、ケトーシスと診断される。現場では、低栄養や酪酸の高いサイレージが原因で発症する原発性ケトーシスと、肝機能低下や消化器等から生じる継発性ケトーシスに分類される。

　著者らの調査で、第四胃変位牛205頭の中で単独発症は43％に過ぎず、ケトーシスが併発しているケースが25％もあった。1年間疾病記録がない健康牛は、その乳期の分娩間隔は398日（n＝704）だが、ケトーシスと診断された乳期の分娩間隔は442日（n＝30）で44日長期化していた。健康牛における1年後の淘汰廃用は26％（n＝1021）だが、ケトーシスは34％（n＝47）である。初産牛や2産牛より産次が進むほど乾乳日数が長くなり、肥り過ぎで体脂肪の付着が多い。

　分娩後30日以内に原発性ケトーシスになった牛の乳脂率は4.52％、乳タンパク質率3.08％で、P／F比は0.68と極端に低い。全乳期の乳脂率4.22％、乳タンパク質率2.98％、P／F比は0.71で同様な傾向であった。乳量はそれぞれ33.7kg、35.2kgで、分娩後経過日数に関係なく高かった（**表5-10-1**）。

　これらのことから、ケトーシスを初期で特定するには、乳牛検定1回目のP／F比0.7以下が目安となる。P／F比が0.7以下の確率は初産牛で1〜2割、3産以上牛は3割ほどと推測され、低乳量牛でなく30kg以上の高乳量牛、高産次牛を疑うべきだろう。

　酪農経営でケトーシスは経済的に大きな損失であり、治療に至る前の潜在性段階で、モニタリングを徹底して早めの発見が望まれる（**写真5-10-1**）。ケトーシスを含めた疾病の多くは、乾物摂取量が減少する分娩後数週間に発生する。乳成分でモニタリングするときは、乳タンパク質率と乳脂率で、ある程度特定ができる。ただ、乳中のケトン体（BHBA）は全国各地で分析が行なわれ、その数値から潜在性ケトーシスのモニタリングも可能になった（第9章参照）。

表5-10-1　原発性ケトーシス診療月の乳成分とP／F比

分娩後診察日	頭数（頭）	日数（日）	乳量（kg）	乳脂率（％）	乳タンパク質率（％）	P/F比
30日以内	50	16	33.7	4.52	3.08	0.68
全乳期	76	32	35.2	4.22	2.98	0.71

写真5-10-1　ケトーシスの治療は経済的に大きな損失

11）ルーメンの醗酵状態はP／F比で判断する

⇒サルモネラ発症を抑えることが

　サルモネラ感染症は、以前は集団飼育される乳用雄子牛で多かったが、近年は搾乳牛での発生が増加する傾向だ（**図5-11-1**）。この感染症は、いったん牛舎に侵入して牛群で発症すると、終息させるまでに長い期間を要する。酪農家は牛の淘汰が必要になり、経済的損失および精神的負担が極めて大きい。

　サルモネラ菌はイヌ、ネコ、ネズミ、鳥、昆虫等、小動物を介して広がり、牛床、飼槽、水、飼料に菌が付着し、牛の口から体内に侵入し消化管へ感染する。子牛は発熱や下痢、搾乳牛は突然の発熱、下痢、食欲不振、乳量低下等の症状を示す。

　対応策として、牛舎に出入りする際は入口に消毒槽を設置して長靴の消毒、定期的に飼槽やウォーターカップ等の清掃を行なう。畜舎内は乾燥させ、牛床はアルカリで殺菌、ワクチンを接種する、小動物を侵入させない等、衛生面からのアプローチだ。

　発症は泌乳前期に多く、発生酪農家では、分娩後31〜60日の乳タンパク質率2.8％未満を示す割合が有意に高かった。ルーメンpHおよび総揮発性脂肪酸（VFA）濃度と、サルモネラ生菌数の増減の間には高い相関がある。生菌数は、16時間の絶食後に得た高pH、低総VFA濃度のルーメン液中で最も増加する（道立畜試、2007）。

　F／P比1.1（P／F比0.9）以上、F／P比1.5（P／F比0.7）以下は陰転率が低くなる。また、乳中尿素窒素（MUN）が適正範囲を逸脱すると同様な傾向であった（網走家保、2019）。

　サルモネラ菌は、腸管まで達して定着・潜伏・増殖し、糞便中に排菌される。ルーメンマットが形成不十分で通過スピードが速ければ、下部消化管へ流出しやすくなる。夏から秋へ季節の変わり目の9〜10月は、牛の体力が落ちる時期なので注意すべきだ（**図5-11-2**）。揮発性脂肪酸（VFA）の産生が多い環境下ではサルモネラの菌数が減少する。

　これらのことから、サルモネラ感染症を抑えるためには、乾物摂取量の低下による負のエネルギーを防ぐことも必要だ。乳牛の生命線であるルーメン醗酵を正常に維持する飼養管理が重要で、P／F比を注視すべきであろう。

　ちなみに、日本では分母を乳脂率、分子を乳タンパク質率とした「P／F比」だが、海外では逆の「F／P」で表示される。栄養不足を解消するためには日本では脂肪を、海外ではタンパク質を優先してきたからだ。

図5-11-1　平成10年〜令和4年 全国サルモネラ発症頭数・戸数

図5-11-2　令和4年 全国サルモネラ月別発症頭数・戸数

12) P／F比とデノボ脂肪酸は関連がある

> ⇒泌乳初期は体に劇的な変化が

　P／F比が0.7以下であればエネルギー充足率が低く、1.0以上であればアシドーシスが疑われると前述した。分娩直後、極端に低くなれば、潜在性ケトーシス等の周産期病で体調不良に陥っている。一方、デノボ脂肪酸はルーメンの健康度を表し、肢蹄やルーメンスコアとも関連し、繁殖や除籍にも影響を与えている。泌乳中後期ではなく、激しく動く分娩後60日以内で注視すべきで指標値も異なる（第3章参照）。

　図5-12-1は、泌乳初期牛85頭におけるP／F比と、ルーメンから生成されるデノボFA（割合）の関係を示している。P／F比0.8以下で乾物摂取量が不足している牛は、デノボFAが低く28％以下が多い。喰い込み量は落ち込み、乳タンパク質率が低く、体脂肪を動員していることもあり、プレフォームFAが高まったと考えられる。相関係数は、泌乳中後期490頭0.261、牛群全体で574頭0.311とやや低かった。

　図5-12-2は同様に、泌乳初期牛85頭におけるP／F比と、ルーメンから生成されるデノボMilkの関係を示している。乳タンパク質率が高く乳脂率の低い牛は、脂肪酸の生成量が低くなる。相関係数は泌乳中後期490頭0.353、牛群全体574頭0.376とやや低かった。

　バラツキが大きいものの、P／F比はデノボFA割合と比例関係で、生成量（デノボMilk）は反比例関係にある。乳タンパク質率が高く乳脂率が低い牛は、デノボ脂肪酸の割合は高く、ルーメンからの脂肪酸生成量は低い。

　A酪農家は、経産牛45頭と小規模経営、繋ぎ牛舎で夏季間は放牧をしているが、突如、低酸度二等乳で出荷停止に陥った。バルクの乳成分は乳脂率3.90％、乳タンパク質率3.05％、乳糖率4.4％、体細胞数10万個、MUN14mg／dl、FFA1.5mmol／100g Fatで、P／F比は0.79であった。明らかにエネルギー不足で、十分な良質粗飼料と圧ぺんとうもろこしの給与を勧めたら、速やかに改善された。

　P／F比はルーメン内の醗酵状態を表し、デノボ脂肪酸と関連があり、泌乳初期は体に劇的な変化が起きていることも表す。

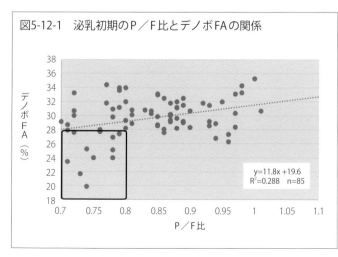

図5-12-1　泌乳初期のP／F比とデノボFAの関係

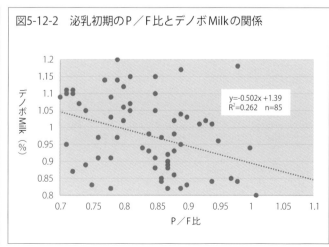

図5-12-2　泌乳初期のP／F比とデノボMilkの関係

13) P／F比とデノボ脂肪酸を活用する

⇒新たな乳の情報を総合的に

　乳から発せられる数値は個別で判断することなく、包括的に検討し、飼養管理の改善に活用する必要がある。酪農家へ提供される乳成分は数字の羅列であり、グラフの描出に時間を要したり、実用的でない面も見受けられる。そこで、千葉県の山口英一郎獣医師は2023年、管内で牛群検定を実施している酪農家27戸の高・低デノボFAデータを分析した。

　A酪農家は、タイストールで分離給与、日乳量29.9kg、乳脂率4.09％、デノボFA27.4％、プレフォームFA36.9％であった。B酪農家は、タイストールで醗酵TMR給与、日乳量30.1kg、乳脂率3.46％、デノボFA24.7％、プレフォームFA41.1％であった。

　ルーメン醗酵状態の指標であるデノボMilkを、栄養状態およびアシドーシスの指標であるP／F比のマトリックスで示した。A酪農家は、デノボMilkが高く、P／F比が1.0以下の適正範囲内でバラツキが小さく健康な群だ（**図5-13-1**）。一方、B酪農家は、デノボMilkが低く、P／F比が1.0以上でバラツキが大きい。産後（分娩後60日以内）におけるルーメン醗酵の悪化と、泌乳期におけるアシドーシスの傾向が強い（**図5-13-2**）。

　A酪農家の年間平均は、空胎日数158日、第四胃変位3％、分娩後60日以内治療率14.9％で管理が楽であった。B酪農家は同様に、201日、7.4％、43.3％で、空胎期間が長く、周産期病が多発し、管理に時間を要していた。A酪農家は、繁殖、疾病の成績が優れている理由は、飼料自給率が5割以上で、品質が良く、乾物摂取量が充足し、栄養状態とルーメン醗酵が安定しているからと考えられた。

　乳タンパク質率はエネルギー摂取量、P／F比は栄養状態とルーメンアシドーシス、MUNは飼料タンパク質とエネルギーバランスの指標に活用されていた。近年、乳検では、デノボ脂肪酸、プレフォーム脂肪酸、BHBA（ケトン体）等、血液でしか把握できなかった項目が乳成分で提供されるようになった。乳成分で、乾物摂取量、体脂肪の動員、ルーメン醗酵の詳細な評価が可能となった。新たな乳からのモニタリングを総合的に判断し、飼養管理へ活かすべきであろう。

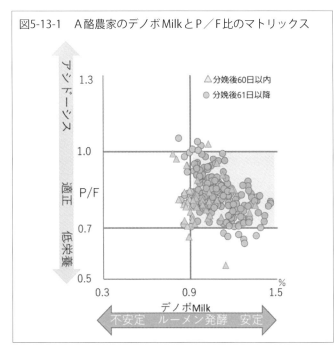

図5-13-1　A酪農家のデノボMilkとP／F比のマトリックス

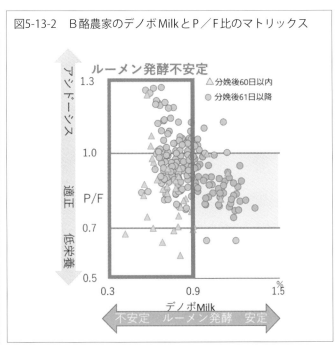

図5-13-2　B酪農家のデノボMilkとP／F比のマトリックス

14）乳のサンプルを正確に採材する

⇒乳検時の位置と撹拌を

　著者が現場で乳をモニタリングし飼養管理の改善指導をしていると、稀にバルク乳と乳検とで乳成分に大きな違いがある。乳の情報の根幹に関わることだが、多くは検定時のサンプル採材に問題があるようだ。

　H酪農家は、経産牛2100頭で、フリーバーンで飼養して、体細胞数13万個で個体間のバラツキがない。搾乳機器の洗浄や生乳の急速冷蔵、出荷までの衛生管理も徹底し、ISO22000認証を取得している。50頭ロータリーパーラーで3回搾乳している極めて優秀なギガファームだ。

　H酪農家で同月の乳を検討したら、バルク乳と乳検の乳成分が乳脂率4.07％と3.14％で0.93ポイント、乳タンパク質率3.14％と3.07％で0.07ポイントの差があった（**表5-14-1**）。社長は、バルク乳の方が高く乳価に反映されるため、逆では困るが大きな問題ないとの認識であった。

　著者はロータリーパーラー内に入って乳検時に立ち会うと、検定員のサンプル採材の位置に疑問を感じた。効率的に検定を行なうために、搾乳牛が入室と同時に一人は牛番号を確認し、もう一人は15頭目前後でサンプル採材し、二人は近いところで作業をしていた。つまり、前搾りしてオキシトシン放出促進後、泌乳がピークになる位置で採材していた。そこで、サンプル採取を、時計の針で3時（右向き→）から9時過ぎ（左向き←）に変え、搾乳開始時でなく、終盤に採取するようにしたところ改善された（**写真5-14-1**）。

　一方、また、ある地域で同様に、乳検時の乳脂率がバルク乳より1ポイント程低い酪農家が複数軒あった。共通していたのは同じ検定員であったことなので、正確にサンプル採材するよう、酪農家から検定員に要請することを助言した。その後、検定員はミルクメーターの撹拌を規定どおり、乳量20kg以下10秒、20kg以上15秒行なうようにしたことで改善された。多くは乳タンパク質率より乳脂率に誤差が生じている。乳脂肪は脂分なので、シリンダ上部に浮き上がるので、下からエアで一定の時間持ち上げ撹拌均一にする必要がある。

　ここ数年、急激な規模拡大によって検定が複雑化、多様化しており、各地で検定員不足が問題になっている。しかし、乳からのモニタリングで、飼料給与、搾乳衛生管理、繁殖管理、遺伝改良等、生産全般をチェックでき、経営改善に役立てることができる。乳検でのサンプル採取は、乳脂率等の基本項目のみならず、近年は脂肪酸組成（デノボ脂肪酸）やケトン体（BHBA）等、高度な分析も行なわれることから正確であることが絶対条件だ。

表5-14-1　H酪農家におけるバルク乳と乳検の乳成分

	頭数	乳脂率（％）	乳タンパク質率(%)
バルク乳	2,015	4.07	3.14
乳検		3.14	3.07
差		0.93	0.07
北海道	77	3.96	3.35

写真5-14-1　サンプル採材の位置変更によって改善

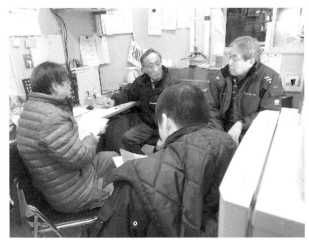
関係者と乳からの数値を検討（著者左から2番目）

第6章

乳糖率からの
モニタリング

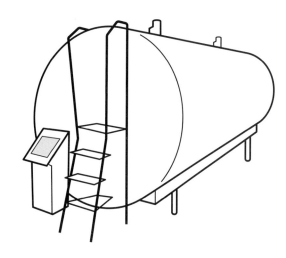

第6章 乳糖率からのモニタリング

1）乳糖率は乳量や繁殖に影響する

⇒数値は4.5～5.0％の中に

　乳糖は、分解酵素（ラクターゼ）によりグルコース（ブドウ糖）とガラクトースに分解され、肝臓で吸収され、乳腺のみで合成される。グルコースは泌乳期に必要とされる主要な栄養素で、乳1kg当たり約75g、30～40kg／日であれば2～3kgが必要とされている。ただ、乳糖は生理的に水分含量の調節および浸透圧調整の役割をしており、乳量が変動しても、乳糖率は一定に保とうとする。ゆえに、乳脂率や乳タンパク質率は栄養や旬月で変動するが、乳糖率はあまり変わらないと考えられていた。

　また、ホルスタイン種は遺伝的に乳糖率が低いといわれていた。しかし遺伝率は、乳タンパク質量0.27、乳脂量0.28、乳糖量0.29で、他の乳成分量と同様であった。なお、乳用種雄牛評価成績には各形質の遺伝率と反復を表示しているものの、乳糖率は記載されていない。

　そのため、現在まで、乳糖が酪農家間で話題になることはほとんどなく、それに着目した飼料給与や乳牛改良は行なわれていない。北海道における乳糖率を見ると、2000年度から2023年度まで、年度別に多少の変動があるものの向上はしていない。月別推移を見ても、乳脂率、乳タンパク質率と比べ、乳糖率はほとんど動きがなかった。

　一方、個体牛間で見ていくと、4.0～5.1％の広範囲に分散しており、何らかの理由で体調によって異なるようだ。**表6-1-1**は、9292頭における乳糖率の頭数分布を示しており、4.5～4.8％の範囲内で67％を占めている。割合としては少ないものの、4.0％以下の牛、5.1％を超える牛がいるのも事実だ。乳量は、乳糖率5.1％以上で25.7kg、4.0％以下で20kg以下と極端に低く、4.5～5.0％で27kg以上と高い。

　また、分娩後3カ月以内の乳糖率を5カ月追跡すると、4.3％以下の廃用率が14％（生存率86％）と高く、授精している割合も73％と低い。泌乳初期に乳糖率が高い牛は生存率が高く、授精割合も高くなることがわかった（**表6-1-2**）。これらのことから、乳糖率は4.5～5.0％が乳生産だけでなく、疾病や繁殖も良好に推進できる範囲で、体調を把握するための有効なモニタリング項目と考えられた。

　乳糖は、牛乳の甘みの素であり、美味しさを決める大きな要因にもなっている。

表6-1-1　乳糖率と日乳量・頭数分布

乳糖率（％）	日乳量（kg）	頭数（頭）	割合（％）
～4.0	19.2	235	3
4.1	23.3	188	2
4.2	23.8	322	3
4.3	26.0	543	6
4.4	26.0	876	9
4.5	27.6	1,321	14
4.6	28.8	1,775	19
4.7	29.2	1,827	20
4.8	28.3	1,282	14
4.9	28.0	657	7
5.0	27.0	208	2
5.1～	25.7	58	1

表6-1-2　泌乳前期の乳糖率と5カ月経過後の淘汰・繁殖状況

分娩3カ月以内		5カ月経過後				
乳糖率（％）	頭数（頭）	頭数（頭）	生存率（％）	授精牛（頭）	授精割合（％）	空胎日数（日）
～4.3	125	107	86	91	73	125
4.4	85	81	95	72	85	122
4.5	148	142	96	131	89	121
4.6	218	206	94	190	87	121
4.7	256	245	96	223	87	125
4.8	145	137	94	126	87	122
4.9～	135	130	96	124	92	118

（同一牛）

2）乳房炎牛は乳糖率が低下する

⇒乳腺細胞に異常があれば合成が

　乳糖は乳腺細胞のみで合成されるため、乳房炎等のトラブルが生じると、乳糖率が低下するのではないか。そうした仮説を立て、同一牛の体細胞数と乳糖率を連続追跡した。北海道のフリーストール酪農家で、搾乳牛85頭を10日間連続で検定し、乳房炎と乳成分を検討した。

　その結果、体細胞数が急激に100万を超えた牛を急性乳房炎とすると8頭おり、いずれも日頃から体細胞数が高い牛が該当していた。乳糖率を見ると、前日に比べ最大0.50％、平均0.24％低下し、乳脂率等他の乳成分の中で最も関連性が強かった。体細胞数が306万まで上昇した牛No1は、乳糖率は前日4.9％から当日4.6％まで低下した。体細胞数が198万まで上昇した牛No3は、乳糖率は前日4.3％から当日4.0％まで低下した（**表6-2-1**）。

　表6-2-2は、1万3806頭のリニアスコアと乳糖率の関係を示しているが、リニアスコア5以上は20％を占め、乳糖率は4.50％以下だった。リニアスコア7以上になると4.39％まで低下し、リニアスコア1以下と比べると0.28ポイント低下していた。乳房炎がひどくなり体細胞数が増えるほど、乳糖率は明らかに低下していた。また、分娩後3カ月以内の1112頭の中で、体細胞数50万以上は136頭おり、乳糖率は4.59％だった。乳腺組織が健康な牛787頭の乳糖率が4.66％であることから考えると、0.07ポイントほど低く推移していた。

　これらのことから、乳腺細胞に異常が生じると乳合成がうまくいかず、結果として乳糖率が低くなると考えられる。乳房炎は治療費や手間がかかり、出荷停止等の損失のみならず、乳糖率と同時に、無脂固形分率を下げて乳価に影響する。乳検は月1回であり、今回のように10日間でも牛によっては激しく動くので注意が必要だ。

　ヒトの赤ちゃんの小腸粘膜には乳糖を分解する消化酵素（ラクターゼ）があり、ミルクに含まれる乳糖をきちんと消化・吸収できる。しかし、成長するにつれて日本人の一部は乳糖を消化する酵素を失い、牛乳を飲むと下痢・軟便になる。大人になると乳糖を含む牛乳やチーズ等の乳製品を摂取する食習慣がなかったため、乳糖の消化酵素を失ったからだ。牧畜に依存する食生活を確立してきた西洋人は、大人になっても乳糖を分解する消化酵素はなくならない。

表6-2-1　急性乳房炎発症前後における乳糖率

牛No.	区分	2日前	1日前	乳房炎	1日後	2日後
1	体細胞数	503	238	3,066	1,858	707
	乳糖率	4.7	4.9	4.63	4.6	4.6
2	体細胞数	—	234	1,231	459	309
	乳糖率	—	4.6	4.33	4.5	4.5
3	体細胞数	136	200	1,984	2,090	711
	乳糖率	4.3	4.3	4.05	4.2	4.1
4	体細胞数	994	324	1,735	969	558
	乳糖率	4.2	4.4	3.92	4.2	4.2
5	体細胞数	241	159	3,806	442	339
	乳糖率	4.6	4.5	4.43	4.5	4.4
6	体細胞数	421	335	1,065	856	422
	乳糖率	4.8	4.8	4.65	4.6	4.6
7	体細胞数	1,264	797	4,275	1,726	1,245
	乳糖率	4.1	4.1	3.99	4.0	4.1
8	体細胞数	978	1,965	1,012	—	578
	乳糖率	4.3	4.5	4.51	—	3.9

（千・％）

表6-2-2　リニアスコアと乳糖率

リニアスコア	頭数（頭）	体細胞数（万）	乳糖率（％）
0	886	1	4.67
1	2,324	3	4.67
2	2,990	5	4.63
3	2,794	10	4.58
4	2,116	20	4.52
5	1,313	39	4.49
6	768	79	4.46
7～	615	231	4.39

3）飼料が不足すると乳糖率は低下する

⇒乳量や乳タンパク質率にも影響が

図6-3-1は乳糖率が高い酪農家10戸・356頭、**図6-3-2**は乳糖率が低い酪農家10戸・225頭の乳糖率を経過別に示している。乳糖率が高い群の乳糖率平均は4.69％で、多くの牛が4.4％以上だが、低い群は平均4.36％で、4.4％以下がおよそ半分以上を占めていた。

乳糖率の高い群は、乳量31.7kg、乳タンパク質率3.27％、P／F比0.89で、低い群は21.1kg、3.15％、0.84と大きな差があった。乳糖率が高い酪農家ほど乳量が多く、乳タンパク質率も高い傾向を示し、乳生産にプラスの方向へ導くことがわかった。

飼料の給与量が少ない、十分に喰い込めない環境であれば、乳糖率は低下する。分娩後3カ月以内でエネルギー充足度が低いと判断できる乳タンパク質率2.5％以下の牛は、乳糖率4.37％と低かった。分娩後に疾病の疑いがある乳量20kg以下の牛は、乳糖率4.48％で健康牛に比べると低かった。過去に生産調整（減産）を実施した2007・2008年の乳糖率は4.45％まで低下した。酪農家は意識していたかどうかは別として、飼料の給与量を微妙に減らしたことが想像できる。

北海道の乳価体系は、乳脂率と無脂固形分率の比率によって計算され、1993年10月には50：50から45：55へ、1995年6月には40：60へと移行してきた。今後さらに無脂固形分、とくに乳タンパク質率が重視されることが予想されたが、2024年10月からは乳脂率と無脂固形分率の比率が50：50へ戻された。

「無脂固形分は乳タンパク質が大半」と思いがちだが、実は3.2％前後の乳タンパク質率より、4.5％前後の乳糖率の方が多い。つまり、飼料の給与量を増やし、牛が摂取する量が多くなれば乳糖率は高まり、乳価へ反映させることができる。疾病と思われる牛は飼料摂取量が十分でなく、乳糖を生成する量が少ないことから、乳糖率で牛の健康状態も把握できる。

北海道のバルク乳の集乳旬報では、「乳糖・灰分率」が表示されているので灰分率1％、乳検では、「無脂固形分率」が表示されているので乳タンパク質と灰分率1％を差し引いて計算する。

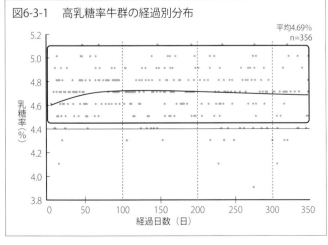

図6-3-1　高乳糖率牛群の経過別分布

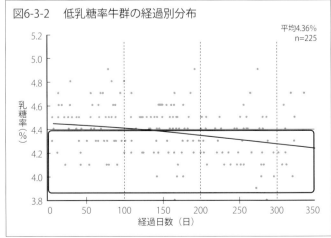

図6-3-2　低乳糖率牛群の経過別分布

4) MUNと乳糖率は反対の動きをする

⇒炭水化物の供給と肝臓機能が

　乳糖は2糖類で、ブドウ糖とガラクトースの各1分子から成っている。その中のブドウ糖はルーメンから吸収されたプロピオン酸を主に、乳酸やアミノ酸を原料として肝臓でつくられる。したがって、乳糖率の高低は、炭水化物の供給と肝臓の強さがポイントになる。

　乳糖率と乳中尿素窒素（MUN）の関係を見ると、両者は反比例で強い相関が認められた。**図6-4-1**は放牧酪農家13戸の平均で、放牧時期のMUNは高く、乳糖率は低く、舎飼期は逆の動きをする。

　乳糖率は粗飼料基盤の影響を受ける。とうもろこしサイレージ主体の北海道網走管内は、牧草サイレージ主体の根室管内より毎年0.05％程高く、パラレルな関係を示した。なお、網走管内においても北部の放牧地帯は斜網の畑作地帯に比べ、乳糖率が低い傾向にあった。

　また、給与方法での違いを調べるため、TMR5戸、分離給与30戸、放牧13戸の酪農家における旬別乳糖率を調べた。年間を通してTMR酪農家は高く、放牧酪農家は低く、その中間に分離給与酪農家が位置し、交わることはなかった。TMRと放牧の乳糖率における差は毎旬0.1％前後で、最大0.15％だった。とうもろこしサイレージ地域やTMR酪農家は、糖やデンプン等、炭水化物の充足率が高く、原料であるブドウ糖が多くなり、乳糖の合成につながったと考えられる。

　一方、放牧草を大量に喰べる牛は、大量の飼料タンパク質を摂取しており、ルーメン内アンモニアが過剰になると肝臓で尿素窒素へ無毒化している。また、体脂肪動員で乳脂率4.5％以上の牛は肝臓でエネルギーに変換するため乳糖率4.53％と、正常（健康）牛の4.66％に比べて低い。いずれも、肝臓の負担が大きいほど、乳糖率の合成量が減ることが理解できる。

　表6-4-1は産次別乳糖率を示しているが、初産牛は4.72％と高く、2産4.6％、4産4.52％、7産以降は4.44％と、産次が進むほど肝機能が低下していることがわかる。また、分娩後30日以内の産次別乳糖率を見ると、初産牛は4.68％であるが、5産牛は4.48％まで低下していた（相関係数-0.319、n＝720）。初産牛は乳量が低く、疾病にかかりづらいということもあるが、健康で肝臓機能が強いということを示唆している。

　乳糖率は肝臓機能と肝臓負担との関連が強く、モニターしながら適正な飼料給与に努めることが重要である。

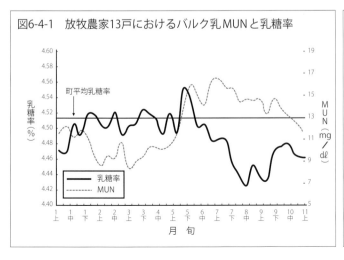

図6-4-1　放牧農家13戸におけるバルク乳MUNと乳糖率

表6-4-1　産次別頭数と乳糖率

産次（産）	頭数（頭）	乳糖率（％）
1	2,523	4.72
2	2,044	4.60
3	1,811	4.55
4	1,207	4.52
5	794	4.48
6	420	4.46
7〜	493	4.44

5）過肥牛は肝機能低下で乳糖率を下げる

⇒泌乳初期は高乳脂率と関連が

　乳牛は分娩時にホルモン変化と栄養要求量が増大するため、体脂肪を動員してエネルギーにする。この脂肪は肝臓に運ばれて代謝され、リポタンパク質の形になって体の各組織でエネルギーとして使われる。この流れをバイパスコリンで、肝臓に蓄積した中性脂肪の放出をサポートする製剤が現場でも普及してきた。

　ボディコンディション・スコア（BCS）の高い過肥牛は分娩後、大量の体脂肪を動員して肝臓に過剰の脂肪沈着を招く。肝臓に取り込まれた脂肪は、他の動物では速やかに排泄されるが、乳牛の場合は2割ほどしか排泄されない。体脂肪動員による血清遊離脂肪酸および乳脂肪率の上昇は、脂肪肝の診断指標となる。脂肪が多くなると肝臓に付着して肝機能が損なわれ、ブドウ糖、脂肪、タンパク質の代謝システムが壊れる。周産期疾病のほとんどは肝臓の脂肪代謝の問題から発生し、食欲が落ち、ケトーシス、脂肪肝、第四胃変位に発展する。

　表6-5-1は、分娩後10日以内における154頭の乳脂率別日乳量と乳成分を示したもので、全体的に乳糖率は低めだが、乳脂率が上昇すると乳糖率は低下している。とくに過肥で体脂肪動員と考えられる乳脂率5％以上の牛は、日乳量29.7kg、乳糖率4.34％と極端に低い。

　図6-5-1は、分娩後30日以内における720頭の乳脂率と乳糖率の関係を示しているが、両者は反比例である。乳脂率3.8％の牛は乳糖率4.6％、乳脂率6.0％の牛は乳糖率4.37％まで低下している。つまり、分娩直後に体脂肪動員で肝機能が弱ると、糖新生がうまくいかず乳糖率が低下すると考えるべきだろう。

　ホルスタイン種経産牛42頭を用いて、分娩後2週の肝臓脂肪量により、10％以下を健康群、10～20％を軽度群、20％以上を中度群の3群に分けた。中度群の分娩前体重は771kgと高く、泌乳初期のTDN充足率はおよそ65％と著しく低下、乳脂率は他の群より明らかに高くなった。これは体脂肪動員されて遊離脂肪酸が乳腺で直接、乳脂肪合成に利用されたためと推察される。中度群の異物排泄機能検査（BSP試験）の停滞率は21.1％と高く、BSP排泄機能の低下が見られた（扇勉ら、2005）。

　あらゆる機能を持っている肝臓に負担がかかると、乳糖の合成量は低下する。代謝プロファイルテスト（MPT）で肝機能検査する以前に、分娩後、乳検1カ月以内の個体乳数値をモニタリングすべきであろう。

表6-5-1　分娩後10日以内における乳脂率別日乳量と乳成分

乳脂率（％）	頭数（頭）	日乳量（kg）	乳脂率（％）	乳タンパク質率（％）	乳糖率（％）
～4.0	44	34.9	3.67	3.46	4.47
～4.5	45	30.4	4.28	3.48	4.46
～5.0	31	32.7	4.79	3.55	4.46
5.01～	34	29.7	5.67	3.48	4.34

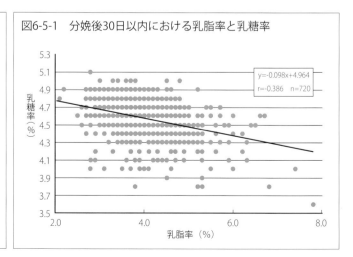

図6-5-1　分娩後30日以内における乳脂率と乳糖率

6) 周産期病は乳糖率を速やかに下げる

⇒体調を確認して管理の改善を

生乳に含まれる糖質の99.8%は乳糖（ラクトース）で、乳以外にはほとんど存在しない特異な炭水化物であり、乳幼児のエネルギー源として不可欠なものである。成人にとっても腸管内のビフィズス菌を優性にする役割を果たし、カルシウムや鉄の吸収を促進する。

北海道における乳牛の乳糖率は4.4～4.6%で推移し、他の乳成分に比べて大きな変動がないのが特徴である。ただ、分娩直後から泌乳初期にかけて回復が十分でない体調不良時は、速やかに反応して低下する。

担当酪農家で分娩後10日目の飛び出し乳を検査したところ、17頭中7頭でトラブル（小さなものを含めて）が見られた。乳糖率は、健康牛は4.38%と低めだったが、周産期病牛は4.25%とさらに低かった。とくにケトーシスや第四胃変位の牛は4.2%台で、4.1%の牛もいた。双子を出産して低Ca血症になった牛は、体調が回復したので搾乳牛群へ移動したが、乳量17.5kg、乳脂率4.4%で、乳糖率は3.90%まで低下していた。

表6-6-1は、分娩後10日毎における乳量と乳成分を示しているが、10日以内は乳糖率4.43%まで低下している。11～21日は乳糖率4.58%で健康な数値になり、経過日数が進むとともに乳量と乳糖率は高くなる。分娩直後は周産期病の発症率が高く、乳糖率は4.3%以下になることが多い。

図6-6-1は、疾病の記録がない牛を健康牛として初産牛と3産以降牛、疾病牛を乳熱とケトーシスに分けて泌乳前期の乳糖率を見た。健康牛は疾病牛と比べ0.1%ほど高めに、ケトーシス牛は乳熱牛と比べ低めに推移していた。乳熱とケトーシスは発症する時期に違いがあり、飼料を喰い込めない時期の差であることがわかる。

周産期病はダメージが大きく、乳糖率は泌乳前期だけでなく中後期になっても交わることはなく、正のエネルギーバランスになっても機能回復に時間がかかる。分娩直後の乳糖率低下は肝臓機能を弱め、乳脂率や乳タンパク質率と異なり、乳期全体で低下することがわかった。

高乳量で要求する飼料が増え、遺伝能力によって乳生産は高まる。分娩と同時に、ルーメン内で酢酸と酪酸を合成できるように乾物摂取量（DMI）を高め、炭素数の少ない脂肪酸を供給すべきだろう。周産期病等の疾病に速やかに反応するのは、乳成分の中でも乳糖率だ。急激に低下したときは、牛の体調を確認して飼養管理を改善するべきだろう。

表6-6-1 分娩後10日毎における日乳量と乳成分

経過日数（日）	頭数（頭）	日乳量（kg）	乳脂率（%）	乳タンパク質率（%）	乳糖率（%）
～10	154	32.0	4.51	3.49	4.43
～20	287	33.9	4.11	3.15	4.58
～30	305	35.9	3.75	2.93	4.63
～40	254	37.6	3.57	2.85	4.61
～50	237	35.9	3.52	2.87	4.66
～60	275	36.2	3.48	2.87	4.65

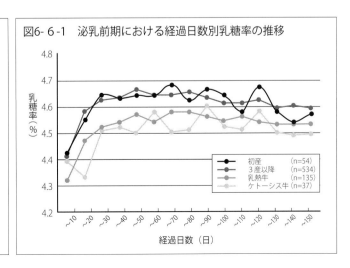

図6-6-1 泌乳前期における経過日数別乳糖率の推移

7）乳中遊離脂肪酸（FFA）は乳糖率と連動する

⇒脂肪分解臭は体調に反応が

　北海道のバルク乳は、乳脂率や乳タンパク質率の乳成分だけでなく、乳中遊離脂肪酸（FFA）を2017年から、バルク乳集乳情報として提供されている（第10章参照）。これは搾乳から出荷までの間に物理的衝撃で脂肪分解が起きて、異常な臭いの発生があるかを確認している。

　血液中の遊離脂肪酸（NEFA）の増加は、エネルギーが不足して体脂肪が動員されていることを意味する。乳中の遊離脂肪酸（FFA）は酪酸等の水溶性かつ揮発性の脂肪酸を含むので、遊離して一定限度を超えると不快な異常臭を発する（ランシッド）。FFA値は、北海道平均で0.7〜0.8mmol／100g Fatほどで、0.4以下は正常、1.2以上で軽いランシッド、2.0以上で強いランシッドの可能性が高い。ミルカー配管の勾配や太さ、激しい攪拌、エアー漏れ等も関係し、乳に物理的衝撃があると脂肪球膜が損傷して破れる。

　図6-7-1は、飼養管理が安定している1月のバルク乳316検体におけるFFAと乳糖率の関係を示している。FFAはおよそ0.72前後に集中しており、高くなるほど乳糖率は低い傾向にある。

　図6-7-2は、同じ酪農家における猛暑年における8月のFFAと乳糖率の関係を示している。前図と比べFFA値は平均0.98、最高2.97、そして広い範囲で分散している。バルク乳で強いランシッドが疑われる1.5以上は暑熱月17％（安定期6％）、弱いランシッドが疑われる1.2以上も暑熱月31％（安定期12％）となっていた。

　暑熱時にFFAが上昇したのは、牛の体調が大きく影響し、喰い込み不足で乳成分が低下し、FFAにも反応したと判断できる。乳成分の中では、乳脂率（r＝−0.087）や乳タンパク質率（r＝−0.162）より、乳糖率と連動して関係が極めて大きい（r＝−0.344）。

　分析担当者は、「FFAは粗飼料の切り替え時に上昇する傾向があるので、ランシッドは生理的誘因が原因ではないかと思っていた。正常乳を凍結や攪拌、発泡させてもランシッドを再現するのは容易ではない。それほど泌乳牛にとって生理的ダメージは乳質に大きな影響を与えるということだ」と話す。

　従来まで、FFAは物理的衝撃による脂肪分解を疑っていたが、摂取する飼料の質と量、環境変化という別な角度からも判断できた。バルク乳FFAの推移をモニタリングしながら、エサの状況を確認し、牛の体調を確認することは価値が高い。

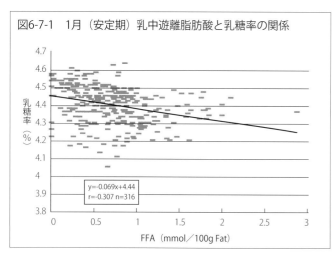

図6-7-1　1月（安定期）乳中遊離脂肪酸と乳糖率の関係

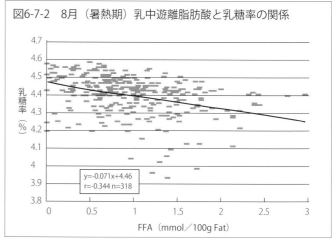

図6-7-2　8月（暑熱期）乳中遊離脂肪酸と乳糖率の関係

8）氷点（FPD）上昇は乳糖率に連動する

⇒水分の多い乳は牛の体調が

　北海道のバルク乳は、乳脂率や乳タンパク質率の乳成分だけでなく、氷点（FPD）も集乳旬報で提供されている。これは搾乳から出荷までの間に、誤って洗浄水等が入ることを防ぐために確認されるものだ。生乳のFPDは－0.54～－0.55°Hで、これに1％加水すると－0.0054°Hほど上昇する。ホルスタイン種1280頭のFPDは、ほとんどが－0.53°H以下だった（北酪検）。

　図6-8-1は、飼養管理が安定している1月のバルク乳316検体におけるFPDと乳糖率の関係を示している。FPDは－0.55°H前後に集中しているが、ほんの数検体だけが－0.52°H以上で乳糖率も低かった。

　図6-8-2は、同じ酪農家における暑熱期8月のFPDと乳糖率の関係を示している。前図と比べ広い範囲で分散しており、－0.54°H以上牛が多い。FPDと乳糖率は深い関係にあり、－0.50°Hは乳糖率3.98％、－0.55°Hは乳糖率4.50％とパラレルだった。この年の北海道は、乳用牛の日射病・熱射病の発生が350頭で、死廃頭数は150頭にも及んだ。乳量は伸び悩み、平年と比べ乳脂率は低下し、体細胞数は上昇し、気温は過去5年間に見られない高温で推移した。

　一方、道内における一つの町全体のFPDと、極端に乳成分の低い14戸（対象農家）を見た。町のFPDは平均－0.54°Hだったが、一部酪農家は－0.528°Hであった。町と対象農家の乳成分は、それぞれ乳脂率3.85％ vs 3.83％、乳タンパク質率3.16％ vs 3.11％と差はなかった。体細胞数は20万 vs 22万、生菌数は6千 vs 1.1万と同様で、唯一、乳糖率だけに連動して差が認められた。

　FPDはジャージー種－0.540°H前後であるが、ホルスタイン種は－0.525°Hという報告もある。これは乳成分の差と考えられ、先に述べたホルスタイン種の調査でも－0.522°Hという極端な牛もいた。分析担当者は、「従来までFPDは加水の調査として利用されてきたが、とくに話題に上ることもなかった。しかし、地域や暦月によって上下することが気になっていた」と話す。

　これらのことを考えると、乳牛の乾物摂取量が落ちて乳成分全体が低下し、逆に水分割合が高くなって反応したことになる。従来までFPDは加水のパラメーターであったが、飼養管理という別な角度からも判断できる。現在、酪農家で毎月バルク乳FPDが示されており、牛の体調と合わせてモニタリングできる価値は高い。

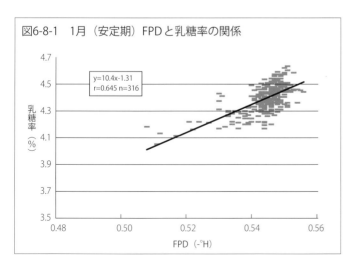

図6-8-1　1月（安定期）FPDと乳糖率の関係

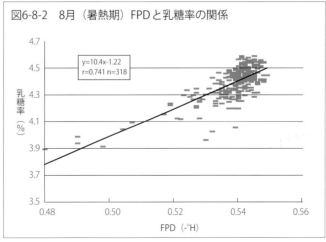

図6-8-2　8月（暑熱期）FPDと乳糖率の関係

9）同一酪農家で搾ロボ牛群は乳糖率が高い

⇒パーラー群と健康度に差が

　乳糖は、主に飼料中の糖やでんぷんがルーメン醗酵を受け、合成されたプロピオン酸がルーメンから吸収されることを起源としている。それが血糖値を高め肝臓でグルコースとなり、乳腺で乳糖が合成される。負のエネルギーバランスでは血糖値が低くなり、乳生産だけでなく受胎率等、繁殖に悪影響を及ぼす。さらに、分娩前から泌乳初期にかけて血中総抗酸化能は上昇し、牛体にかかる酸化ストレスが増加する。

　北海道における酪農家およそ5000戸のうち、搾乳ロボット（搾ロボ）農家は460戸を超え急激に普及してきた。年間における乳成績を一般搾乳農家とロボット搾乳農家で比較をした。日乳量は検定月で見ると搾ロボ農家が一般搾乳農家より5kgほど多く、乳脂率や乳タンパク質はほとんど差が見られなかった。しかし、乳糖率を比較したところ、搾ロボ農家（牛群）がすべての検定月で0.1ポイント程高く（**図6-9-1**）、無脂固形分率も高く推移していた。

　分娩後2カ月以内で除籍した割合は、搾ロボ農家6.8%（n＝38,657）、一般搾乳農家7.2%（n＝29,1994）で、分娩後6カ月以内で除籍した割合は同様に、12.5%、13.2%で、搾ロボ農家が若干低かった。以前、搾ロボ農家は除籍率が高く牛の回転が速く、牛群の平均産次が低いと考えられていた。しかし、ロボット導入時は若牛中心に牛を揃えてスタートし、トラブルによる除籍ではなく増頭中であるため平均産次が低いと想定された。

　一方、同一搾ロボ農家でも、ロボットとパーラーの二つの搾乳システムを有している場合が多い。乳頭配置が不適合な牛だけでなく、産褥牛、肢蹄が悪い牛、体調不良の牛等、問題牛はパーラーで搾る。つまり同一農場では、ロボットで搾乳している牛は健康、パーラーで搾乳している牛は問題（不健康）が多いと考えられる。

　そのように群分けしている搾ロボ農家3戸で、ロボット牛群とパーラー牛群に分けて6カ月間の乳糖率を確認した。その結果、C酪農家を除いて他はロボット牛群の方が高く、全体ではロボット牛群4.51%、パーラー牛群4.46%と差が認められた（**図6-9-2**）。

　同一農家でも、搾ロボ牛群は健康なだけにパーラー牛群より乳量が多く、乳成分では乳糖率だけが高い。乳糖率は肝臓の状態を反映し、健康に直結する項目だということが現場で証明された。

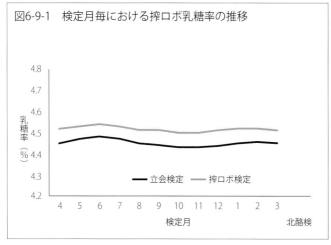

図6-9-1　検定月毎における搾ロボ乳糖率の推移

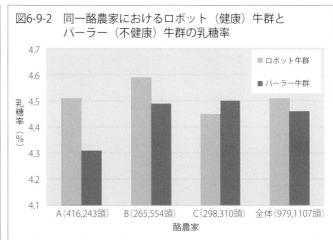

図6-9-2　同一酪農家におけるロボット（健康）牛群とパーラー（不健康）牛群の乳糖率

10）乳糖率は年々低下している

⇒収穫体系の変化で肝機能の低下が

　最近、酪農家や獣医師から、乳牛の疾病や体調不良が増え、そのなかでも肝臓疾患が年々拡大しているとの話を聞く。肝機能の低下は、ここ数年における収穫作業と気象が変わってきていることが要因と推測できる。

　図6-10-1は、北海道における年度別乳糖率の推移を示しているが、2000年4.52％、2010年4.48％、2020年4.45％、2023年4.46％である。他の乳成分は年々高くなり、生菌数や体細胞数も改善されたが、乳糖率は低下している。

　粗飼料を見ると、乾草から牧草サイレージへシフト、一気に収穫可能な大型機械が普及して早刈りが行なわれ、牧草サイレージ中タンパク質％は高くなってきた。さらに、高水分サイレージへ変わってきており、ルーメン内で速やかに溶ける溶解性タンパク質が多くなった。そのためか、ここ数年の飼料設計を見ると、乳量35kg設定におけるタンパク質が従来は18％前後だったのが16％後半へ変わってきている。

　さらに、コントラクター等で収穫作業を優先した場合、天候に関係なくサイレージ調製するため水分や品質がバラツク。大型バンカーサイロでは調製作業が2日以上になるため、中間にカビ毒が発生することも多い。ある大規模酪農家は、搾乳牛のほぼ全頭が突然、水溶性下痢になり、日乳量が3kg落ちた。原因は、バンカーサイロ中間にカビ毒層があり、それを給与したためだった。バルク乳の乳糖率を調べたら、4.55％から給与後3日ほどで4.47％まで低下していた。肝臓はカビ毒を無毒化する働きがあるが、変敗の激しいサイレージで肝臓に負担がかかって乳糖率が低下したと考えられた（**写真6-10-1**）。

　通常、分娩後に乳量が増えるとエネルギー不足に陥り、体脂肪分解が起きて血中遊離脂肪酸（NEFA）が高くなり、乳生産へ反映される。しかし、暑熱時はインスリンが多く出るため脂肪分解が起きず、NEFAは高くならない。暑熱時はブドウ糖が乳房以外の免疫機能に使われ、肝臓でのラクトース生産量は400g／日ほど減り乳量や乳糖率が下がる。ここ数年、高乳量かつ大規模化に伴う粗飼料収穫体系の変化により肝臓に負担がかかっており、現場での対応が望まれる。

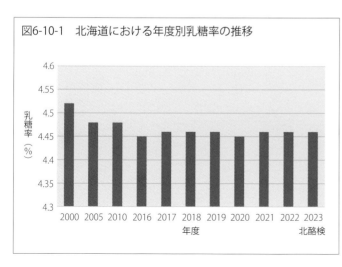

図6-10-1　北海道における年度別乳糖率の推移

写真6-10-1　肝機能低下の疑われる牛が増加の傾向にある

11）牛が健康であれば乳糖率は高い

⇒飼養管理で牛群均一化を可能に

H酪農家はメガファームで、ロータリーパーラーで1日3回搾乳している。みかんジュース粕、焼酎粕等の食品副産物（植物性残渣）を利用したエコフィードだ。搾乳機器は洗浄を徹底し、生乳の急速冷蔵や出荷までの衛生管理でISO22000認証を取得している。

H酪農家の日乳量は30kg、乳脂率4.07％、乳タンパク質率3.14％、MUN10.4mg／dlである。乳糖率は初産牛4.77％、2産牛4.63％……5産牛4.49％で、産次が進むと低下傾向にあるものの、高めに推移していた。牛群全体の乳糖率は4.64％で、北海道平均4.47％と比べると0.17ポイント高かった（**表6-11-1**）。

また、**図6-11-1**は、H酪農家における分娩後経過日数と乳糖率の推移を産次別に点と多項式で示している。初産牛と2産牛は日数が進んでも変わらないが、3産以降牛はやや下降傾向だ。

乳糖率が高いということは、肝臓に負担がかからず、肝機能が強く牛自体が健康であるということだ。牛群構成を見ると、初産牛は29％（北海道33％）、5産以降牛が15％（同10％）、平均産次は2.7産で北海道の2.4産より長命であった。牛群離脱（廃用）は、初産12.9％（同18％）、2産19.9％（同23％）と低い。子牛から成牛まで同じ仲間で通しており、事前に牛舎設備に馴致もされているため、搾乳牛群へスムーズに移行している。死産は3.0％（同6.5％）、生後1カ月以内死亡は2.0％（3.5％）と極端に低かった。

さらに現場で確認すると、フリーバーンで牛床が柔らかく、削蹄は年に3回実施しているため肢蹄病はほとんど見られない。10年前から乾乳牛群を①普通、②肥、③肥肥の3ブロックに分けて過肥牛を改善している。繁殖を回しながら淘汰もして、ボディコンディション・スコア（BCS）は均一であった。そのため、体脂肪動員を示す分娩後60日以内乳脂率5％以上牛は、387頭中1.3％（同7％）で極端に低かった。

また、泌乳前期はゆったりしたスペースを保ち、牛体はきれいで、乳房炎牛は一桁の頭数で推移していた。ミルカー真空圧は低めに設定し、ロータリー回転2／3の位置で自動離脱し、5分以内で搾乳を終えている。その結果、体細胞数は牛群全体で12.9万（同19.8万）と極端に低い。

牛の体格、BCS、肢蹄の強弱、毛づや、動き等、個体牛間のバラツキが少なく、それは飼養頭数が多い経営体ほど求められていることだ。牛が健康であれば乳糖率は高く、飼養管理で牛群の均一化を維持することで可能になるという実例である。

表6-11-1　H酪農家における産次別乳糖率

産次	頭数	乳糖率
1	572	4.77
2	498	4.63
3	399	4.62
4	245	4.54
5〜	301	4.49
計・平均	2,015	4.64
北海道	77.3	4.47

（産・頭・％）

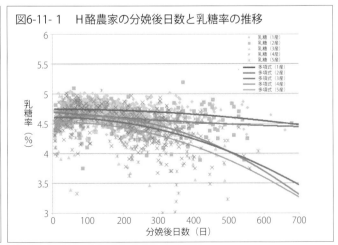

図6-11-1　H酪農家の分娩後日数と乳糖率の推移

第7章

乳中尿素窒素（NUM）からの
モニタリング

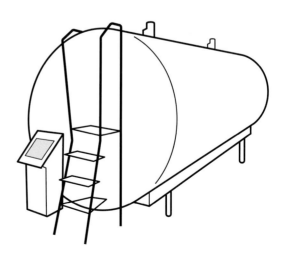

第7章 乳中尿素窒素（NUM）からのモニタリング

1）現場でMUNは使える

⇒エネルギーとタンパク質のバランスを

生乳はおよそ87％の水分と4.5％の乳糖、3.8％の脂肪、3.2％の乳タンパク質と、わずかな灰分から成り立っている。その中の乳タンパク質は一般に、95％の純タンパク質と5％の非タンパク態窒素化合物（NPN）に分けられる。NPNの中にはクレアチン、オロチン酸等が含まれているものの、多くは尿素で、これが乳中尿素窒素（MUN：Milk Urea Nitrogen）である。

図7-1-1は、飼料タンパク質の代謝を示しているが、給与した大部分はルーメン内の微生物によりペプチド、アミノ酸、アンモニアに分解される。これらはエネルギーによって微生物タンパク質に合成され、生乳中タンパク質へ変換され移行する。ただし、アンモニアのすべてが利用されるのではなく、大量に生産された時と、合成に必要なエネルギーが不足した場合は、体内で吸収される。このアンモニアは動物の細胞にとって非常に毒性が強いので、肝臓で尿素へ無毒化変換される。摂取した飼料の50～70％は尿素窒素へ変換、リサイクルされる尿素窒素はルーメン、大腸、小腸に分配される（Van Amburgh, 2020）。

尿素のほとんどは腎臓を経て尿として排出されるが、細胞膜を通過して移動するため、体のあらゆる組織に広く散らばる。一部は血中から乳腺へ取り込まれ、乳汁中へ流れると同時に、体液として唾液や子宮内液、その他の組織に容易に入る。この中から、乳へ移行する尿素を分析して、酪農家へバルク乳や乳検でMUNの情報を提供している。

つまり、MUNは非分解を含めたタンパク代謝の最終産物で、乳牛が必要としない過剰なタンパク質を数値で表している。同時に、尿素へ変換するためには油脂でなく、糖やデンプン等の炭水化物が必要で、エネルギーとのバランス指標にもなる。

図7-1-2は、21戸48牛群での、飼料設計する前のTDN／CPとMUNの関係を示している。TDNが高くCPが低い時はMUNが低く、逆にTDNが低くCPが高い時はMUNが高くなる。最近の飼料設計プログラムでは、給与する飼料構成と給与量を入力することで、推定MUNが表示される。これらのことから、MUNは理論だけでなく、現場でも飼料のバランス指標として十分活用できることがわかった。

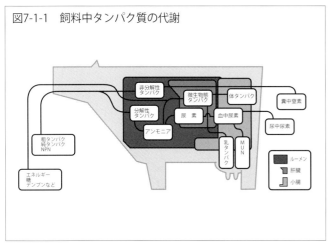

図7-1-1　飼料中タンパク質の代謝

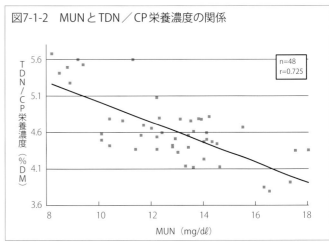

図7-1-2　MUNとTDN／CP栄養濃度の関係

2）なぜMUNをモニタリングするのか-1

⇒乳量と飼料コストの低減を

　乳牛は適切なレベルのタンパク質が必要で、過剰給与を避けて乳生産を最大にすることが望まれる。

　表7-2-1は、過去に1万3806頭のMUNの違いによる乳量と乳成分を示している。それを見ると、MUN10〜18mg／dlで乳量27kg以上となり、必要以上にタンパク質飼料を与えても乳生産へ結びつかないことがわかる。乳脂率、乳タンパク質率、乳糖率は、MUNと反比例の関係にあった。これらのことから、MUNは給与した飼料タンパク質を無駄なく効率的に乳生産へ反映するための指標と考えるべきだろう。

　一方、過剰なタンパク質はアンモニアから尿素を合成し、排出するために貴重なエネルギーを奪い取る。MUNが20mg／dlを超えると、1日当たり3kgの乳生産に相当するエネルギーが犠牲になるといわれている。分娩後、タンパク質の高い濃厚飼料を多給すると、エネルギー飼料を与えても尿素の合成に利用される。

　図7-2-1は、分娩後20〜80日における乳量とMUNの関係を示している。初産牛も含めて相関係数0.304程度で弱いながらも、乳量が低い牛はMUNが低く、乳量が高い牛ほど高いといえる。ただ、同じ乳量でありながら差があることから、飼料中タンパク質が無駄になっていることが見受けられる。CNCPS ver. 7では、尿素窒素の過小評価を補正、飼料中CP13.5〜14％でも乳量45kgが可能としている（Van Amburgh, 2022）。

　タンパク質は飼料の中で価格が高いにもかかわらず、嗜好性が良いこともあって、過剰に給与される傾向にある。北海道における牧草の利用形態は、調製に日数がかかる乾草からサイレージの比率が年々高まってきている。しかも、一気に収穫が可能なコントラクターや大型機械の普及によって、早刈り・高水分サイレージが増え、飼料タンパク質、とくに溶解性が高くなってきた。

　酪農家によっては、とうもろこしの作付けを中止して、グラスサイレージ一本にしている。しかも、エネルギー源である還元用ビートパルプは少なくなり、貴重なTDN源が減ってきている。乳量を増やすため濃厚飼料のタンパク質％を上げることがあっても、下げることをしないのが酪農家心理である。MUNをモニターして過剰なタンパク質を適正にすることで、飼料コストの低減も可能になる。

表7-2-1　MUNの違いによる乳生産と乳成分

MUN	頭数（頭）	乳量（kg）	乳脂率（％）	乳タンパク質率（％）	乳糖率（％）
〜6	1,755	24.8	3.98	3.27	4.59
〜10	4,465	26.3	3.93	3.26	4.60
〜14	4,805	27.2	3.88	3.24	4.58
〜18	2,213	27.3	3.79	3.21	4.55
18〜	568	26.5	3.79	3.20	4.51

2000年調べ　　n=13,806

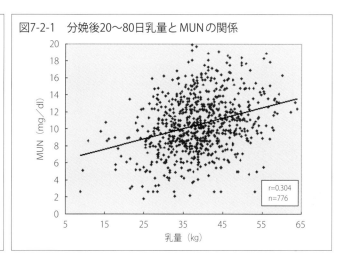

図7-2-1　分娩後20〜80日乳量とMUNの関係

3）なぜMUNをモニタリングするのか-2

⇒繁殖を良好にして牛を健康に

図7-3-1はMUNと繁殖障害の関係を示しており、6mg／dl以下は卵胞嚢腫と黄体遺残が、18mg／dl以上は黄体遺残が多い。同一酪農家で経過別MUNの動きと受胎の関係を調べたら、乳タンパク質率が高くMUNが低く安定する時期は受胎率が良好であった。これらのことから、高濃度の尿素は、精子、卵、胚に対して毒性があり、不妊やリピートブリーディングを起こす可能性があると考えられる。

一方、MUNの極端に高い牛と低い牛を見ていくと、高MUN牛は繁殖障害46％、肢蹄障害14％を示していた。逆に、低MUN牛は低能力28％、問題なしは21％であった（表7-3-1）。双方とも、適正範囲内の牛に比べ飼養管理上、問題になっているのは間違いない。ただ、MUNの低い牛は軽症、一時的で、低能力牛が多く、高い牛は重症、長期的、深刻な疾病であることが確認された。

酪農家14戸において、年間平均から標準偏差プラスマイナスして、そこから外れた極端な高低牛について調べた。高MUN牛は低MUN牛に比べ淘汰・廃用率が3.65倍と高く、疾病と隣り合わせで危険な状況といえる。ここでの淘汰は、酪農家の意図に反して、起立しない、喰べない、動かないという理由からの廃用が多い。

また、牧草サイレージ主体における乳牛の窒素出納を見ると、およそ乳35％、ふん40％、尿15％、体蓄積10％である。給与した飼料タンパク質が乳に結びつけば良いのだが、ふんや尿へ移行すると環境汚染につながる。

オランダでは家畜の窒素排せつ低減が求められており、乳牛の窒素利用を簡易に測定する方法の研究が進められている。現在使われている「Foss System 5000」はデンマーク製で、窒素流失を防ぐ環境の観点からも使われる分析機器である。

乳牛へ給与する飼料はとうもろこしや大麦・小麦等のエネルギー源、なたね粕や大豆粕等のタンパク質源、乾草やサイレージ等の繊維源の3タイプに分かれる。MUNはこれらをバランス良く使いこなすためのアイテムになる。同時に地球環境面からも、MUNを適正な範囲内にする飼養管理で、繁殖を良くし、健康にすることが求められる。

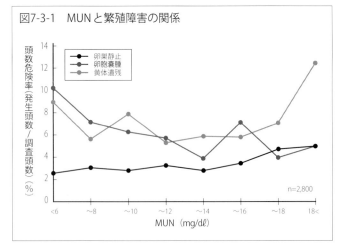

図7-3-1　MUNと繁殖障害の関係

表7-3-1　極端な高低MUNの疾病状況

	調査頭数（頭）	繁殖障害（％）	乳房炎（％）	肢蹄障害（％）	起立不能（％）	低能力（％）	その他（％）	問題なし（％）
高	165	46	14	14	6	1	8	11
低	109	34	6	4	1	28	5	21

4) MUNの適正範囲を理解する

⇒10～14mg／dlで動きを少なく

　MUNについては多くの報告があるにもかかわらず、指標値が示されていなかった。牛の体は大きく個体間差もあるため、MUN数値が何mg／dlで乳生産が多く、疾病が少ないかという線引きは極めてむずかしい。**図7-4-1**で個体乳、**図7-4-2**でバルク乳のMUNの分布状況を示しているが、双方とも広い範囲に分散している。

　現場でバルク乳および個体乳MUNの数値を見ながら、乳生産や繁殖、疾病状況を酪農家および関係者と検討した。同時に酪農家70戸を対象に、およそ2年間にわたって統計処理をした。個体乳2万5955検体の平均は11.2mg／dl、標準偏差3.8で、プラスマイナスすると7.4～15.1mg／dl、旬別バルク乳2518検体の平均は11.4mg／dl、標準偏差3.4で8.1～14.8mg／dlであった。

　そこで、適正範囲をバルク乳10～14mg／dl、個体乳8～16 mg／dlとしているが、今後、随時、見直されるべきと考える。なお、北海道におけるバルク乳15mg／dl以上はおよそ1割、17mg／dl以上は4％であった。

　MUNは粗飼料基盤だけでなく、分娩の重なりや牛導入による群構成の変化でも異なってくる。重要なことは、地域や酪農家独自で適正な範囲を見出すべきで、細かな数値にこだわることなく、動きの原因を追求することである。

　従来は、牛の健康診断は血液検査による代謝プロファイルテストが主流で、給与タンパク質の過不足は血中尿素窒素（BUN）として示されていた。しかし、採血する手間や分析機器の数が少ないという問題があった。また、BUNは血液採取時刻により日内変動が大きいが、MUNは1日2～3回乳房内混合されているため安定していることがわかった。

　飼料中のエネルギー充足率は、ボディコンディション・スコアと乳タンパク質率からある程度判断ができる。しかし、給与する飼料タンパク質の過不足は乳量や疾病と関わりが深い項目でありながら、ふんの形状や肢蹄の色と腫れ以外に指標がなかった。そこでMUNにより、栄養の中でも摂取したタンパク質の過不足を、現場で科学的に判断することができるようになった。

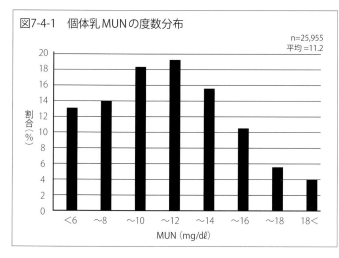

図7-4-1　個体乳MUNの度数分布

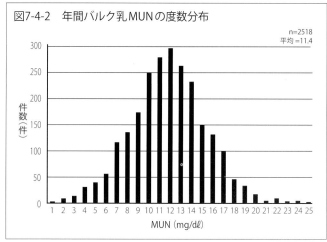

図7-4-2　年間バルク乳MUNの度数分布

5）過去と比べてMUNは低下している

⇒自家経営での適正な数値を

　MUNは、栄養バランスの指標として、酪農家でなく関係者においても、飼料設計などで広く活用されている。当初MUNの適正範囲は、海外からの情報で、飼料中タンパク質の高いルーサン中心であったため14〜18mg／dlであった。そこで、北海道のチモシー主体の粗飼料はタンパク質が低いことから、1998年に群（バルク乳）で10〜14mg／dlを適正範囲とした。

　図7-5-1は、北海道における5年毎のMUNを示したもので、2005年13.2、2010年12.4、2015年11.2mg／dlと、年次毎で低下傾向にある。

　要因の一つは、北海道の粗飼料構成が大きく変わってきたことだ。飼料作物の生産状況は、1990年は56.9万ha・単収36t／ha、2023年は52.2万ha・単収32t／haで、全体の収穫量（面積×単収）は83％まで減少している。逆に、飼料用とうもろこしは、1990年は4.2万ha・単収54t／ha、2023年は6万ha・単収55t／haで、全体の収穫量は148％まで増加している（農水省）。過去から見ると、飼料体系はタンパク質源の牧草から、エネルギー源のとうもろこしへシフトしてきた。

　もう一つは、酪農家自ら、MUNは高より低のほうが乳生産だけでなく、繁殖や健康に適正と感じてきたからだ。給与したタンパク質が微生物タンパク質に変換されることは、乳や体のアミノ酸組成に近く、低コストで高品質なものである。それを最大にすることが、牛の健康に良く、繁殖にもプラスになり、最も効率的であるという考え方に変わってきた。

　F酪農家は、経産牛108頭、繋ぎ飼いで、個体乳量9077kg、乳脂率3.97％、乳タンパク質率3.13％、分娩間隔413日だ。バルク乳MUNは年間を通して3〜7mg／dl、平均5.2mg／dlで推移、個体乳のMUNは8mg／dl以下で極端に低い（**図7-5-2**）。珍しいケースなので本人に聞くと、とうもろこしサイレージ中心で低MUNを理解しており、繁殖や蹄病が良いので、あえて実践しているという。

　一方、2005年と比べ2015年は中央線からバラツキ（標準偏差）が少なくなっている。北海道のTMRセンターやコントラクター組織も増えた。大型機械の導入で、収穫期間短縮と調製技術の平準化によって、粗飼料の品質のバラツキが少なくなったことが要因と考えられる。これらのことから、MUNの適正範囲は、従来よりやや低めの8〜12mg／dlが妥当な数値に移行してきた。ただし、地域や粗飼料基盤によって異なるので、自家経営の適正な数値を確認してほしい。

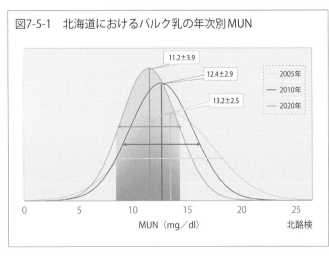

図7-5-1　北海道におけるバルク乳の年次別MUN

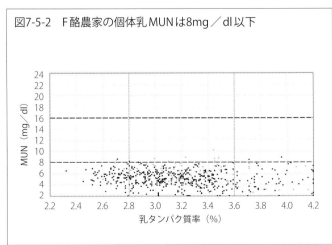

図7-5-2　F酪農家の個体乳MUNは8mg／dl以下

6）泌乳前期の低MUNが繁殖に良好だ

⇒エネルギーを充足し6〜10mg／dlに

多くの酪農家は、MUNの適正範囲がバルク乳10〜14mg／dl、個体乳8〜16mg／dlであることを理解している。表7-6-1は、一地域の酪農家54戸における1年間の、バルク乳の高低MUN群の成績を示している（2000年調べ）。過去にまとめた数値なので個体乳量や日乳量は低いが、傾向として判断してほしい。バルク乳10〜14mg／dlの群は乳量8859kg・分娩間隔427日で、良い方向を示している。しかし高MUN群は乳量7855kg・分娩間隔438日、低MUN群は乳量7669kg・分娩間隔442日である。適正範囲に入っている酪農家は、乳量・成分・繁殖が明らかに有利であることが再確認できた。

表7-6-2は、分娩後3カ月以内のMUNが繁殖にどのような影響を与えるのか、868頭を追跡した結果である。5カ月経過した時点で授精・受胎の記録があるもので、授精回数と空胎日数を示した。MUN6.1〜10mg／dlの牛は、授精している割合が94％と高く、授精回数や空胎日数が短い傾向であった。6mg／dl以下は87％、10.1〜14mg／dlは84％、14.1〜18mg／dlは88％で授精回数や空胎日数がやや多く長めであった。18mg／dl以上は10頭と少ないが、授精回数が3回、空胎日数145日と極端に長く不受胎の傾向を示した。

一方、分娩後100日までホルモン治療が行なわれていない606頭について、生乳中プロジェステロン濃度の自動計測を行なった。分娩後40〜42日で濃度が5ng／mlを初めて超えた日を卵巣周期回復日とした。その結果、分娩後42〜50日のMUN濃度が10.1mg／ml以下の牛は、分娩後75日までの卵巣周期が回復する割合が高かった（道酪農試、2018）。

分娩後、MUNは分娩後1カ月目より2カ月目、2カ月目より3カ月と高くなっていくが、その上昇スピードで卵巣周期回復日が異なる。遅延牛は飼料タンパク質充足に比べてエネルギー充足が足りず、それがMUNの違いとして表れた。

泌乳前期である分娩後3カ月は6〜10mg／dlと、やや低めのほうが繁殖は良好に動くようだ。酪農家は急激な乳量の伸びに対して濃厚飼料のタンパク質濃度を高めたくなるが、エネルギーを優先的に充足させるべきだろう。

表7-6-1　高低MUN群における成績

	戸数	MUN	個体乳量	乳タンパク質率	乳脂率	日乳量	分娩間隔
高MUN群 15以上	11	16.3	7,855	3.33	4.47	26.6	438
低MUN群 10以下	10	8.8	7,669	3.37	4.51	24.8	442
適正MUN群 10〜14	33	13.0	8,859	3.36	4.51	28.6	427

2000年調べ　　　　　　　　　　　　　（戸・mg／dl・kg・％・日）

表7-6-2　分娩後3カ月以内MUNと5カ月後の繁殖成績

分娩後3カ月		5カ月経過後		
MUN (mg／dl)	頭数 (頭)	授精頭数（割合） (頭・％)	授精回数 (回)	空胎日数 (日)
≦6	151	132（87）	1.87	117
≦10	332	312（94）	1.71	122
≦14	285	240（84）	1.89	118
≦18	90	79（88）	1.25	125
18<	10	10（100）	3.00	145

授精回数と空胎日数は授精した牛を対象

7）バルク乳でMUNをモニタリングする

⇒経時的な流れを安定的に

現場でMUNとエサの関係を追求していたら、個体牛より群の方が関連の強いことが確認された。バルク乳が個体乳全体を的確に反映しているかを検証するために、個体乳の平均値とバルク乳MUNの関係を**図7-7-1**に示した。両者の平均値は、バルク乳11.4mg／dl、個体乳平均11.2 mg／dlとほぼ一致し、相関係数0.897と高かった。微妙な差は、試料採取日の違いと、バルク乳が旬3回、個体乳が月1回という採取頻度の違いから生じる誤差と考えられた。これらのことから、酪農家は個体牛より、牛群（バルク乳）のMUNを中心に判断すべきである。

1戸の酪農家を旬別に時系列で見ていくと、年間でMUNが10mg／dl上下することは珍しくない。その変動は、サイレージが切れた、劣悪だった等、粗飼料の質量が変更する時に起きるものだった。

図7-7-2は、E酪農家における年間の動きを示しているが、乳タンパク質率が高く、MUNが安定していた。このように、旬別にMUN変動が少ない酪農家は数少なく、極めて優秀な酪農家だといえる。

多くの場合は一時点のMUNをとらえて判断しているが、ルーメン内醗酵を考えると経時的にモニターして安定性を確認することが、より重要だ。同一酪農家でも単一旬や月の断片的なデータから群全体の動きを判断することは極めてむずかしい。年間の粗飼料確保量を鑑みて、MUN変動が小さくなる飼養管理、ルーメン微生物を安定させる飼養管理が望まれる。

なお、MUNの動きも重要であるが、エネルギーの充足を判断する乳タンパク質率も同時に見ていく必要がある。飼養形態別で、MUNと乳タンパク質率が交差する図を見かけるが、その時点における乳タンパク質率の位置によって対応が異なる。乳タンパク質率が3.0％以下では繁殖や疾病に悪影響を示すが、3.2％前後か、それ以上で交わるのであれば問題は少ない。放牧を行なっている酪農家はMUNが高くなり、交わる乳タンパク質率は低い傾向にある。

これらのことから、まず群全体のMUNをバルク乳でモニタリングをすべきで、一時点の判断ではなく、経時的な流れを見ながら安定させるべきであろう。

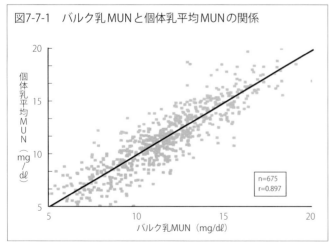

図7-7-1　バルク乳MUNと個体乳平均MUNの関係

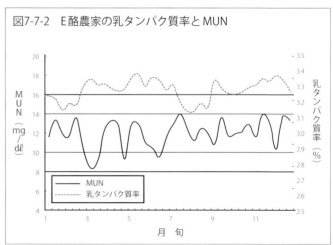

図7-7-2　E酪農家の乳タンパク質率とMUN

8）個体乳でMUNをモニタリングする

⇒すべてではなく牛を絞って確認を

　北海道における1戸当たりの乳用牛飼養頭数は、1990年・56頭が2023年・156頭と、33年間で2.8倍まで増えた（農水省）。頭数が多くなると、たとえ情報システムが確立していても、すべての牛を経過別MUNで見て飼養管理に生かすことはむずかしい。

　個体乳で判断する時、全ての牛ではなく、次の4点にすべきと考えている。

ア）乳期別に頭数を決め、牛の反応と動きや乳生産を見ながらMUNを判断する。
イ）受胎しない、ふんが柔らかくなった等の問題牛をチェックする時にMUNで判断する。
ウ）牛群でMUNと乳タンパク質率が極端に外れている高低牛を確認する。
エ）飼料変更時に群、乳期別、産次別に個体牛MUNのバラつきを確認する。

　なお、個体乳の場合は、エサのバランスだけでなく、ルーメンの活動力によってMUNが高い牛は高く、低い牛は低いという傾向があるので注意が必要だ（7-9項参照）。

　産次別とMUNの関係を**図7-8-1**に示したが、同産次でも個体牛によって10mg／dl前後の差がありバラつきは大きい。初産牛は8mg／dlだが、高経産牛は12mg／dlまで、産次が増えるほど高くなる傾向であった（n＝2,146）。

　リニアスコアとMUNの関係を**図7-8-2**に示したが、リニアスコア5までは大きな差が見られなかったが、7以上は8mg／dlまで極端に低下していた（n＝13,806）。分娩後経過月とMUNの関係は1カ月目が9mg／dlと低いものの、3カ月以降は10〜11mg／dlの範囲内であった（n＝13,806）。

　分娩直後は、体細胞数が100万個を超える乳房炎や、その他の周産期疾病牛のため体調が悪い牛が多い。このような牛は、飼料のエネルギーとタンパク質のバランスというよりは、飼料摂取量が少なくなることでMUNが極端に低くなる。

　なお、泌乳初期から中期にかけては、発情が強くて採食せずに動き回っている牛もいるので、そのような個体牛は別な角度から検討する必要がある。個体乳はすべての牛のMUNを判断するより、産次・体細胞数・分娩後経過日数等、牛を絞ってモニタリングをすべきであろう。

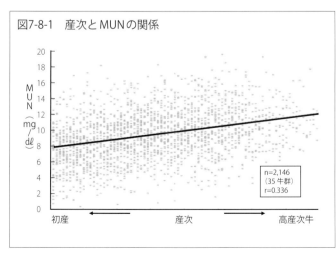

図7-8-1　産次とMUNの関係

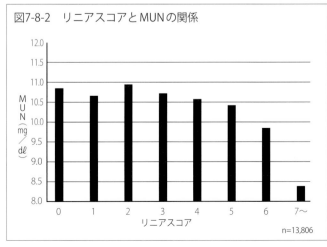

図7-8-2　リニアスコアとMUNの関係

9）牛自体によってMUNが異なる

⇒ルーメンの活動力プラスαが

　現場で牛個体のMUNを確認していくと、給与する飼料に関係なく個体牛で一定の傾向が見られた。経時的に見ても個体乳MUNは上下することが少なく、前月に比べ5mg／dl以上変化する牛は50頭規模で数頭と固定していた。
　同じ酪農家で同じ飼料を同じ方法で給与しても、牛個体によってMUNが異なる。
　表7-9-1は、同一分娩月の2頭（2産次）の、分娩後経過月数におけるMUNの動きを示している。No.72牛は20mg／dl、No.68牛は10mg／dl前後で、7カ月間は月毎に大きく上下することがなかった。
　表7-9-2は、同一酪農家で個体牛100頭のMUNを10日間連続で分析した際、特徴的な2頭がいたので示した。牛群平均は9.6～11.7mg／dlで、ほぼ11mg／dl前後で推移している。しかし、No.172牛は16.6mg／dl、No.251牛は6.0mg／dlで推移し、大きな差があった。この2頭は、摂取した飼料タンパク質やエネルギー量だけで説明することができない、ルーメンの活動力や肝臓機能の強さ等、牛個体の特性が影響しているものと推測される。
　著者が現場で再確認すると、MUNが高い牛・低い牛は、次のような共通項目があった。

【MUNの高い牛の特徴】
①体高・体重およびルーメンが大きく、喰い込みの良い牛。
②乳生産量が多く、身を削ってでも乳へ結びつける牛。
③健康体で、エサを横取り、選び喰いまたは早く喰べる牛。
④パーラーへ早めに入り搾乳を終え新鮮なエサを喰い込む牛。

【MUNの低い牛の特徴】
①体高が低く体重が軽く、BCSが低く痩せている牛。
②育成管理が十分でなく、群の中で喰い負けしている初産牛。
③肢蹄病等で寝起きの回数が少なく喰い込めない牛。
④BCSが高く、喰べたエサが乳ではなく肉になる低能力牛。

　これらのことから、MUNを個体牛で見る時は、飼料のタンパク質とエネルギーのバランスだけでは判断できない。牛個体が持っているルーメン活動力等の要素をプラスαして判断するべきだろう。

表7-9-1　分娩後月数における高低MUN牛の動き

	経過月	1	2	3	4	5	6	7
高	No.72	23	28	23	21	23	18	21
低	No.68	5	11	7	10	9	9	12

2頭は2産、同分娩月（mg/dl）

表7-9-2　連続10日間における高低MUN牛の動き

| | 牛No. | 経過日数（日) | | | | | | | | | | 平均 | 標準偏差 |
		1	2	3	4	5	6	7	8	9	10		
高	172	16.5	18.8	16.7	17.5	15.7	14.7	16.4	14.2	19.0	16.6	16.6	1.55
平均		11.7	11.6	12.9	10.6	10.8	11.5	10.9	9.6	10.3	11.3	11.1	-
低	251	5.1	7.4	6.4	4.8	4.9	5.7	9.6	5.2	5.6	5.5	6.0	1.47

(mg/dl)

10）乳量の多い牛はMUNが高い

⇒微生物タンパク質の合成を

　初産牛・経産牛に限らず、高乳量牛ほど摂取する飼料の量が多いこともあってMUNが高い傾向にある。給与する飼料中のタンパク質も多く、ルーメン内アンモニアが豊富に存在し、エネルギーで微生物タンパク質も大量に合成されている。

　図7-10-1と**図7-10-2**は、高乳量の酪農家10戸と低乳量の酪農家それぞれ10戸での分娩後経過日数とMUNの関係を示している。高乳量の酪農家の平均は13.2mg／dl、16mg／dl以上19％、8mg／dl以下8％であった。しかし、低乳量の酪農家の平均は10.5mg／dl、16mg／dl以上7％、8mg／dl以下26％であった。

　乳量が高いほどMUN値も高くなる傾向で、乳量の多い牛に対して濃厚飼料やアルファルファを多く給与していることを反映したものと考えられる。乳タンパク質率はMUN値が高まると低下し、MUN値が低下すると高まる傾向にあった（徳島畜研報、2010年）。

　ただ、エネルギー不足で、豊富な飼料中のタンパク質が無駄になり健康を損なう牛もいる。標準偏差から外れたMUNの極端に高い牛は疾病の危険性が高く、極端に低い牛と比較しても1年後の淘汰（廃用）率は3倍だった。

　一方、泌乳前期は乳量の上昇と共に飼料濃度を高める期間で、MUNが高くなると受胎に悪影響を及ぼすという報告も多い。過剰なタンパク質から作られるアンモニアや尿素が、子宮内環境の悪化や卵子および胚の生存率を低下させる。逆に考えると、乳量が低くMUNが高い場合も、高価で貴重な飼料中タンパク質が無駄になっている。乳量が高くMUNが低い場合は、飼料中タンパク質給与によって生産が高まる可能性を示している。

　個体牛の管理によってMUNを調整し、バラツキをなくすべきだ。まず、すべての牛が飼槽に並んで、給与した飼料を一斉に採食しているかどうかをチェックする。搾乳直後にほとんどの牛が飼槽で採食しているにもかかわらず、産褥牛の数頭が後方でウロウロする姿を目撃する。

　分娩後100日までの期間は、群の移動に伴い飼料中のエネルギーとタンパク質濃度の切り替え時でもあり、個体牛で乳量に大きく差がある。当然、MUNを注意深くモニタリングすべきではあるが、同時に乳量も勘案すべきだろう。

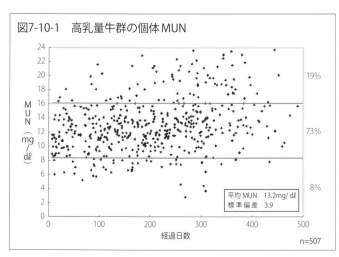

図7-10-1　高乳量牛群の個体MUN

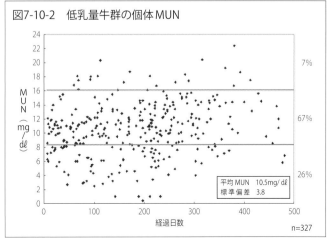

図7-10-2　低乳量牛群の個体MUN

11) 搾乳ロボ農家はMUNが高めだ

⇒濃厚飼料が反映するのでは

　最近、急速に普及している搾乳ロボット（以下、搾ロボ）に関し、北海道の乳量、乳成分を比較分析してみた。その結果、搾ロボ農家は一般農家と比べ、日乳量は3.8kg多く、乳脂率、乳タンパク質率に有意な差は認められなかった。しかし、乳糖率は搾ロボ農家が0.1％ほど高く、若く健康な牛群を揃えていると推測できる。

　図7-11-1は、1年間の検定月毎の搾ロボとそれ以外のMUNの推移を示しており、8～9月にかけて狭まるものの差がある。年間平均で搾ロボ農家は11.64mg／dl（n＝32,905）で、一般農家の11.02mg／dl（n＝252,036）より高く、過去5年間とも同様な傾向であった。

　図7-11-2は、分娩後経過月数における搾ロボとそれ以外のMUNの推移を示している。搾ロボ農家は泌乳中期にかけて差が大きくなるものの、どの時点でも一般農家と比べMUNが高い傾向を示した。

　ロボット搾乳は通常、飼槽で給与するPMR（TMRから濃厚飼料を一部取り除いた混合飼料）、プラス乳量に応じて必要な濃厚飼料を個々に給与している。搾ロボ内で飼料中タンパク質の高い濃厚飼料の給与量が多くなり、MUNが高くなったことが考えられる。

　給与量は分娩後日数や乳量等で決定し、採食スピードは1分間で経産牛300g、初産牛200gほどが限界とされている。一般的に1回2kgの給与量が限界で、1日の搾乳回数を3回程度とすれば、トータルで1日6kg程度と考えられる。そのためにはミルカー装着率や占有時間だけでなく、搾ロボ訪問回数が濃厚飼料を増やすポイントになる。牛の訪問回数が増えれば搾乳回数も増え、生産量に反映される。1日1台の訪問回数は250回、搾乳回数200回を確保したい。

　ここ数年、各飼料メーカーは搾ロボ専用の濃厚飼料を販売しており、やや高価だが普及している。ペレットが推奨され、エサの落ちる音が搾ロボ進入のモチベーションを高めている。また、紛状は周辺に飛び散り、機器のすき間に落ちたりネズミのエサになり、故障の原因になる。

　搾ロボへの進入回数が増えると、移動や待機時間が長くなり、PMR採食や横臥に変化が生じる。いかに粗飼料主体の混合飼料（PMR）を喰い込ませるかであり、粗飼料の嗜好性が極めて重要だ。

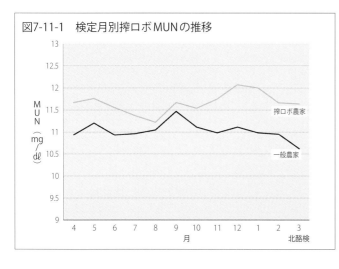

図7-11-1　検定月別搾ロボMUNの推移

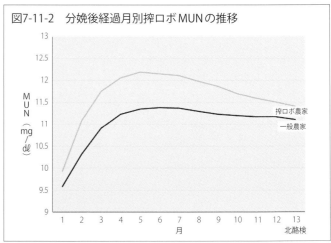

図7-11-2　分娩後経過月別搾ロボMUNの推移

12) 分娩間隔が長いとMUNはバラツク

⇒今後は均一な牛群作りを

　飼養頭数が増えるほど、牛の大きさ、肉の付着程度、乳房の大きさ、肢蹄の強弱等のバラつきのないことが求められる。均一になれば、パーラーへの移動や搾乳時間の短縮等、作業性が高まり、管理が容易になる。

　飼料設計は平均乳量に合わせて濃度設定を行なうが、群の最高と最低を除外する必要がある。リードファクターは個体間格差が大きいほど、平均乳量に対して1.2～1.3倍の高い係数を乗じなければならない。乳量が均一であればあるほど多くの牛が該当することになり、乳生産へ跳ね返る割合が高くなる。近年、飼料効率（乾物摂取量1kg当たりの乳生産量）が注目されており、この数値が高いほど経営にとってプラスに働く。各酪農家での飼養管理や飼料給与戦略の効果を測る指標の一つにもなっている。

　図7-12-1は分娩間隔の短い酪農家11戸・381頭、**図7-12-2**は長い酪農家11戸・441頭におけるMUNのバラツキを示している。分娩間隔の短い群は平均10.7mg／dlで、16mg／dlを超える牛はほとんどなく、適正範囲の8～16 mg／dlの中に82％の牛が入っている。

　それに比べ分娩間隔の長い酪農家群は平均10.9mg／dlで、適正範囲の中に入っている牛は70％、16mg／dlを超えるは8％で、広い範囲に分散している。余剰な飼料タンパク質（高MUN）は尿素となり生殖器にも移行、ｐＨが高くなり受胎率が低下するという報告が多数ある。

　分娩間隔が長い酪農家ほど、乳量、ボディコンディション等に個体間格差が生じ、喰い込む飼料の濃度や量等がMUNに連動してバラツキが大きくなる。このような分娩間隔の長い酪農家群はMUNだけでなく、乳量、乳脂率、乳タンパク質率もバラツキが大きくなる。これは分娩後における疾病多発農家と少発酪農家でも同様なことがいえる。したがって、群のバラツキが少ない酪農家ほど技術的水準が高く、経営内容も良いといえる。

　ここ数年、暑熱の影響もあり、分娩後の授精時期が遅れ、受胎率も低く、空胎日数が延びる傾向にある。今後、多頭化が進み効率的な作業が望まれてくるが、そのキーポイントは分娩間隔の短縮だろう。

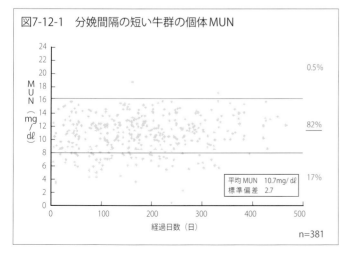

図7-12-1　分娩間隔の短い牛群の個体MUN

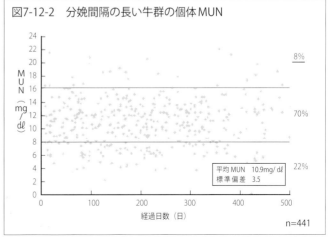

図7-12-2　分娩間隔の長い牛群の個体MUN

13）エネルギー源でMUNが変動する

⇒油脂ではなくデンプン（NFC）の供給を

　北海道における2011年の乳量、乳脂率、無脂固形分率、体細胞数は過去3年間とほぼ同傾向であったが、MUNだけは2009・2010年は11～12mg／dlだったのが、2011年は12～13mg／dlだった（**図7-13-1**）。酪農家4800戸、乳牛35万頭の平均が1～2mg／dl高くなったことは大きな意味がある。

　その原因を追求すると次の3点が考えられた。

①2010年産のとうもろこしサイレージが、すす紋病の多発で量と質が十分に確保できなかった。

②飼料の急激な高騰があり、ビートパルプやとうもろこしの給与量が微妙に少なくなった。

③DDGS価格が安く、工場間でのバラツキが少なくなったこともあって利用が増えた。

　2011年は、自給飼料と購入飼料でエネルギー源が不足する事態に陥り、デンプン（NFC）ではなく油脂に頼ったことが考えられた。ルーメン微生物が必要とする栄養素は炭水化物とタンパク質で、それにより微生物の増殖が最大になる。炭水化物は給与する飼料の主要なエネルギー源で、通常6～7割を占める。その中では繊維が多いが、糖、デンプン、有機酸等の非構造性炭水化物（NFC）がルーメン微生物のエサになっている。

　NFCは細胞内容物に含まれており、ルーメン内で急速に分解され、アンモニアから合成する源になっている。油脂は同じエネルギー源であっても、ルーメン微生物を抑制し、醗酵率を減少させる。DDGSの栄養価は、およそタンパク質30％、脂肪12％、灰分5％で、脂肪はエネルギーとしての価値は高いが、微生物タンパク質合成の助けにはならない。

　給与する飼料タンパク質が乾物中16％であれば、1日の乾物摂取量を20kgにすると3.2kgで、窒素に変換すると500g程度（3.2／6.25）になる。**表7-13-1**は、牧草サイレージ主体における泌乳牛の窒素出納を示しているが、乳3割、ふん3割強、尿2割で排出している。

　貴重で高価なタンパク質（窒素）がふん尿へ排出されると、コストとエネルギーが無駄になり、かつ環境悪化につながる。給与したタンパク質が微生物蛋白質へ合成するためにはエネルギーが必要だが、油脂のエネルギーではなく、糖やデンプンの給与でMUNを適正範囲内に収めることを優先すべきであろう。

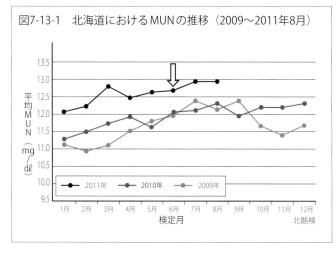

図7-13-1　北海道におけるMUNの推移（2009～2011年8月）　北酪検

表7-13-1　泌乳牛の窒素（タンパク質）の出納

		摂取N	糞N	尿N	乳N
初産牛	g/日	411	146	78	110
	%	100	32	19	27
経産牛	g/日	519	179	110	156
	%	100	35	21	30

根釧農試、1998

14）飼料設計でMUNを適正にする-1

⇒TMR農家の多くは適正範囲内が

　乳牛の飼養管理において、飼料や栄養素を適切に給与することは、牛の健康を保つうえで重要である。また理に沿った飼料設計は、乳牛の能力を引き出し、生産コストを低減するためにも必要な技術だ。

　図7-14-1、**図7-14-2**は、飼料給与の違いとしてTMR農家と放牧農家、各10戸のMUN分布を示している。TMR農家672頭の平均値は11.4mg／dl、放牧農家495頭の平均値は13.5mg／dlで高めに推移していた。個体牛の適正範囲である8〜16mg／dlに入っている牛は、TMR農家では78%と高めであるが、放牧農家では67%と低めであった。16mg／dl以上はTMR農家が7%であるが、放牧農家は24%にも達していた。

　放牧農家は放牧草の採食量がわからず、日々栄養価が異なることもあって、飼料設計をすることが難しい。一方、TMR農家は給与する粗飼料や濃厚飼料の量が計算されおり、定期的な飼料分析を実施している割合も高い。綿密な飼料設計をしているかどうかは別として、TMR農家の方が飼料中のエネルギーとタンパク質のバランス意識が高い。そのため、MUNの平均値が妥当な数値で適正範囲内の牛割合が高い。

　ここ数年、酪農を科学的に実践するため、乳牛の栄養設計ソフトが開発され普及してきた。パソコンの進化もあり、新たな項目や細かな要素を含めて、小数点まで素早く正確にはじき出すことができるようになった。ただし、いくら正確に数値化しても、すべての牛が計算通りにエサを喰べているとは限らない。

　サイレージは水分含量や醗酵状況が日々変化するので、定期的に分析に出すか、随時水分測定を行なう必要がある。さらに、牛の喰い込み状況や残飼の量、乳量・乳成分、ふんの性状、毛づや、ボディコンディション・スコア等のモニタリングが必要だ。数字合わせに終始せず、現場で牛を観察すること、そして乳からのモニタリングを忘れてはいけない。

　放牧農家は牛主体で動くため、綿密な飼料設計を実施している酪農家は少ない。一方、TMR農家の多くは、飼料設計の各項目を満たしているかを確認している。MUNの動きを的確にモニタリングしながら飼料設計することは、牛の健康と乳生産を最大にする面からも良い方向へつながる。

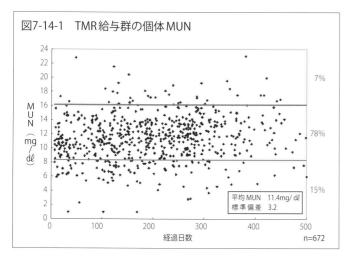

図7-14-1　TMR給与群の個体MUN

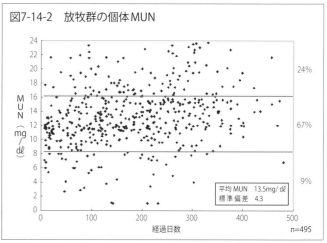

図7-14-2　放牧群の個体MUN

15) 飼料設計でMUNを適正にする-2

⇒経時的に変動の少ない飼料を

　酪農家単位でバルク乳MUNが適正範囲であっても、経時的に大きく上下しているのを頻繁に見かける。前月と比べ3～5mg／dl動き、給与する粗飼料の品質と栄養濃度が変化しているのが大きな要因だ。サイレージの水分含量が乾物給与量を変動させ、切断長の長短がルーメン内滞留時間と消化スピードを変え、カビ毒等の有害物質がルーメン内微生物に悪影響を及ぼしている。

　ルーメン内微生物はバクテリアやプロトゾア等が高い密度で生存しているが、1日単位で見てもサイレージや乾草の給与等によっては激しく変動している。ルーメン内が変動することは乳生産だけでなく、疾病や繁殖にも悪影響を示すので、微生物をより活性化するためには、給与プログラムが極めて重要である。年間を通してエネルギーとタンパク質が経時的に変動の少ない飼料を給与して、MUNが常に適性範囲内に入るようにすべきだろう。

　図7-15-1は、フリーストール農家からの依頼で飼料設計を実施した際の、その前後におけるMUN推移を示している。酪農家の経験と勘の飼料給与から、12月に設計して綿密な飼料の組み合わせを行なった。その結果、乳量は28kgから33kgまで上昇し、乳質や繁殖も改善され、乳房の色も良くなった。MUNと乳タンパク質率はほぼ適正範囲内で、しかも長期間安定していることに驚きを感じた。

　従来まで、MUNの一時点をとらえて飼養管理へ結びつけていたため、説得力に欠けていた。むしろ、日々の流れやバラツキに着目した飼料給与技術が重要ということが理解できた。

　図7-15-2は、給与するエネルギーとタンパク質の過不足による牛の状態を示しており、エネルギー過剰、給与タンパク質不足はMUNが低下し、牛は肥り過ぎになる。逆に、エネルギー不足、タンパク質過剰はMUNが高くなり、給与したタンパク質は無駄になって繁殖へ悪影響を及ぼす。双方が不足すると牛は痩せ、産乳量、乳成分が低下する。

　これらのことを考えると、飼料設計によってMUNを適正な範囲に収め、経時的に変動の少ない飼料にすることが、ルーメン微生物を活性化することがわかる。さらに、給与するエネルギーとタンパク質飼料がうまく組み合わさると、乳生産や牛の体調が良くなる。

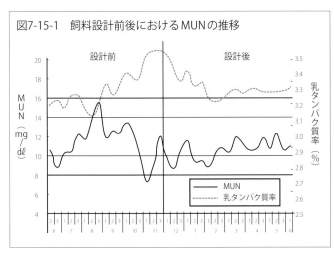

図7-15-1　飼料設計前後におけるMUNの推移

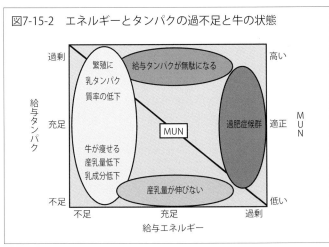

図7-15-2　エネルギーとタンパクの過不足と牛の状態

16）粗飼料基盤でMUNが異なる-1

⇒地域資源の有利性を活かして

　A町はとうもろこしサイレージを主体とした畑作酪農地帯、B町は放牧を主体とした酪農専業地帯である。冬の舎飼期2月における個体乳MUN分布状況は、この二つの町の間で大きな差は見られなかった。しかし、夏の7月は飼養形態が異なっているため、経過別MUNに違いと一定の傾向があった。

　図7-16-1は、A町における4030頭の経過別個体乳MUNで、バラツキが小さく平均10.9mg／dlとやや低めに推移していた。8～16 mg／dlを適正範囲とすると、そこに該当する牛は69％いて、8mg／dl以下の割合は22％だった。N酪農家は冬季間のとうもろこしサイレージ主体の時に、ルーサンペレットを給与したことで、年間を通して14mg／dl前後になったという。

　一方、**図7-16-2**は、B町における3023頭の経過月個体乳MUNで、バラツキが大きく平均12.4mg／dlとやや高めに推移していた。適正範囲に該当する牛は62％で、16mg／dl以上の割合が21％、泌乳後期は22～24％までMUNの高い牛が多かった。貴重な粗飼料である放牧草のタンパク質源及びとうもろこしのエネルギー源を十分に活かしていないことが推察された。

　放牧草は飼料中のタンパク質が高く、繊維を含みミネラル豊富で、牛自ら採食することもあって省力的だ。ただ、草地の維持管理が難しく、草の季節生産性や栄養価も異なることから、戸数や面積が減っているのが現状だ。

　K酪農家は昼夜放牧をしているが、朝一番にとうもろこしサイレージを飽食させてから放すため、MUNは12mg／dl前後で適正範囲内に入っていた。F酪農家は牛の健康維持のため放牧を実施、TMRセンターから供給されているエサを組み合わせてMUNは10mg／dlを維持している。

　自給粗飼料の特性を理解して、併給飼料を選んで大量に、しかも安く購入すれば経営メリットをもたらす。結果として、バルク乳MUN10～14mg／dl、個体牛MUNが8～16mg／dlの適正範囲に入る牛の割合を高める。地域資源の有利性を活かし、不足分を補うことで牛の健康を維持しながら乳を最大にできる。

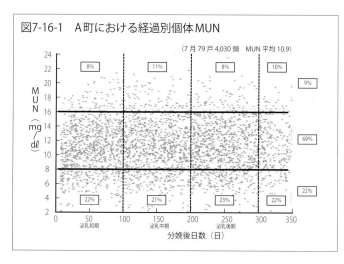

図7-16-1　A町における経過別個体MUN

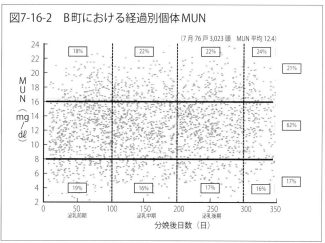

図7-16-2　B町における経過別個体MUN

17）粗飼料基盤でMUNが異なる-2

⇒グラス主体は精密な飼料設計を

　北海道の主要粗飼料は地域によって異なり、気象条件の良好な内陸部はとうもろこし、沿岸部は放牧やグラスで経営が行なわれている。14振興局の中で特徴的な粗飼料基盤である二つの管内について、過去3年間を追跡してみた。

　図7-17-1は、とうもろこしサイレージ（CS）主体管内におけるバルク乳MUN推移を示している。平均は10.9mg／dlと低く、年間を通してバラツキが小さい（3旬×36ヵ月の標準偏差0.352）。

　図7-17-2は、グラスサイレージ（GS）主体管内におけるバルク乳MUN推移を示している。平均は11.6mg／dlとやや高めで、年月のバラツキが大きい（同0.704）。

　全道的にもCS主体地域は年間を通してMUNの動きが一定で、月旬別標準偏差（バラツキ）が小さい。しかし、根釧や天北のGS主体の地域は年間を通して変動があり、月旬別標準偏差が大きい傾向であった。

　MUNは給与するエサの中で、エネルギーとタンパク質のバランスを示す指標値だ。過去5年間における飼料分析値の平均値を見ると、イネ科主体一番GSのTDN（エネルギー）は57～58％、CP（タンパク質）は10～12％だ。一方、CSのTDNは70～72％、CPは8％ほどで推移していた。CSはエネルギーが高く、年間を通して成分が安定しており、栄養価や醗酵品質の差も小さい。GSはタンパク質が高く、天候や圃場によってバラツキが大きい。

　とうもろこしはTMRセンターの普及によって、エネルギー源確保もあって作付面積が増えてきた。冷涼な根釧地域においても、品種改良、マルチ栽培、不耕起栽培等、新たな技術が導入されてきた。グラスは自走式ハーベスターでの収穫体系に変わってきているものの、面積は過去からほぼ同程度で推移している。粗飼料基盤によってMUNのバラツキが異なり、平均値や標準偏差から、地域の粗飼料の作付け状況を推察することができる。

　GS主体の経営は、飼料中タンパク質に大きく影響するマメ科を維持する圃場管理、品質が安定した収穫体系に努めるべきだ。さらに粗飼料分析をして、併給する濃厚飼料の選択等、精密な設計が求められる。乳牛の健康や乳生産は、ルーメン微生物叢の働きによってもたらされている。粗飼料中心の北海道は、年間を通して品質変動を少なくして、ルーメン環境を安定にする体系が求められている。

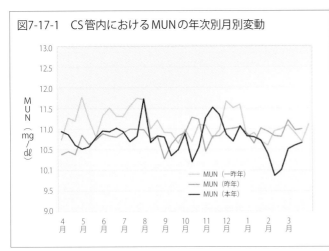

図7-17-1　CS管内におけるMUNの年次別月別変動

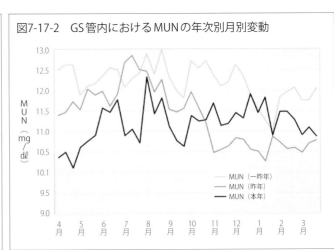

図7-17-2　GS管内におけるMUNの年次別月別変動

18）放牧草単独給与はMUNが上昇する

⇒高タンパク質で毎年同傾向が

I酪農家は新規就農者で、資源循環型を目指して入植し、放牧酪農を実践している。酪農経営の課題である、飼料自給率の向上と労働時間の低減を実践する先駆的モデルだ。土地制約の少ない地域であり、低投入で持続的な生産技術として期待され、放牧研究会も主催して技術普及にも努めている。化学肥料は無施肥、濃厚飼料はすべての牛で無給与、夏季間は放牧草だけで飼養している。まるで研究機関の飼養試験のようで、乳にどのような影響を与えるか興味深い。個体乳量5400kg、乳脂率4.2%、体細胞数17.1万個である。

図7-18-1は、I酪農家のバルク乳5年間の推移で、乳タンパク質率は月旬別に多少変動があるものの、年間を通して3.3%前後で安定している。ただ、MUNは5年間平均が13.8mg／dlで、周辺酪農家と比べて高めである。舎飼期10～4月までは10mg／dlで推移していたものが、放牧が始まった5月上旬から急激に上昇している。放牧期のバルク乳MUN平均は20mg／dl前後だが、時には25mg／dlを超える旬もある。これらは過去5年間同傾向で、次年度以降も続くことが予想できる。

寒地型イネ科牧草で集約放牧草のタンパク質は26.5%で、サイレージ適期刈り16.8%と比べて高い（NRC 2001）。生草オーチャードグラス一番草出穂前は17.6%で、とうもろこし黄熟期7.7%と比べて極端に高い（日本飼養標準 2017年版）。

図7-18-2は、一地域における酪農家241戸の飼料給与別MUNと乳タンパク質率の分布を示しているが、TMRやとうもろこし農家に比べ、放牧農家（△）は高めに点在している。

冒頭のI酪農家は、放牧密度が高く、牛の嗜好性が良好でタンパク質を多く含むマメ科率が高い植生を維持している。このように、飼料中タンパク質の高い放牧草単独の給与はMUNが明らかに上昇する。MUNは給与した飼料のタンパク質とエネルギーの栄養バランスであることを考えると理論通りだ。

I酪農家は、経営ポリシーとして放牧の有利性を生かしており、自給飼料だけでの低コスト生産は見本になる。ただし、牛から見ると主体飼料の季節変動は、ルーメン環境の馴致を長期間設けなければならず、高度な技術を要する。それらのことを考えると、MUNは年間を通して一定で、適正範囲内に収めるべきであろう。

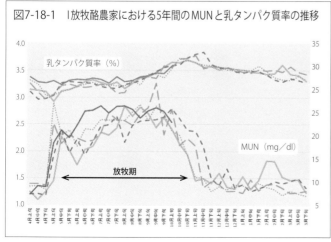

図7-18-1　I放牧酪農家における5年間のMUNと乳タンパク質率の推移

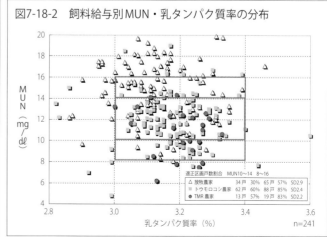

図7-18-2　飼料給与別MUN・乳タンパク質率の分布

19）粗飼料の変更で急激にMUNが動く

⇒購入粗飼料のタンパク質確認を

　F酪農家は経産牛80頭、尻合わせの繋ぎ牛舎で、スイートコーン残渣を主体にしたTMRを1日1回給与している。バルク乳MUNは年間を通して適正範囲10〜14mg／dlで推移していたが、6月に17.5mg／dlまで上昇した。近年は、飼料中のタンパク質が過剰であっても、バルク乳MUNが17mg／dlを超えたことはなかった。過去にMUNが高くなったときに繁殖で痛い目にあったので、16mg／dl以上にならないように注意深くモニタリングしていたという。

　図7-19-1は、同年4月の個体乳MUNの分布を示しており、多少バラツキがあるものの平均12mg／dlで、10〜14mg／dlの中に入っていた。1年間の平均は10.9mg／dlで、大きな変動なく良好に推移していた。

　その6月は、日乳量30.1kg、乳脂率3.73％、乳タンパク質率3.27％、乳糖率4.59％、体細胞数15.9万だった。個体乳MUNは、最低9.7mg／dl、最高25.4mg／dl％、18mg／dl以上牛16頭、20mg／dl以上牛9頭で1割を超えていた。危険水域であるMUN18mg／dl以上牛は全体の43％を占め図からはみ出していた（**図7-19-2**）。初産牛16.4 mg／dl、2産牛18.2 mg／dl、3産以降牛18.1mg／dlで、産次が進むほど高くなっていた。

　TMR内容は、スイートコーン残渣25kg、ロールパックサイレージ5kg、ビートパルプ3kg、濃厚飼料10kgである。飼料設計は、TDN75％、CP16.4％で、NDFは40％である。飼料分析値、飼料の組み合わせ、飼料設計もほぼ妥当で大きな問題はない。当初、エネルギー源としてビートパルプを1kg増給してもらったが、MUNの動きは少なかった。

　毎年6〜8月は粗飼料不足なので、1カ月間、ロールパックサイレージを近所から購入給与した。このサイレージの飼料分析をしなかったが、マメ科が豊富な高タンパク質飼料と推測できた。MUNをモニタリングしながら1カ月後に自家粗飼料に戻したら10mg／dlまで低下したからだ。

　放牧農家が舎飼から飼料中タンパク質の高い青草へ放し、MUNが急激に変動することはある。しかし、サイレージの変更で急激にMUNが上昇することは想定外であった。このことから、栄養価が明確でない購入粗飼料は、分析でタンパク質％を確認しておくべきだ。

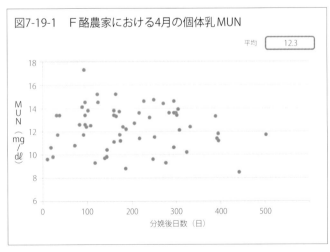

図7-19-1　F酪農家における4月の個体乳MUN

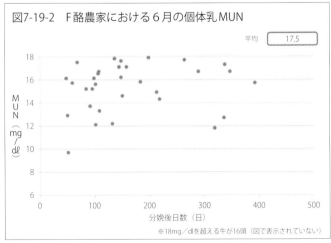

図7-19-2　F酪農家における6月の個体乳MUN

※18mg／dlを超える牛が16頭（図で表示されていない）

20）高MUNは卵巣嚢腫と関連がある

⇒給与飼料のタンパク質の確認を

　疾病の多いA酪農家で毎月、問題点を獣医師と一緒に検討して改善点を見出し、飼養管理改善を行なったことがある。A酪農家は、経産牛75頭、個体乳量1万600kg、タイストール、とうもろこしサイレージ主体TMRである。分娩後の診療依頼が多く、乳熱、第四胃変位、ケトーシスで悩んでいた。指導後は、それらの周産期疾病の発症率だけでなく、診療回数も激減した。さらに、初回授精日数が短くなり、授精回数が減少し、分娩間隔は極端に短くなった。

　A酪農家は、「周産期病が激減して発情行動が顕著になり、受胎頭数が増えた」と喜んでいた。ただ、2週間毎の繁殖検診で卵巣嚢腫が1頭前後であったが、今回は6頭で異常に多かったと獣医師から報告を受けた。問題牛を調べていくと、いくつかの共通点が浮かび上がってきた。

　表7-20-1は、A酪農家における同一月の卵巣嚢腫牛と健康（異常が認められない）で受胎牛のMUNと分娩経過月乳量を示した。卵巣嚢腫牛6頭は3産以上牛の高齢牛で、平均4.0産、分娩後3カ月の日乳量は35～39kgと高かった。MUNは1カ月前16mg／dlで、嚢腫と診断された月は18mg／dlを超えていた。

　一方、健康で初回・2回目に受胎した牛は平均1.6産・3.0産、日乳量は30kg前後で牛群の平均的数値であったが、MUNは授精1～2カ月前まで10～13mg／dlで変動は少なかった。MUNが極端に高い牛（標準偏差から外れた牛）は、繁殖障害等により分娩間隔が長くなっていた。繁殖とMUNの関係を調べた結果、10～14mg／dlの範囲を外れると、卵巣嚢腫や黄体遺残等の危険率が高い〔7-3〕項参照〕。

　卵巣嚢腫は、卵胞が排卵することなく2週間以上長期間存続し、直径25mm以上の異常卵胞である。原因はさまざまであるが、乳量の多い牛、濃厚飼料やタンパク質の多給、ストレスによるホルモンバランスの崩れ等が指摘されている。

　今回、卵巣嚢腫と診断された牛の原因を追及していくと、高産次、高乳量だけではなかった。理論通り、高タンパク質多給でMUNが高くなったことが現場で検証できた。獣医師は繁殖検診等で卵巣嚢腫が続けば、給与する飼料のタンパク質（MUN）を確認すべきであろう（**写真7-20-1**）。

表7-20-1　同一月の卵巣嚢腫牛と初回・2回受胎牛のMUN・乳量の違い

		頭数	産次	嚢腫診断・受胎月の前MUN			分娩後経過月乳量		
				2カ月前	1カ月前	嚢腫診断・受胎月	1カ月	2カ月	3カ月
卵巣嚢腫牛		6	4.0	11.5	15.9	18.3	38.9	34.6	35.6
健康牛	初回受胎牛	7	1.6	10.2	12.7	13.9	30.7	26.3	28.7
	2回目受胎牛	3	3.0	10.7	13.8	14.5	34.8	30.4	32.1

※上記16頭は同時期分娩牛　　　　　　　　　　（頭・産・mg／dl・kg）

写真7-20-1　獣医師は卵巣嚢腫が続けばMUNを確認

第7章 乳中尿素窒素（NUM）からのモニタリング

21）暑熱時はMUNが急激に上昇する

⇒体の異常を示す暑さ対策の徹底を

　ここ数年、温暖化の影響もあり、熱中症で緊急搬送されるヒトの数が増えている。気温上昇は北日本の方が西日本より大きい。ホルスタイン種はオランダが原産で、生活の適温は1〜20℃で暑さが苦手な生き物だ。草食動物が全身毛に覆われているのは、肉食動物からの攻撃に対して、また吸血昆虫や直射日光、寒さから身を護るために進化したものである。逆に、暑熱時に汗をかいても、毛が邪魔して体温を下げる効果は期待できない。

　乳牛が汗をかくのは天敵から逃げる時くらいで、普段はのんびりと歩き、ゆったりと寝転んで生活する。汗をかいても蒸発量はヒトの1／10程度と少なく、発汗による体温調整は難しく、ハアハアとせわしなく呼吸数を上げ、蒸発による熱放射を増やして生き延びている。

　図7-21-1は過去2000年の暑熱年における影響を示しているが、8月は急激に乳タンパク質率が低下し、MUNが高くなっている。このような現象が多くの酪農家で見られ、暑熱対策を取っていない酪農家ほど落差が大きかった。暑熱年2023年8月、北海道全体におけるバルク乳のタンパク質率は低下し、リンクするようにMUNは上昇していた（**図7-21-2**）。

　乳牛は暑熱時に体温が上昇すると乾物摂取量を減らし、熱発生量を抑えようとする。粗飼料の喰い込みが落ち、飼料中タンパク質の高い濃厚飼料のみを採食する。飢餓状態になると、組織タンパクの異化亢進によって、体内でアンモニア生成が行なわれ尿素の合成量を増加させる。唾液分泌は減ってルーメン内pHが低下し、ルーメン内環境が悪化して微生物タンパク質の合成が低下する。暑熱対策が必要とされる目安のTHI（温度と湿度による不快指数）は、以前72であったが、温暖化と高乳量の現在は68になった。

　温暖化は地球規模で起こっており、暑熱対策は大きな課題となっている。ヒトは運動や力仕事等で筋肉を動かすと汗が滲み出る。そうした発汗作用によって体温調整ができるので地球を制覇したともいわれている。MUNが突如上昇するのは牛体の異常を示すもので、体温調整する暑熱対策が必須となっている。

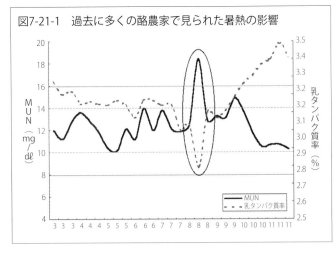

図7-21-1　過去に多くの酪農家で見られた暑熱の影響

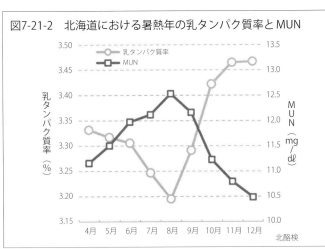

図7-21-2　北海道における暑熱年の乳タンパク質率とMUN

22) 現場でMUNを上手に活用する

⇒酪農家や関係者で使う注意点は

酪農家や関係者がMUNを上手に活用するためのポイントは以下である。

①給与した飼料のタンパク質が期待通り牛の健康と乳生産に反映しているのか。生産量が少ない場合は過剰なタンパク質給与につながりMUNを高め、逆に低い場合は乳生産に結びつかない。

②飼料給与を正確な分析に基づいて細かく設計しているか。タンパク質レベルを調整しても、非分解性が過剰であれば高MUN、ヒートダメージを受ければ低MUNの原因になる。

③TDNとタンパク質のバランスがとれていても、給与順序によってMUNは変化する。繊維、エネルギー、タンパク質をどの順序で行なうか、順序によってルーメン微生物は変動する。

④TMRは均一に混ぜられ、経過時間に関係なく全体の牛が同じエサを喰っているか。エサに穴を開ける選び喰いや、一部の牛が喰べられないことが現場でよく見受けられ、それが個体間の差を大きくする。

＊

MUNを現場で使う際の注意すべき点は以下である。

①MUNは、飼料タンパク質とエネルギーのバランス指標として用いることができる。しかし、飼料が足りない、牛が喰えない、喰える環境でない等、栄養バランス以前を点検すべきである。

②酪農家によって粗飼料基盤と牛群構成はさまざまで、一時期を断片的に見るのは意味がない。MUN変動は、立地、労働及び時期的条件等の理由があり、経時的に数値が安定する管理を見出すべきである。

③MUNだけで判断することなく、乳房の色や張り、ふん、毛づや、肢蹄等のサインを読み取るべきである。また、乳検成績の乳量、乳タンパク質率、体細胞数等の数値を絡ませ、細かな数値にこだわるものではない（**写真7-22-1**）。

＊

北海道では「牛群検定WebシステムDL」が年々バージョンアップされており、随時バルク乳および個体乳の成績が数値及びグラフで読み取れる（**図7-22-1**）。牛群はバルク乳の出荷日毎に乳成分だけでなくMUNの数値を確認できる。個体は検定日毎に個体牛の乳タンパク質率とMUNの分布をグラフで確認できる。さらに、「周産期対策レポート」「ルーメンレポート」「繁殖指標」等、MUNを軸に総合的に活用すべきであろう。

写真7-22-1　MUNを現場で上手に使う

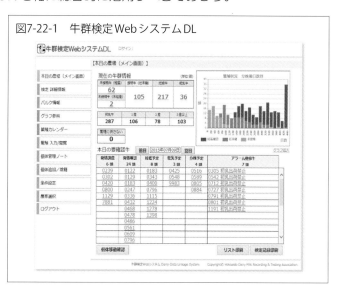

図7-22-1　牛群検定WebシステムDL

コンサルとして生産者へ提言して検討（著者左）

第8章

体細胞数からの
モニタリング

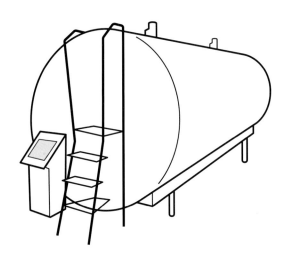

第8章 体細胞数からのモニタリング

1) 乳房炎を数値でモニタリングする

⇒体細胞数は個体、群はリニアスコアで

　牛群の乳房炎感染の状況を数値でモニタリングするとき、体細胞数とリニアスコアの項目がある。バルク乳あるいは個体乳の平均体細胞数が高いとき、それが牛群全体としての問題なのか、体細胞数の極端に高い少数の個体による影響によるものなのかを見極めるべきだ。バルク乳の場合は体細胞数の高い乳を出荷制限（廃棄等）している場合があるので、乳房の健康状態を正確に判断することはむずかしい。

　そこで用いられるのが個体牛の体細胞数とリニアスコアだ。体細胞数は、感染している牛の特定と感染分房数が推定でき、これが増えると個体の体細胞数は増加する。リニアスコアは、群としての管理および感染レベル、乳房炎による損失を算定することができる。

　重要なことは、牛群の平均体細胞数とリニアスコアは必ずしも連動しないということだ。このことをわかりやすく説明するために、二つの酪農家の事例を示す。

	平均体細胞数	平均リニアスコア
A酪農家	20万／ml	3.4
B酪農家	43万／ml	2.6

　A酪農家の平均体細胞数は20万／mlでそれほど高くもなく、一見問題がないように思われる。しかしリニアスコアは3.4で、牛群の半数近くの牛が乳房炎に感染していることがわかる（**図8-1-1**）。一方、B酪農家は平均体細胞数43万／mlと高いが、リニアスコアは2.6とA酪農家と比べて低く、泌乳後期における数頭の極端な高体細胞牛の影響と考えられる（**図8-1-2**）。

　どちらの酪農家が深刻な問題を抱えているかは一目瞭然で、A酪農家は牛群としての問題と判断でき、管理全体を見直す必要があるだろう。B酪農家の場合は、体細胞数の極端に高い数頭の牛に着目し、治療・淘汰すればよい。

　体細胞とは乳汁の白血球と上皮細胞を総称したもので、乳房炎に罹患すると多くなる。牛群検定では乳房炎との関係を整理しており、リニアスコアとは体細胞数を対数変換したもので、一桁の整数で表示したものだ。このように体細胞数は個体、リニアスコアは群として使い分けて判断することが重要である。

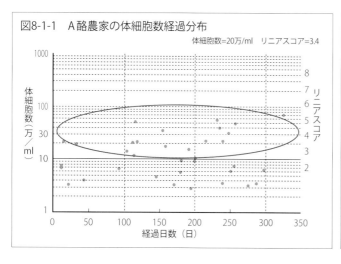

図8-1-1　A酪農家の体細胞数経過分布

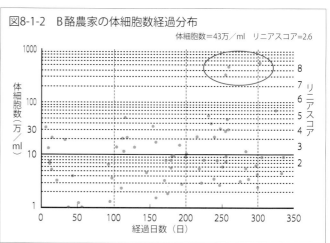

図8-1-2　B酪農家の体細胞数経過分布

2) 分娩直後に体細胞数が増える

⇒初産牛か経産牛で異なる対応を

　経産牛で分娩直後に体細胞数が増える場合は（**図8-2-1**）、乾乳期治療を確実に実施し、衛生的な環境を提供することが重要になる。乾乳期は、乳房炎の新規感染リスクが非常に高くなる期間で、分娩まで細心の注意が必要だ。

　経産牛における乾乳初期は、乳腺退縮までの2週間、乳腺に乳汁が残っていたり、乳頭が洗浄・殺菌されていないと感染に対する感受性が高くなる。乾乳末期は、乳房の張り、漏乳、ラクトフェリン濃度の低下、分娩ストレス等が乳房炎感染の引き金となる。分娩前後は環境変化で抵抗力が弱まり、栄養・社会・環境の変化で周産期病に陥ることも感染の引き金となる。牛床が不衛生であれば当然、感染の機会が増す。これらの新規感染に対するリスク回避と、泌乳期中での感染を完治するためにも、乾乳期治療は全頭・全分房に実施することが推奨されている。

　一方、初産牛で分娩直後に体細胞数が高い場合は（**図8-2-2**）、育成管理が問題で、すでに乳房炎に感染していることが考えられる。米国バーモント州の研究では、育成牛の約30%が妊娠期間中に感染していることが報告されている（J. W. Pankey, 1999）。

　育成牛の多くは、搾乳牛ほど清潔な管理がなされていない。ドロドロのパドックで、ずぶ濡れで立ち尽くしていたり、牛舎片隅に何頭も押し込められている光景は珍しくない。繋ぎ牛床が満杯のため、分娩間近の初妊牛を連れてきて、隣の姉さん牛に威圧され、寝ることもできないケースもある。

　これから牛群を担うべき後継牛は、約2年の育成期間を経て、ようやく経済的な価値が出てくる。ところが、最初の段階から乳房炎に感染しているというのでは、現在から将来の大きな損失につながる。育成牛は、初産分娩月齢を早めるというだけでなく、施設や換気等の環境改善と配慮が必要である。

　なお、子牛は母牛との同居期間が長いほど細菌汚染に晒され、初乳のIgG吸収効率を低下させる。IgGが腸管内で細菌と結合したり、細菌がIgGの代わりに吸収されたり、細菌が腸管粘膜上皮を破壊したりする。分娩時における周辺環境は、母牛の乳房炎感染に影響するだけでなく、子牛の免疫機能まで影響することがわかった。酪農家個々における移行期の1頭当たりスペースや、牛周辺の衛生環境には大きな差がある。分娩直後の乳房炎感染は、初産牛と経産牛に分けて原因と対応策を立てるべきだろう。

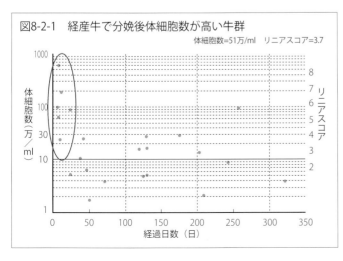

図8-2-1　経産牛で分娩後体細胞数が高い牛群

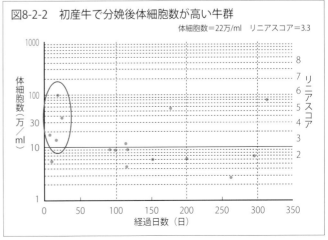

図8-2-2　初産牛で分娩後体細胞数が高い牛群

3）乾乳期間に感染・治癒している

⇒乾乳から分娩まで細菌侵入が

　乳房炎は一乳期全体で感染しやすいわけでなく、乳を遮断もしくは排出した数日間が最も感染しやすい。乾乳開始時や分娩前は乳房が張り、乳頭口は開き気味で、細菌が侵入しやすくなるからだ。北海道では「牛群検定WebシステムDL」の「周産期対策レポート（牛群）」で、前乳期の泌乳末期から今乳期の泌乳初期における乳房炎の罹患・治癒状況を把握できる。

　前乳期の泌乳末期から今乳期の泌乳初期における乳房の健康状態を、2産、3産以上牛別に図で示している。X軸は乾乳前（前乳期最後の検定）、Y軸は分娩後（今乳期最初の検定）で、体細胞数28.3万個／ml以上のリニアスコア（以下、RS）5で4区分したものだ。左下区は乾乳前も分娩後も良質乳（北海道72%）、左上区は乾乳前が良質乳だが分娩後は乳房炎（同10%）、右下区は乾乳前が乳房炎だが分娩後は良質乳（同14%）、右上区は乾乳前も分娩後も乳房炎である（同4%）。

　以下の酪農家2戸は経産牛300頭を超える高泌乳大型経営で、そこでの乾乳を挟んだ乳房の健康状態（直近6カ月）を示した（周産期乳房管理グラフ）。**図8-3-1**は、個体乳量1万1000kg、バルク乳体細胞数19万個で、乳質はほぼ北海道の平均に近い酪農家だ。左下区が76%、左上区が13%、右下区が8%、右上区が3%であった。RS5以上は、乾乳前14頭、分娩後21頭で、およそ1.5倍で乾乳期間中に罹患していた。

　図8-3-2は、個体乳量1万2000kg、バルク乳体細胞数11万個で、乳質は良好な酪農家だ。左下区が78%、左上区が14%、右下区が6%、右上区が2%で、全体的に体細胞数が低い。

　オランダでは「New High SCC」が示されている。これは体細胞数（SCC）が、乾乳前は低く、分娩後に高い現象を示す。計算式は「乾乳前にSCCが低いが分娩後高くなった牛の数／乾乳前にSCCが低い牛の数」。乾乳期の乳房炎コントロールの指標であり、オランダ酪農家588戸の調査結果は0.1～0.3が多かったが、0.4～0.6を示す酪農家もあった（Krattley, 2021）。

　牛床の乾燥を保ち、乾乳時は軟膏だけでなく乳頭口をシールド（被覆）して細菌感染を防ぐことが推奨される。フィルムテープと布テープで2重にテーピングしたら、1週間後の乳頭表面の菌数は無処理の乳頭に比べ減少した（道畜試、2010）。乾乳期間は、飼養密度を低くして、頻繁に除ふん、敷料を豊富に投入して、周辺を清潔にすべきだ。

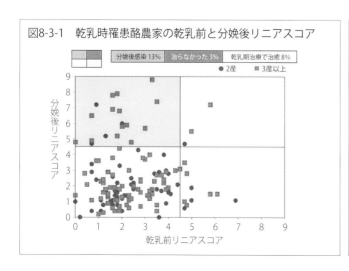

図8-3-1　乾乳時罹患酪農家の乾乳前と分娩後リニアスコア

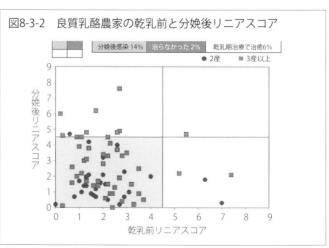

図8-3-2　良質乳酪農家の乾乳前と分娩後リニアスコア

4）過肥牛は高体細胞数の傾向にある

⇒分娩直後のミルカーの調整を

　乳房炎感染は一乳期全体ではなく分娩前後に集中するが、酪農家単位で見るとどうなのだろうか。北海道における大型経営30戸（年間平均分娩数193頭）の、乾乳前（前乳期最後の検定）と分娩後（今乳期最初の検定）の体細胞数28.3万個／ml以上のリニアスコア（以下、RS）5以上の牛割合で分析をした。

　図8-4-1は、乾乳前RS5以上牛割合と、分娩後RS5以上牛割合の関係を示している。相関は弱いものの、乾乳前に乳房炎の多い酪農家は分娩後も多く、乾乳前に乳房炎が少ない酪農家は分娩後も少ないことがわかる。乾乳前RS5以上の乳房炎罹患牛は、分娩頭数に対し平均4.4%（0～9%）、分娩後RS5以上の乳房炎罹患牛は平均10.6%（3～23%）で大きな差があった。

　分娩後RS5以上牛の割合は、乾乳前RS5以上牛の割合と比べて6.2ポイント高かった。つまり、乾乳期間で治癒する牛より、乾乳から分娩後1回目の検定までの間に感染する牛が多いことを意味する。乾乳前RS5以上は25頭だったが、分娩後は71頭まで増え、2.8倍の牛が感染している酪農家もあった。

　図8-4-2は、分娩間隔455日以上牛を過肥牛として、その割合と分娩後RS5以上牛割合の関係を示している。相関係数は高く、過肥牛が多い酪農家は分娩後の乳房炎が多く、逆に適度なボディコンディションを維持している酪農家は分娩後の乳房炎が少ない。過肥牛の割合が20%の酪農家は、分娩後に13%罹患している。過肥牛は、分娩後の乾物摂取量が他牛と比べ落ち込み期間と度合が大きく、周産期病が多発し、免疫力が低下するからと考えられる。

　ある良質乳酪農家は、搾乳中止数日前に泌乳期用軟膏を注入し、その4日後にPLテスターで確認し、結果が悪ければ再度注入していた。さらに、分娩後初めて搾乳するときは、整備されたバケットミルカーで行なうことが重要だという。

　北海道の酪農家6000戸のミルカー点検をしたら、改善を指摘された項目は、真空度41%、調圧性能27%、エアー漏れ37%であった（北海道乳質改善協議会）。毎日使用しているミルカーであっても性能が十分でないことがある。特に、分娩直後に搾乳するときは、ミルカーの調整等、特段の注意が必要だ。

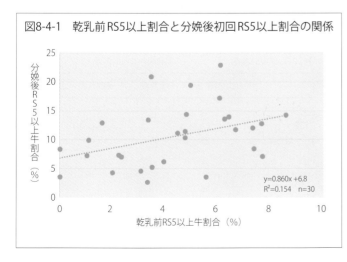

図8-4-1　乾乳前RS5以上割合と分娩後初回RS5以上割合の関係

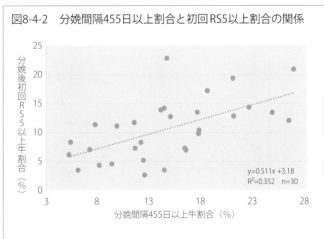

図8-4-2　分娩間隔455日以上割合と初回RS5以上割合の関係

5）泌乳初期は免疫低下で乳房炎になる

⇒分娩前後はストレスを最小限に

乳房炎は一乳期で平均的に発生するのではなく、分娩後で集中的に起きている。**図8-5-1**は経過日数別の急性乳房炎発生推移を示したが、640頭中、分娩後20日以内が168頭で26％、30日以内が247頭で39％占めている。

牛にとって分娩・泌乳という仕事は凄まじく、そのうえ環境と飼料が急激に変わる。これらはすべてストレスになり、乳房炎だけでなく、あらゆる疾病が絡んでくる。牛の免疫システムは分娩前後1週間ほど抑制され、バクテリアを殺す好中球の能力が低下している。しかも泌乳準備と低カルシウム血症等で、乳頭括約筋の閉鎖を阻害する可能性が高い。

表8-5-1は、分娩後30日以内の初回疾病が、次の疾病にどのように関連するかを調べたものである。乳熱に罹患した牛は次に乳房炎34％、産褥熱や難産等も次に乳房炎35％と高かった。当然、初回が乳房炎であれば次の疾病も乳房炎59％と極端に高い数値であった。

乳牛は分娩後、免疫低下に陥り、血漿コルチゾールが5～7倍に増加して乳房炎の発症率が高くなる。乳熱を発症した牛は乳房炎発生率が8倍以上に、ケトーシスは発生率2倍以上に、双子・難産・後産停滞も発生率が高くなる（J. P. Goff & Kimura, 2002）。

第四胃変位にかかった83頭における1カ月以内の乳量・乳成分を調べたら、分娩後30日以内の第四胃変位牛は健康牛（カルテなし1400頭）と比べ、乳量は5.9kg低く、体細胞数は6万個も高かった。

牛が自然界で分娩するときは、外敵から見えない場所で、きれいなところを選ぶ。人工的施設（畜舎）の場合、牛床が汚いと分娩をためらい、しばらく胎子をお腹の中に入れておく。敷料を交換すると、待っていたかのように分娩が始まるのは、子牛を細菌から守るための本能で、牛は敏感である。

劣悪な牛舎環境は乳房炎起因菌の温床となることはもちろん、牛にストレスを与え、抵抗力を弱め、病気にかかりやすくなる。分娩を終えて、これから泌乳というときに、乳房炎の治療に終始するようでは莫大な損失だ。分娩前後はストレスを最小限に抑え、免疫低下による乳房炎リスクを下げるべきだ。

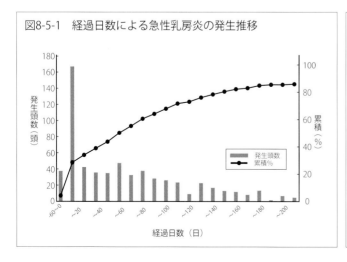

図8-5-1　経過日数による急性乳房炎の発生推移

表8-5-1　分娩後30日以内における初回疾病と次の疾病

分娩後30日以内初回疾病		同乳期の次期疾病（％）		
病名	頭数（頭）	乳房炎	運動器	消化器
乳熱	79	34	20	14
産褥熱・難産など	68	35	15	25
ケトーシス・低カル	28	18	21	7
消化器	45	18	18	18
乳房炎	68	59	13	7

6）乳質は繁殖と密接に関連する

⇒健康を維持して免疫力の高まりを

　酪農経営は多くの技術から成り立っているが、分類すると乳量、乳質、繁殖、疾病の4項目に集約される。各項目は複雑に絡み合っており、その中でも乳質と繁殖は密接に関連している。

　A酪農家は、経産牛209頭、フリーストール、ミルキングパーラーで、地域のリーダー的存在だ。個体乳量は1万304kg、体細胞数9.2万個で乳質良好だ（**図8-6-1**）。経過月別に見ても、乳房の健康な牛（リニアスコア2以下）が67％で、乳房炎と推測できる牛（同5以上）は5％前後だ。バルク乳体細胞／検定体細胞（比率）は97％でほぼ一致し、過去数年にわたり体細胞数10万以下である。牛群構成は、1産36％（北海道33％）、2産27％（同26％）、3産以上牛37％（同41％）で大きな違いはない。搾乳機器や搾乳手順も特別なものはない。

　そこで、その酪農家に、なぜ乳質が良いのかを聞いたところ、「特別なことは何もしていない。繁殖をうまく回すことを第一に考えている」との返答だった。繁殖成績は、初回授精日数68日（北海道88日）、発情発見率44％（同37％）、妊娠率22％（同15％）、受胎率は初回50％（同37％）、2回目以降60％（同45％）。結果として、空胎日数は97日（同148日）、200日以上空胎日数割合は2％（同18％）で極めて良好だった（**図8-6-1**）。

　図8-6-2は、一地域における酪農家181戸の年間平均体細胞数と分娩間隔を調べたもので、それなりの関係が認められる。体細胞数10万であれば分娩間隔410日、30万であれば433日、50万になれば457日になっている。

　乳質改善というと、前搾り、乳頭清拭、ミルカー装着、離脱、ディッピング等、立会を通して数多くの指導項目が並ぶ。さらに、牛床や通路の快適性、ベッドメイキング等、周辺環境にも及ぶ。乳房炎と繁殖は無関係と思いがちだが、乳房は性ホルモンの支配を受け、乳房炎という炎症があれば生殖器に絡んで繁殖に影響を及ぼす。

　飼料設計等の栄養管理指導をしていると、乳量が増えるだけでなく、発情行動が顕著になり、初回授精が早まり受胎率が高まる。そして、牛が健康になり乾物摂取量が増えることで、細菌の侵入を防ぐ能力、いわゆる免疫力が高まり、乳房炎が減り、体細胞数が低くなる。乳質と繁殖は単独で考えがちだが、両者は密接に関連しており、その根本には牛の健康がある。

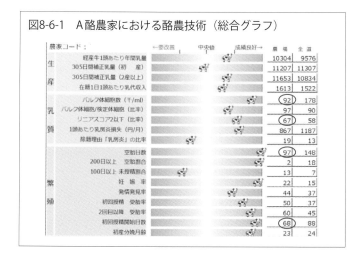

図8-6-1　A酪農家における酪農技術（総合グラフ）

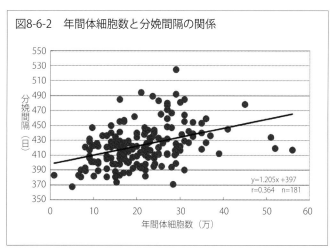

図8-6-2　年間体細胞数と分娩間隔の関係

7) 泌乳初期の高体細胞数は繁殖に悪影響だ

⇒分娩時のトラブルを少なくすることが

　著者らは酪農家・授精師・普及員と、乳牛が劇的に変化する泌乳末期から乾乳期、泌乳初期の様子を2年間モニターしたことがある。対象は2産以上の同一牛で月2回、体重、ボディコンディション・スコア、乳量、乳成分等を継続的に測定追跡した。

　表8-7-1は、モニター8カ月後における受胎状況、分娩後の体細胞数、乳房炎発症率、除籍割合を示している。受胎した牛10頭の分娩後3カ月以内の体細胞数は7万以下だったが、不受胎牛の22頭は総じて高かった。30万以上の回数割合は受胎牛ゼロに対し、不受胎牛15.5%であった。乳房炎発症は受胎牛10%に対し、不受胎牛38%、除籍割合は受胎牛ゼロに対し、不受胎牛9.5%だった。

　表8-7-2は、モニター1年後における分娩後150日以内に受胎した早期受胎牛17頭（空胎日数86日）、不受胎もしくは150日以降で受胎した長期不受胎牛20頭の分娩状況と疾病を示している。早期受胎牛は自然分娩が93%で（不受胎もしくは長期不受胎牛80%）、難産・双子7%（同20%）、死産7%（同15%）、獣医師による乳房炎治療18%（同35%）とトラブルが少なかった。

　初回種付け前に臨床型乳房炎を発症した牛は、初回授精日数が71日から94日と23日遅くなった。初回種付け後に臨床型乳房炎を発症した牛は、受胎までの授精回数が2.9回で、発症しなかった牛の1.6回より多かった（Hockett, 2001）。

　乳腺細胞という一局所の炎症が体全体を蝕み、乳頭から遠い卵巣や卵胞にまで影響することがわかった。初産牛における分娩後100日以内の乳房炎は2割ほどあり、体細胞数30万以上の回数が多いほど早い除籍につながり、生産寿命が短くなる傾向を示した。

　乳房炎は一乳期のうち平均的に発症するのではなく分娩後集中的に起き、泌乳初期の高体細胞数は繁殖に悪影響だ。牛にとって出産・泌乳という仕事は凄まじく、環境と飼料が急激に変わり、すべてストレスとなり、他の疾病も絡んでくる。乾乳から泌乳初期の飼養環境は清潔度を高め、管理を徹底して分娩トラブルを少なくすることが早期受胎にもつながる。

表8-7-1　受胎状況と体細胞数・乳房炎・除籍割合（活動8カ月後）

受胎状況	頭数（頭）	体細胞数（万）				乳房炎発症率（%）	除籍割合（%）
		1カ月目	2カ月目	3カ月目	30万以上回数割合（%）		
受胎牛	10	6.7	4.6	4.1	0	10	0
不受胎牛	22	13.6	58.9	13.7	15.5	38	9.5

分娩後平均162日時点、受胎は確認ができた牛で空胎日数90日

表8-7-2　早期受胎牛と不受胎・長期不受胎牛における分娩状況と疾病（活動12カ月後）

受胎状況	頭数（頭）	分娩状況（%）			胎盤停滞24時間以上（%）	疾病（%）				蹄冠		飛節	
		自然	難産・双子	死産		低カル・四変・ケト	乳房炎	肢蹄病		平均スコア	1の健康牛割合（%）	平均スコア	1の健康牛割合（%）
早期受胎牛	17	93	7	7	0	24	18	18		2.1	46	2.3	30
不受胎・長期不受胎牛	20	80	20	15	35	35	35	35		2.0	43	2.6	7

早期受胎牛は分娩後150日以内に受胎、不受胎・長期不受胎牛は受胎していないもしくは分娩後150日以降受胎

8）乳期が進むと体細胞数が増える

⇒過搾乳を少なく乳頭先端を健康に

　搾乳はオキシトシンの助けを借りることで、乳頭に与えるダメージを少なくしてスムーズに行なうことができる。オキシトシン放出前に搾乳を始めたり、あるいは放出が終わってからも搾乳し続けることで過搾乳を引き起す。搾乳中はライナーが一定の間隔で開閉し、搾乳期と休止期を交互に繰り返す。休止期におけるライナーの閉鎖が不完全であれば、乳頭は搾乳中ずっと陰圧に曝されることになり過搾乳と同じ状態になる。

　過搾乳が続くと乳頭口周辺はしだいに白輪・角化し、さらに進行するとひび割れて傷口となる（**写真8-8-1**）。こうしてできた傷口には細菌が定着しやすくなり、乳房炎感染の機会が増える。過搾乳が問題となっている牛群では、泌乳後期牛ほどその傾向が強くなる。

　図8-8-1に示した牛群のように、乳期が進むにつれて体細胞数が高くなる場合は過搾乳が疑われ、搾乳時間と乳頭先端の状態を定期的にチェックすべきである。過搾乳を引き起こしている搾乳作業上の注意点として、ユニット装着前の刺激が不十分、乳頭刺激からミルカー装着までの時間が短い、乳が出終わっているのにミルカーを付けたまま、過剰なマシンストリッピング、エアーが完全に遮断されていないうちにユニットを外す（ひったくり）等がある。

　搾乳機器の問題点は、第一に、産乳量を制限するような低能力なシステムだ。いわゆる「搾り切りが悪い」システムで搾乳時間が長くなることは、高めの陰圧で短時間に搾り切るよりも乳頭にダメージを与える（A. P. Johnson, 1999）。第二に、パルセータの不調か、ライナーやチューブの劣化で、十分な乳頭マッサージが行なわれないこと。第三に、自動離脱装置の搾乳終了流量と離脱時間（遅延時間）の設定である。

　最近の自動離脱装置は、離脱までの乳流量が増え、離脱までの時間は短縮し、完全に搾り切らないようにしている。特に、2回搾乳より3回搾乳は乳頭先端のダメージが大きいので普及してきた。旧世代の離脱装置は終了流量が少なく、離脱までの時間が長いことから注意が必要である。

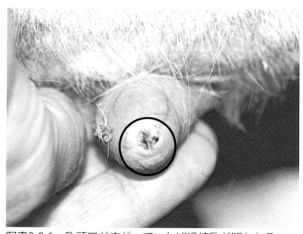

写真8-8-1　乳頭口が広がっていれば過搾乳が疑われる

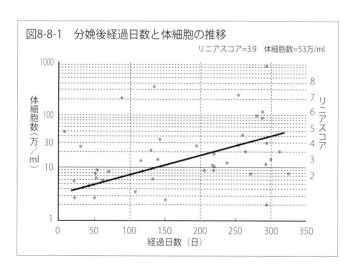

図8-8-1　分娩後経過日数と体細胞の推移

9）産次が進むと体細胞数が増える

⇒酪農家間で快適性に大きな違いが

　牛の年齢（産次）が進むほど疾病も多くなり、乳房炎にかかる確率が高くなる。体細胞数30万以下の牛群割合は、初産牛88％、2産84％、3産78％、4産73％、5産以降69％であった（著者）。統計的に、高産次になるほど体細胞数の数値が高くなることは間違いない。

　図8-9-1は、酪農家単位で乳腺健康割合（体細胞数30万以下牛）を、初産牛と5産以降牛とで比較したものである。地域全体78戸では初産牛で94％、5産以降で83％だが、良質乳生産農家5戸は初産牛で96％、5産以降で93％だった。しかし、乳房炎が多い非良質乳生産農家5戸は初産牛で90％、5産以降で69％と激減していた。

　酪農家単位でX軸を産次、Y軸を体細胞数とした関係を見ても、直線の傾く角度が変わり、良質乳生産農家ほど傾斜が緩やかで、非良質乳生産農家は傾斜が急激である。このことは、酪農家個々の飼養環境や管理によって体細胞数の増え方に大きな差があることを示唆している。せっかく高価な初妊牛を導入しても（あるいは潜在能力の高い初妊牛が上がってきても）、飼養環境が悪ければ、初産牛でも体細胞数100万を超える牛が出てくるということだ。

　図8-9-2は、分娩後30日以内で急性乳房炎に感染した牛と健康牛（疾病記録のない牛）の、経過日数別リニアスコアの推移を示したものである。乳房炎に感染するとリニアスコアは60日以内で0.5以上高くなり、その後は縮まっていくが、泌乳後期まで交わることがなかった。一乳期における平均リニアスコアは健康牛2.7だが、急性乳房炎3.1であった。乳房炎に感染した牛はその後においても、再度乳房炎になる割合が高いことが考えられる。酪農家個々で飼養環境により牛の快適性に大きな違いがあり、それが乳質に影響している。優れた飼養環境とは「清潔（クリーン）」「乾燥（ドライ）」「快適（コンフォータブル）」である。

　アニマルウェルフェアとは、「家畜を快適な環境で飼うことで家畜が健康になり、安全・安心な畜産物の生産につながる。また、家畜の持っている能力を最大限に発揮させることにより、生産性の向上へ結びつく」ことである。飼養環境を改善して乳房炎感染リスクを下げ、良質な生乳をたくさん生産することは、消費者への酪農イメージ向上にもつながる。

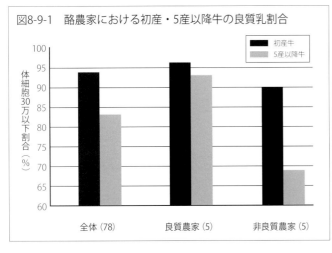

図8-9-1　酪農家における初産・5産以降牛の良質乳割合

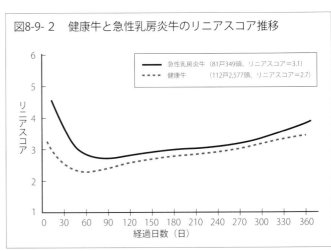

図8-9-2　健康牛と急性乳房炎牛のリニアスコア推移

10）季節によって体細胞数が増える

⇒バクテリアの生息域の制限を

　長雨が続き湿度と気温が高い時期は、環境性のバクテリアによる乳房炎感染の危険性が増す。手入れが行き届かずにふん尿で汚れた牛床、換気の悪い牛舎であれば、危険はさらに加速する。なぜなら、これらはバクテリアが増殖するのに最も適している環境であるからである。酪農家によって体細胞数が高くなる季節があり、それなりの理由があるようだ。

　パドックを利用している酪農家では、春先の雪解け時期や長雨の時期等、排水が不十分で泥濘の環境によって乳房炎の発生が多くなる（**図8-10-1**）。春先はパドックの整備をするか、水分を多く含む泥濘化した場所には牛を通さない、出さない。高温・多湿な時期は換気扇で送風し、敷料の手入れをこまめに行ない乾燥化してバクテリアの生息域を制限する等、対策を徹底すべきである。

　夏季は猛暑が続くと暑熱ストレスが加わり、牛自身の免疫機能が減少し、乳房炎感染が激増する（**図8-10-2**）。そのなかでも、暑熱の影響を強く受けた酪農家は、その後の対応で夏以降も回復せず体細胞数は高く推移する（**図8-10-3**）。

　乳房炎の感染源はバクテリアで、それを牛の周辺から少なくすることで、感染の機会を減らすことができる。環境性乳房炎の原因菌は一般的に感染力が弱く、菌数が極端に増えなければ感染の恐れは少ない。年間を通してバクテリアが好まない環境にすること、言い換えれば、乳牛が最も好む「乾燥」「清潔」「快適」な環境にすることである。乳牛の安楽性（カウコンフォート）は乳生産を高めるためだけではなく、乳房炎防除の観点からも重要である。

　一方、とうもろこしの播種、一番草の収穫、労働力の過不足など、人にとって多忙な時期は管理が疎かになる。環境性乳房炎は伝染性乳房炎と異なり、牛と人側に季節によって差がありそうだ。

　いずれにしても、酪農家個々で季節によってバクテリア感染力や牛周辺の快適性は異なるので、体細胞数が増える時期を見極めて対応することも必要である。

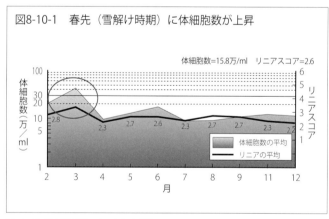
図8-10-1　春先（雪解け時期）に体細胞数が上昇

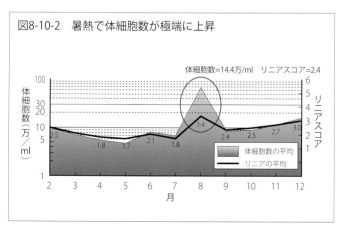
図8-10-2　暑熱で体細胞数が極端に上昇

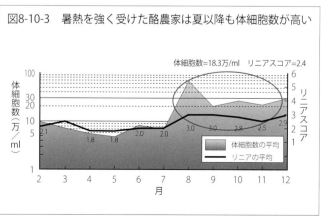
図8-10-3　暑熱を強く受けた酪農家は夏以降も体細胞数が高い

11）気温と体細胞数はパラレルだ

⇒夏場に反応するのは乳房炎が

　ここ数年、温暖化の影響もあり、暑熱が乳牛に与えるダメージが極めて大きくなってきた。冷涼な北海道でも猛暑に見舞われ、乳生産に大きな影響を与える。乳用牛の日射病・熱射病発生頭数350頭、死廃頭数155頭と平年に比べて極端に多かった年があった。乳量は暑熱期だけでなく、気温が低下した以降もストレスの回復が見られず伸び悩んだ。

　その年の北海道における5000戸・35万頭の体細胞数を月別に見ると、年間の平均体細胞数21万、リニアスコア2.6であるが、7～9月まで上昇していた。図8-11-1は最高気温と体細胞数の関係で、気温が高くなると1～2旬遅れて体細胞数も増えパラレルだ。しかも10月は気温が低下しているにもかかわらず、体細胞数は減っていない。

　例年であれば気温の下がる夜に食欲を回復させていたが、暑熱年は夜間も高温で、昼間に低下した採食量をカバーできなかった。ゆえに、最高気温より最低気温の方が、体細胞数と連動していると思われた。さらに、突発的に気温が上昇しても体細胞数への影響は少なく、高温がジワジワと長期間続くことの方が牛へのストレスとして大きい。

　牛は体温が上がることで分娩時にバテてしまい、酸化ストレスが増えることが明らかになった。摂取したエネルギー源を呼吸で取り込んだ酸素を使って燃焼させ、細胞の増殖や、心臓・消化管・筋肉の運動によって生命維持活動を行なっている。その過程で酸素は水と二酸化炭素になるが、数％は完全に反応せずに、不安定な活性酸素という、相手を錆び（酸化）させてしまう物質となり、暑熱時に漏れ出す量が増える。

　図8-11-2は、フリーストールО酪農家における、換気扇導入前後の体細胞数30万以上の割合だ。導入前は25％だったが、導入後は13％に激減している。換気扇導入によって暑熱が緩和され、快適になっていることを物語っている。

　最近はHVLS（大容量低速）ファン、パネルファン、サイクロンファンが進化してきた。また、各地域でトンネル換気や扇風機の台数を増やしてきたが、今なお不足していたり、対応時期が遅れたりしている。早くから暑熱対策を徹底すべきだ。

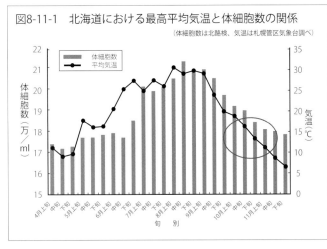

図8-11-1　北海道における最高平均気温と体細胞数の関係
（体細胞数は北酪検、気温は札幌管区気象台調べ）

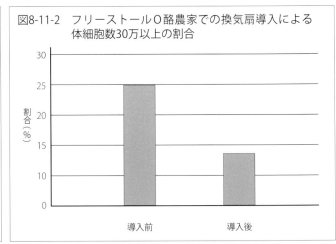

図8-11-2　フリーストールО酪農家での換気扇導入による体細胞数30万以上の割合

12）牛周辺の清潔度が体細胞数に影響する-1

⇒牛はきれい好きという認識が

　自然界の草食動物はきれい好きな生き物で、テレビを見ていてもふんの鎧（よろい）をつけた姿はない。乳牛は、舎飼いから放牧に移行すると体の汚れが少なくなり、白黒の斑紋がくっきりして美しくなる。人工的施設で飼養されていても、牛は清潔かつ乾燥している場所に集中し、敷料を交換すると飛び跳ねて喜ぶ。

　牛は排ふん・排尿する際、尻尾を上げて背中を丸め、後肢を前方に突き出してふん・尿を遠くへ飛ばして体に付着しないようにする。疾病牛は時折寝ながらふんをするが、尿を垂れ流す姿は見たことがない。健康であれば、体に付着したフケやゴミをはじき落とし、毛づやはピカピカに光っている。

　表8-12-1は、乳質の優秀な酪農家5戸と北海道全体の成績を比較している（2010年）。経産牛頭数、個体乳量、繁殖（分娩間隔）、牛群構成（平均産次）、施設（フリーストールか繋ぎ）に一定の傾向は見られない。リニアスコア2（体細胞数7万）以下は北海道52％だが、乳質優秀な酪農家は7割を超えていた。リニアスコア新規5（体細胞数28万）以上は北海道11％だが、優秀酪農家は4％前後と極端に低い。新規5以上が1割以上であれば牛を特定することはむずかしいが、この程度であれば個体を特定しやすい。乳房炎の頭数が少ないから時間的な余裕ができ、早期発見・早期治療が可能になるともいえる。

　乳質優秀5戸の現場を確認したところ、共通していたのは、牛が非常に清潔で、住宅や牛舎周辺も整理整頓されていたことだった。牛舎通路は乾燥しており、牛床に敷料を定期的かつ豊富に投入し、牛床後部に消石灰を撒き、ベッドメイキングや除ふん作業がきちんと行なわれていた。

　搾乳フィルターソックスの汚れ具合は、牛体及び乳頭清潔の良い指標となる。お金がかからず、リアルタイムでわかる有効な方法だ（**写真8-12-1**）。大型酪農家では、搾乳作業は従業員やパートさんに任せている場合がほとんどで、乳頭清拭が正しく行なわれているか不安になる。オーナーは搾乳後にフィルターソックスを確認すべきである。

　乳房（前後・乳房底・乳頭）および後肢下部（飛節から蹄まで）の汚れと体細胞数の関係はパラレルだ。乳房の毛を刈って汚れを少なくすると、搾乳作業が速くなる。「牛はきれい好き」という認識を持ち、清潔を維持することで、体細胞数が減ることは間違いない。

表8-12-1　乳質優秀な酪農家5戸と北海道の成績

農家	経産牛頭数（頭）	個体乳量（kg）	平均体細胞数（万）	リニアスコア 2以下	リニアスコア 新規5以上	分娩間隔（日）	平均産次（産）
A	142	8815	8	76	2	423	2.8
B	95	8623	4	75	4	410	2.8
C	57	9176	10	78	4	415	3.1
D	135	10908	10	75	5	397	2.8
E	57	11248	7	71	4	411	3.3
北海道	70	8816	20	52	11	426	2.8

（2010年）　　　　　　　　　　リニアスコア2は7万、5は28万

写真8-12-1　清潔度をフィルターソックスで判断する

13）牛周辺の清潔度が体細胞数に影響する-2

⇒解決は牛周辺の環境改善を

図8-13-1は一つの地域（農協）における年間の平均体細胞数で、本年と昨年の2年間の関係を示している。今年の体細胞数が低い酪農家は昨年も低く、今年の体細胞数が高い酪農家は昨年も高い関係にあった。生菌数と体細胞数の関係も、ほぼ同様な傾向だった。

昨年は順調だったが今年は突然の乳房炎に悩まされ、計画生産乳量を搾れなかったという話も聞く。しかし、乳質は酪農家によってほぼ固定されており、牛および搾乳システムを変えないかぎり大きな違いはない。乳質は管理する「人」という要素が大きく影響しており、すべての技術に連結しているからだ。

北海道のある地域では年2回の環境美化コンクールを実施し、点数をつけて審査を行なっている。配点は、住宅周辺30点、畜舎周辺25点、生乳処理室20点、牛床その他25点である。**図8-13-2**は、酪農家単位での環境美化コンクールの点数と年間平均体細胞数の関係を示している。環境美化の点数が低い酪農家は年間の体細胞数が高く、点数が高い酪農家は年間の体細胞数が低い。住宅がきれいであれば、畜舎や牛だけでなく敷地内もきれいで、環境整備を十分に行なっている酪農家ほど、乳質は良好に推移していることがわかる。

体細胞数の低減を根本から解決するためには、
①住宅および畜舎周辺は舗装して堆肥やサイロの作業場と分離し、れき汁を流さない。
②パドックや通路は土や砂を投入し、排水処理をしながら乾燥させる。
③牛舎内の牛床や通路は積極的に換気し、乾燥した敷料を大量に投入する。

本来、乳質を改善する手段としては、ペナルティ等で行なうものではない。良質乳生産は、搾ったすべての乳をバルク乳へ投入して、そのうえで体細胞数が低いことが前提だ。

ここ数年、北海道から都府県への生乳移出量が増え、生クリーム需要も急激に拡大してきた。酪農家はこの背景を理解して、先の前提に従った乳質改善に努めるべきだろう。第三者が見て牛周辺の環境が清潔でなければ、体細胞数を低下させることはむずかしい。

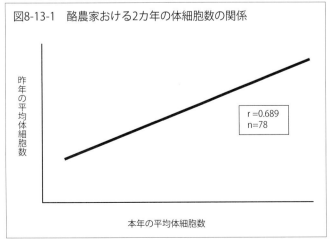

図8-13-1　酪農家おける2カ年の体細胞数の関係

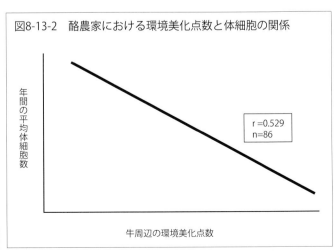

図8-13-2　酪農家における環境美化点数と体細胞の関係

14) 分娩が続くと体細胞数は増える

⇒乾乳から分娩スペースの確保を

　分娩する牛の数は毎月一定であることが望ましいものの、牛は生き物であり、月別に変動する（偏る）のは当然だ。しかし、乾乳施設や分娩場所のスペースは同じであるため、分娩頭数が一気に増えるとトラブルが生じる。

　H酪農家は、経産牛111頭、個体乳量1万90kg、体細胞数27万、リニアスコア3で地域を牽引する酪農家だ。**表8-14-1**は、H酪農家の暦月別分娩頭数と乳質の関係を乳検成績（牛群全体）で示している。10月は分娩頭数12頭と多く、体細胞数45万、リニアスコア3.6、新規5以上30％であった。しかし6月は分娩頭数4頭と少なく、体細胞数19万、リニアスコア2.8、新規5以上11％であった。2月は分娩頭数6頭のうち初産牛が4頭で、リニアスコアや新規感染が低かった。つまり、分娩頭数が多い月ほど体細胞数が高く、衛生的乳質が悪い傾向を示した。

　一方、**表8-14-2**は、H酪農家の97頭における産次別・分娩後日数別の乳質の推移を示している。初産牛（1産）は分娩後日数に関係なく、体細胞数は一桁、リニアスコア3.0以下、新規5以上ほぼ0％であった。しかし、分娩頭数が集中した2産以上牛は、49日以内の体細胞数143万、リニアスコア4.7、新規5以上53％と極端に悪い。それ以降は、体細胞数30万台、リニアスコア3.7で、分娩直後が極端に高かったことがわかる。

　これらのことから、育成舎で分娩する初産牛と比べ、乾乳舎は分娩が重なれば過密になり、2産以上牛の分娩後45日以内は体細胞数が増える。乾乳から分娩にかけて牛床や飼槽、水槽に余裕がないとストレスが増し、乳熱、ケトーシス、脂肪肝、第四胃変位等の周産期病が多くなる。とくに乳熱は、血中カルシウム濃度が低下して平滑筋の動きが鈍くなることから乳房炎を発症しやすくなる。

　月別に分娩頭数が大きく変動すると体細胞数に違いが出るうえに、牛の体調を崩すリスクが高くなる。乳質は、毎月の分娩頭数という単純な数値も関連している。乾乳から分娩のスペースを十分に確保し、敷料、換気、乾燥、乳頭がきれいになっているか、新鮮なエサを喰べているか等の確認が、良好乳生産へ導くことになる。

表8-14-1　H酪農家における分娩頭数と乳質の推移

	月	10	12	2	6	8	年間
頭数	分娩頭数（頭）	12	13	6	4	11	105
	内初産牛（頭）	2	1	4	1	0	31
乳質 （牛群全体）	体細胞（万）	45	30	26	19	41	27
	リニアスコア	3.6	2.9	2.9	2.8	3.3	3
	新規5以上（％）	30	12	10	11	15	12

表8-14-2　H酪農家における産次別・分娩後日数別乳質の推移

産　次	1産					2産以上				
分娩後日数	～49日	50日～	100日～	200日～	300日以上	～49日	50日～	100日～	200日～	300日以上
頭数（頭）	1	6	9	7	5	15	8	18	18	10
日乳量（kg）	31	34	30	28	22	30	37	38	31	26
体細胞（万）	7	4	10	9	12	143	13	39	34	23
リニアスコア	3	1.7	1.7	3	2.8	4.7	2.1	3.7	3.7	3.6
新規5以上（％）	0	0	11	0	0	53	13	33	22	30

全頭＝97頭

15）降雨が続くと体細胞数は増える

⇒パドックや放牧地の整備を

　F酪農家は、経産牛100頭、個体乳量9090kg、体細胞数25万、分娩間隔432日で、牛を大切にしたいということから寿命が長く、平均産次は3.0産であった。ある日、乳質が悪くなったことから原因追求の依頼を受け、ミルキングシステム、搾乳手順や手法等を調べたが問題はなかった。

　体細胞数を経時的に見たところ、他の酪農家と異なり、突発的に数値が増えることが懸念された。施設はフリーストール牛舎で、いつでも自由にパドックへ出入りできるレイアウトであった。パドックには草架が設置されており、ロールパックサイレージの自由採食が可能であった。牛は屋内よりも、開放的で新鮮な空気が吸える屋外に滞在する時間が圧倒的に長かった（**写真8-15-1**）。

　追求していくと、天候との関係に一定の傾向が認められ、降雨が続くと乳質が悪くなっていた。**表8-15-1**は月別の雨量と乳質の関係を示したが、体細胞数は10万台〜40万台と激しく動いている。5月は雨量が46mmと少なく体細胞数15万、リニアスコア2.6、新規5以上6％で低かった。しかし、8月は雨量が223mm、降雨日数13日と多く、体細胞数41万、リニアスコア3.3、新規5以上15％と高かった。

　雨が降るとパドックはふん尿と雨水が混合され、蹄だけでなく飛節までソックスをはいたように汚れる。それが横臥時に後乳房や乳頭に付着し、乳房炎のリスクが高くなり体細胞数が動く。

　繋ぎ牛舎であれば、カウトレーナーを適正に設置すれば牛床内での排ふんや排尿が減り、乳頭表面の大腸菌とレンサ球菌が有意に減少する。また、乾乳時の乳頭テーピングは細菌数が減少するが、ふんで汚染されたところでは効果が見られないとの報告がある。

　牛は本能的に雨が嫌いな生き物で、降雨時は外へ出たがらず、放牧しても歩数が少なく採食行動が伴わず摂取量が低下する。そのため雨が長く続くと、乳量だけでなく乳成分も低下し、最悪の場合は生乳がアルコール反応を示すことがある。

　F酪農家は、天候で乳質が悪化するということを、数値をまとめグラフ化したことで納得した。乳質改善というと専門的かつ複雑な技術項目に注目しがちだが、牛の行動範囲を整備するという単純なことで改善がされることもある。

写真8-15-1　パドック飼養は雨量によって体細胞数が動く

表8-15-1　F酪農家における降雨量と乳質との推移

	月	4	5	6	7	8
降雨	雨量（mm）	32	46	91	63	223
	日数（日）	10	9	5	8	13
乳質	体細胞（万）	21	15	19	22	41
	リニアスコア	2.9	2.6	2.8	2.8	3.3
	新規5以上（％）	13	6	9	11	15

降雨日数は1mm以上

16）牛床の構造が体細胞数に影響する

⇒斜め横臥は牛体の汚れが

　牛をきれいに保つということは、敷料投入等、日頃の牛床メンテナンスだけでなく、牛床設計も影響する。牛床の構造や長さは、体のふん付着状況および体細胞数と関連している（根釧農試）。牛の体を蹄・すね・腿・尻・尾・腹・乳房の7部位に分けてふんの付着を見ると、すべての項目で関連があった。ふんがすねに付くと腿へ、尾に付くと腿と尻へ付着する。一部の汚れがほぼ全体につながっていたが、とくに後部の汚れが乳房に影響していた。その中でも、乳房のふん付着は腿の付着（r＝0.684、n＝23）、すねの付着（r＝0.585、n＝23）と相関が高かった。腿やすねにふんが付いていれば乳房が汚れ、乳房炎リスクが高くなり体細胞数に影響する。

　図8-16-1は、28戸の酪農家で斜めに横臥している牛の割合と、腿にふんが付着している割合を示している。両者は弱い相関があり、平行に横臥してもふんの付着に差が見られた。斜め横臥割合20％以上の酪農家ではふんが付きやすく、四角で囲った4戸は頭合わせで牛床前に柵があるタイプだった。

　図8-16-2は、斜め横臥割合と体細胞数の関係を酪農家単位で示しているが、弱い相関があった。広い範囲で分散しているものの、斜め横臥割合が3割以上の酪農家では体細胞数が極端に高かった。

　なお、頭合わせで、牛床の長さと腿にふんが付着した牛の割合は、短い牛床ほど多い関係にあった。とくに前方に柵がある場合は顕著で、長さが240cm以下では50％を超え、300cm以上でもふんの付着が多くなっていた。前方の突き出しスペースに障害物がある牛床は、ない牛床と比べ、すねと腿にふんが付いていた。

　ネックレールの高さと飛節の脱毛・擦り傷・腫れ等の関係は、ネックレールが高いほど良好で、頭合わせの牛床は壁側牛床より顕著に現れ、飛節スコアが高かった。ネックレールが高いほど牛の起立行動は短く（7秒以内）、起立動作異常牛の割合は低い。牛の起立動作がスムーズでない酪農家は、個体乳量も低かった。

　これらのことから、ふんの付着を少なくするには、斜め横臥防止だけでなく、牛床は一定の長さが必要で、突き出しスペースに障害物をなくすことだ。それにより牛体がきれいで、体細胞数も少なく、乳房炎の発生率も低くなる。体細胞数は牛舎構造と深い関係があり、その中でも寝起き具合を左右する牛床の影響が大きい。

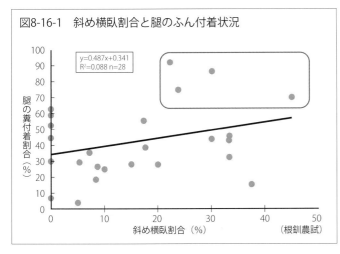

図8-16-1　斜め横臥割合と腿のふん付着状況

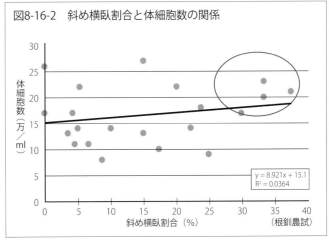

図8-16-2　斜め横臥割合と体細胞数の関係

17）黄色ブドウ球菌（SA）の牛を減らす

⇒他の乳房炎と異なる対応を

　黄色ブドウ球菌（SA）は他の乳房炎原因菌と異なり、組織内深くに侵入するため、乳房炎軟膏を使っても届きにくく、毒素を作り乳腺自体を痛めつける。そして硬い線維による瘢痕組織（しこり）を作り、菌を殺しにきた白血球の中で生き続けることもできる。強力な毒素は乳房をダメにしたり、毒素を放出して人の食中毒の原因にもなる。

　図8-17-1は、分娩後30日以内の大腸菌感染牛とSA感染牛の、治療におけるリニアスコアの推移を示している。分娩後、大腸菌乳房炎は治療後、日数経過後とともに次第に低下していくことがわかる。しかし、SA感染牛は治療後すぐに反応して一時的に体細胞数は減少するが、その後再発して高くなる。ひどかった乳房の炎症部位の菌は死んで体細胞数は下がるが、乳腺の奥や白血球の中で生きていた菌が乳房内へ広がり、再び炎症を起こすからだ。

　大腸菌による乳房炎は夏季に起こりやすく、暑熱期は他の乳房炎菌と比べて発生が多くなる。これは気温が高くなると、他の菌よりも増殖力が強い大腸菌が牛床の敷料等で増殖しやすいからだ。

　図8-17-2は、北海道における1323戸のバルク乳スクリーニング検査の結果で、8割の酪農家にSA菌が検出されたことを示している。牛群中でかなりの頭数がSAに感染しているD区分（直要改善、2000以上／ml）は23％にも及んだ。バルク乳でSAが検出された酪農家は、個体牛を特定し、保菌牛は搾乳時に伝染するので別群に分け、搾乳順番を最後にして、乳頭清拭は1頭1布とする。搾乳手袋を装着し、乳頭の消毒等、他の牛へ伝染させない搾乳方法を実践する。

　SAは乳腺組織に侵入するため、抗生物質を投与しても根絶させることはむずかしい。治療効果は泌乳期50％以下だが、乾乳期は70％ほど回復する報告もあり、効果の高い乾乳期に解決すべきである。乳房炎注入剤と抗生物質の全身投与による組み合わせは効果が高いものの、牛を選定する必要がある。それは、若齢、1分房、新規感染、体細胞数が低い、泌乳前期で群の感染率が低い牛を対象とする。逆に、老齢、2～4分房が感染、慢性的乳房炎、体細胞数が高い、泌乳後期の牛であれば淘汰すべきと考える。

　いずれにしても、SAは他の乳房炎と異なった対応で、感染牛を保有しない、伝染させない搾乳方法を実践すべきである。

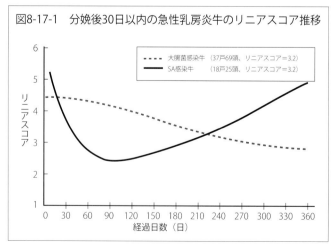

図8-17-1　分娩後30日以内の急性乳房炎牛のリニアスコア推移

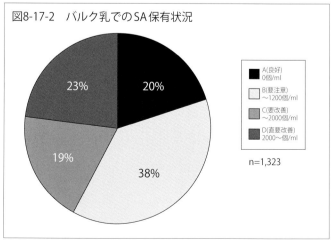

図8-17-2　バルク乳でのSA保有状況

18）TMRセンター構成員の乳質は差が大きい

⇒酪農家同士が情報交換をしては

　北海道のTMRセンターは1999年に粗飼料主体でスタートし、2021年現在90カ所まで普及してきた（北海道）。その要因は、①個々で所有する圃場機械を最小限に抑えることができる、②分散している農地を集約化して作業の効率化を図ることができる、③粗飼料生産作業を分業化することで家族労働が軽減する、④濃厚飼料や肥料の大量購入でコスト低減できる等がある。そして最終的な目的は、構成員（酪農家）個々の乳量・乳質アップ、健康な牛群による生産増強での所得向上である。

　道内6TMRセンターを調査・分析したところ、個体乳量は設立後、全てで増えていた。センター間でその差はあるものの、北海道平均より5％程多く、高位平準化を保っていた。繁殖の指標である空胎日数も、エネルギーが充足することもあって短縮傾向だ。

　一方、体細胞数は、設立後に低下しているセンターもあれば変わらないところもある。6TMRセンターの体細胞数平均は16.7万で、北海道平均よりやや良好だが、センター間で9.6万〜24.1万と大きな開きがあった。

　図8-18-1は、TMRセンター構成員毎の体細胞数（半年間平均）を示している。構成員A〜P16戸の平均は16.8万だが、7万〜26万と大きな差があった。

　図8-18-2は、TMRセンター構成員A〜G7戸の体細胞数で、平均9.6万と良質乳を生産おり、差は5万〜15万であった。乳質の良いTMRセンターほど、構成員間のバラツキ（標準偏差）が小さい傾向を示していた。

　TMRセンターは高乳量生産だけでなく、構成員間のバラツキが少なく均一であることが望ましい。乳質、繁殖、個体乳量の順で数値のバラツキが大きかった。乳質は数多くの技術から成り立ち、人という要素が大きいため、構成員間で細かな情報交換がほとんど行なわれず、個人の力量で成り立っている。

　多くのTMRセンターでは定期的に構成員（酪農家）が集まり、作業の進捗状況や問題提起が行なわれているが、技術的項目が議論されることが少ない。飼料費の割合が高くなっていることを考えると、もっと技術の情報交換を行ない、乳量はもちろん、乳質や繁殖も高位平準化を目指すべきだ。

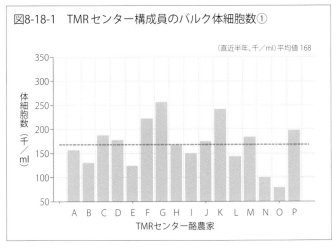

図8-18-1　TMRセンター構成員のバルク体細胞数①

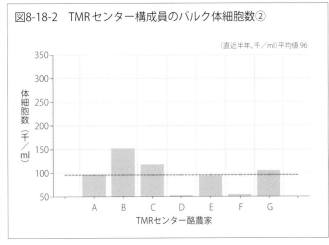

図8-18-2　TMRセンター構成員のバルク体細胞数②

19）乳房炎は経済的に大きな損失である

⇒乳房炎と判断する基準の設定を

　乳房炎は生乳生産に関わる主要な疾病であり、酪農家にとって経済的に大きな損失となる。生乳の廃棄、薬剤と獣医師の経費、治療と看護に要する余分な労力等は直接的なコストである。乳量減少、ペナルティ、淘汰、更新等の間接的なコストもあり、それらすべてが影響する。

　一地域の酪農家100戸から体細胞数の多い・少ない各10戸を選んで成績を調べた。高体細胞数の酪農家は、平均産次は2.9産で差はないものの、日乳量は2.1kg、乳タンパク質率は0.10ポイント、乳脂率は0.03ポイント低かった。しかも個体牛間の標準偏差が高く、バラツキが大きく飼養管理が難しいことが推測される。

　図8-19-1は、分娩経過月における臨床型乳房炎牛の泌乳曲線を示しているが、分娩後1カ月以内で感染した牛は泌乳ピークが低くなる。分娩後1～2カ月以内での感染牛、2～3カ月以内での感染牛は、その後の乳量が急激に低下している。リニアスコアと2産以上牛の乳量損失率は、リニアスコア2（体細胞数7万）以下は1.7％、4（体細胞数14.2万～28.2万）は3.3％、9以上（体細胞数452.6万～）は14.8％だった。305日乳量に直すと、リニアスコア2は初産牛103kg、3産以上牛223kgにも及ぶ。

　図8-19-2は、乳房炎による経済的損害を示しているが、7割は潜在性乳房炎で乳量低下である。臨床に現れるのはわずか3割で、治療代8％、乳汁廃棄8％、死亡淘汰は14％である。人の目で乳房炎と判断できるのはわずかで、多くは知らないうちに経済的な損失につながっているということだ。また、今泌乳期に乳房炎になったことで、次期にも乳量損失を及ぼすかどうか（キャリーオーバー）は見られなかった。

　現場では乳房炎の定義が曖昧で、酪農家毎で大きく異なっているのが実態である。多くは体細胞数30万以上、リニアスコア5以上を乳房炎と判断している。ただ、リニアスコア2（体細胞数7万）以下を健康な乳と定義している酪農家もいる。リニアスコア2以下を調べていくと、酪農家間で3～8割の差が生じていることも事実である。

　体細胞数30万以上を乳房炎と判断するか、リニアスコア2以下を健康な乳房とするか、それ以外をグレーゾーンとするか……線引きはむずかしい。各酪農家は、乳房炎の経済的損失がいかに莫大であるかを認識し、その判断基準を設定すべきだろう。

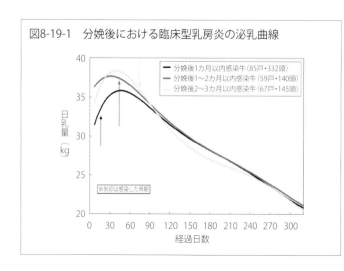

図8-19-1　分娩後における臨床型乳房炎の泌乳曲線

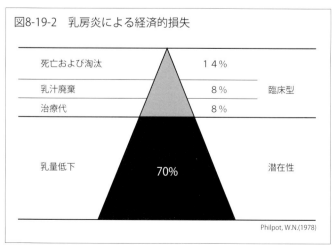

図8-19-2　乳房炎による経済的損失

Philpot, W.N.(1978)

20）乳房炎を予防でコントロールする

⇒基本は治療より予防を

　乳房炎に感染することで産乳量は減少し、乳成分では乳糖率（無脂固形率）が著しく低下し、損失は莫大な額にのぼる。北海道における年間平均体細胞数は21.2万で、フリーストールが19.1万とやや低く、放牧は23.8万とやや高いが、飼養形態で大きな違いはない（n＝3890）。

　乳房炎コントロールの基本は予防である。多くの場合、この概念が抜け落ち、「バルク乳体細胞数〇〇万以下」という結果のみに関心が払われる。そのため、体細胞数を低くするための手段として、感染乳の廃棄、治療、淘汰等、対症療法に追われることになる。根本的な予防が行なわれなければ乳房炎は発症し続け、悪循環が続くケースは珍しくない。

　伝染性乳房炎は、管理が不十分であると他の牛にも感染が広がっていく。最初2～3頭の感染牛が、1年で牛群の2/3に広がった例もある。その酪農家では当初から十分な対策が取られていなかったのだが、畜主が思いがけない事故に遭い、さらに管理が行き届かなくなり、栄養・環境的に乳牛に過度のストレスがかかったことが原因だった。

　乳房炎防除のポイントは、環境衛生、搾乳手順、搾乳機器である。これらすべてをクリアしても、完全にゼロにすることは不可能である。しかし、乳房炎感染を最小限にコントロールすることは可能である。牛床や通路はいつも乾いて清潔で、換気も良好、搾乳手順は推奨されている方法で行ない、搾乳機器のメンテナンスは定期的に実施する。こうしたすべての管理がうまくできている酪農家は、体細胞数とリニアスコアは年間を通して常に低く推移し（**図8-20-1**）、個体のほとんどが10万／mlを下回っている（**図8-20-2**）。

　新たな乳の分析でDSCC（Differential Somatic Cell Count）が一部の県で酪農家へ情報提供されている。乳房炎は初期段階で好中菌が急激に増えることから、体細胞数が増えてDSCCが高ければ急性乳房炎、低ければ慢性乳房炎と判断できる。

　生涯記録16歳・15産、総乳量13万893kg、総乳代1022万2743円を稼いだ牛がいる。年間乳量が多く、分娩間隔は1年1産、何より乳質が良好であったことが長命連産につながった。「乳房炎防除に秘策があるわけではなく、基本は治療より予防で、当たり前のことを当たり前にやっているだけ」という乳質優良酪農家の話は印象的だった。

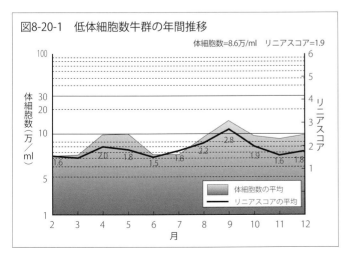

図8-20-1　低体細胞数牛群の年間推移

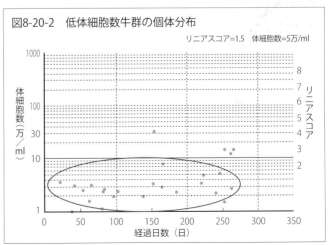

図8-20-2　低体細胞数牛群の個体分布

21）乳質は人という要素が極めて大きい

⇒食品を取り扱っている意識が

酪農家における本年と前年の年間平均体細胞数の相関は高く、乳質は変動することなくほぼイコールだ（**図8-21-1**）。前年の体細胞数が30万の酪農家は本年も30万前後、20万の酪農家は20万前後である。前年10万の酪農家が本年30万に、40万が10万になることは、ほぼ考えられない。

図8-21-2は、北海道で放牧を実践している酪農家31戸の、放牧期と舎飼期での体細胞数の関係を示している。放牧期も舎飼期も同傾向で、放牧期に体細胞数が低い酪農家は舎飼期でも低く、高い酪農家は舎飼期でも高い。つまり、飼養スタイルよりも個々の管理の影響が大きいということだ。

K酪農家は水稲地帯にあり、酪農技術情報が少ないものの、バルク乳体細胞を4万まで減らした。経産牛45頭と飼養規模は小さいが、繋ぎ牛舎でパイプラインを使いながら搾乳し、前年まで体細胞数10万～15万だったが、今年に入って一桁前半で推移している。体細胞数は、どこまで下げれば良いのかは議論があるものの、5万以下は優秀な成績だ。

前年と今年で何が変わったのかをK酪農家に尋ねたところ、前搾りで「ブツ」が出たら即獣医師に病原菌を特定してもらい治療したこと、乳房炎が疑われる牛は最後の搾乳順番にしたことだという。ただ根本的に変わったのは、搾乳や管理をする「人」だと話してくれた。昨年まで60代の母親が搾乳を手伝ってくれていたが、リタイアして若奥さんに変わったという。

若奥さんは非農家から嫁いで、4人の子育てを終え40歳の初デビューだった。固定観念がなく、きれい好きで、牛床・飼槽・搾乳器具を清掃し、定期的に窓ガラスも拭く。前搾りは5回ほどして乳汁をチェックし、ミルカー装着や離脱、ディッピング等、搾乳作業を教科書どおり、丁寧に行なっている。その結果、牛体が非常にきれいになった。奥さんがきれいにすると、旦那もつられて牛舎のあらゆる所が気になり始め、家族中で会話も増えたという。

乳房の衛生とバルク乳細菌数は相関があり、牛体が汚れているほどバルク乳細菌数は高い傾向にある。これらのことから、体細胞数や細菌数、酪農家個々の「生乳という食品を取り扱っている」という意識の違いだ。

まさに、乳房炎に特効薬はなく、基本の励行が重要で、乳質には「人」という要素が極めて大きく影響することを現場で学んだ。

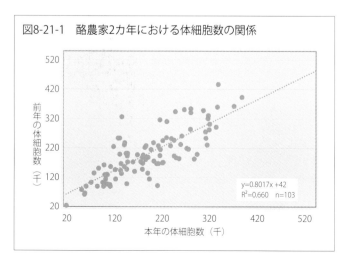

図8-21-1　酪農家2カ年における体細胞数の関係

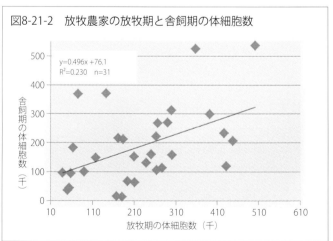

図8-21-2　放牧農家の放牧期と舎飼期の体細胞数

第9章

ケトン体（BHBA）からのモニタリング

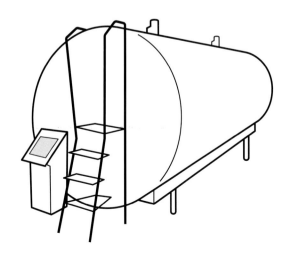

第9章　ケトン体（BHBA）からのモニタリング

1）分娩後に多くの母牛が廃用になっている

⇒乳中ケトン体で健康の指標に

図9-1-1は、北海道における途中離脱や経営転換を除いた、牛群検定農家3890戸における分娩後60日以内死廃率の分布を示した。死廃率は平均6.2％だが、0％の酪農家がおよそ1割、逆に2割を超える酪農家もおり、広い範囲で分散している。1年間に100頭分娩したら、母牛の死廃は平均6頭で、20頭を超える酪農家もいるということだ。

死廃の多くは周産期病で、分娩当日が15％、分娩後1カ月以内が34％、分娩後3カ月以内が53％で、多くは分娩後1～2カ月で除籍されている（**図9-1-2**）。分娩後における母牛の除籍要因は「起立しない」「歩行しない」「採食しない」等で、治療不可能で淘汰というより廃用の意味合いが強い。これから本格的な生乳生産という時だけに、酪農家の期待に反しての除籍は大きなダメージとなる。

分娩直後は臨床症状として反芻機能や消化管活動が鈍くなり、採食量が落ちて乳量が低下し、急激に痩せていく。エネルギー不足に陥り、脂肪組織から非エステル型脂肪酸（NEFA）を血中に放出させる。NEFAは一旦肝臓に入り、その処理が始まり、肝臓は組織のエネルギーのためにリポタンパク質を放出する。しかし、多量の体脂肪が動員されると肝臓で処理できず、血液中のケトン体濃度が上昇しケトーシスを発症する。

ただ、血液中のケトン体濃度が高くても症状を示さない潜在性ケトーシスが、かなりの割合で存在する。肝臓の炎症を引き起こし、免疫細胞の機能を低下させ、乾物摂取量を落とし、第四胃変位、脂肪肝や子宮内膜炎のリスクを高め、他の周産期病の引き金になる。

泌乳初期は体脂肪が動員されて乳脂率が高く、飼料充足率が低いため乳タンパク質率が低い傾向にある。従来、潜在性ケトーシスの目安は、分娩後1回目の乳検データの乳蛋白質率を乳脂肪率で割った値（P／F比）で0.7以下としていた。しかし、これはあくまで推定したものであり、感度も7割程度で判定基準として高い発見率とは言えない。

そこで、従来までケトン体（BHBA）分析は血液でしか判断できなかったが、乳中BHBAという新たなモニタリング・アイテムが出てきた。分娩後、多くの母牛が周産期病で廃用になっており、死廃率を低下させるため、乳中BHBAを健康の指標として活用すべきだ。それにより牛群を長命連産へ導き、必要な後継牛を少なくすることが可能になる。

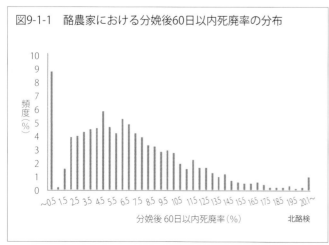

図9-1-1　酪農家における分娩後60日以内死廃率の分布

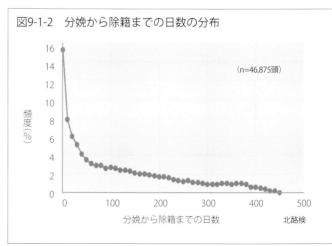

図9-1-2　分娩から除籍までの日数の分布

2）乳のケトン体（BHBA）で潜在性ケトーを特定する

⇒BHBA 0.13mmol／ℓ以上を

　牛は分娩後、エネルギーがマイナスとなり、糖質や糖原性アミノ酸が代謝され生体維持に使われる。体脂肪に蓄えられた中性脂肪はホルモン感受性リパーゼによって分解され、非エステル型脂肪酸（NEFA）が生じ肝臓に動員される。さらにエネルギー不足が生じた場合、肝臓に動員された過剰なNEFAはアセチルCoAを経てケトン体の産生に回る。これが高くなると臨床性ケトーシスになるので、潜在性の段階で早期に見つけて対応することが求められている。

　潜在性ケトーシスの見極めは血液検査が客観的で正確だが、現場での活用は難しい面があった。日本ではサンケトペーパーで判断し（**写真9-2-1**）、乾乳期はポータブルの測定器を使うことが多かった。しかし近年、乳成分測定機で乳中ケトン体であるBHBA（βヒドロキシ酪酸）の分析ができるようになり、飼養管理に活用できるようになった。乳であれば血や尿と比べ手間や時間をかけることなく簡易で安価に分析でき、分娩後における母牛の健康情報になり得る。

　乳成分測定機メーカーからケトン体オプションがリリースされて以来、ヨーロッパや北米等の酪農先進国で次々と導入された。日本では2017年に十勝農協連、2018年に北酪検が分析・情報提供を始めた。

　図9-2-1は、分娩後100日以内における乳中BHBAと血中BHBAの関係を示しているが、相関係数0.635（n＝87）であった（石中将人獣医師と共同研究、2018）。十勝農協連は分娩後100日以内における双方の相関係数は0.80（n＝210）と極めて高かった。

　乳成分測定機において潜在性ケトーシスを判断ができるBHBAの数値（基準値）を検討した。その結果、0.13mmol／ℓが感度88、特異度82で妥当と考えられた。「感度」とは陽性を正しく判断した値、「特異度」とは陰性を正しく判断した値である。

　ケトン体はBHBAだけでなくアセトン、アセト酢酸の3種類が含まれ、これらが潜在性ケトーシスと関連する。ただ、アセト酢酸は揮発性が高く分析に誤差が生じ、アセトンは牛の呼気から排泄されるため不安定だ。これらのことから、高ケトン体の指標値は乳中BHBAが0.13mmol／ℓ（血液1.2mmol／ℓ）以上を潜在性ケトーシスとした。さらにこの数値が高まると、獣医師の治療が必要となる臨床性ケトーシスに陥る。

　※潜在性ケトーシス＝高ケトン体＝高BHBA＝乳中BHBA0.13mmol／ℓ以上＝血中BHBA1.2mmol／ℓ以上

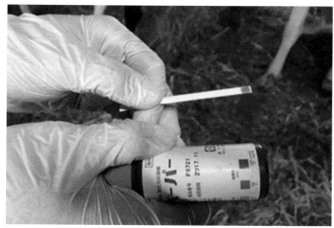

写真9-2-1　潜在性ケトーシスはサンケトペーパーで判断

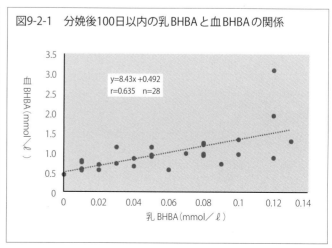

図9-2-1　分娩後100日以内の乳BHBAと血BHBAの関係

3) 高ケトン体 (BHBA) は乳量や成分に反応する

⇒体細胞数が高くなり免疫の低下が

乳中ケトン体 (BHBA) が高くなると、乳や成分にどのような影響があるのだろうか。そこで、高ケトン体牛BHBA0.13mmol／ℓ以上を潜在性ケトーシス、低ケトン体牛0.13mmol／ℓ以下を健康牛として考えてみた。

図9-3-1は、分娩後30日以内における高・低BHBAを対象に2本の泌乳曲線を示している。低BHBA牛はなだらかな曲線、高BHBA牛は分娩後の数日間に落ち込むが、その後、急激に乳量が伸びている。このことは、潜在性ケトーシスは高泌乳牛に多く、乾乳から泌乳初期の飼養管理を改善・対応すれば、乳量はさらに増えることを意味する。

表9-3-1は、分娩後60日以内における潜在性ケトーシス (高BHBA) 牛と、健康 (低BHBA) 牛の乳成績を比較したものだ。乳脂率は潜在性ケトーシス牛4.72％で、健康牛3.85％と比べ極端に高かった。同様に、P／F比は0.68 vs 0.82、乳糖率4.37％ vs 4.53％、体細胞数は37.5万 vs 21.4万で差が大きかった。日乳量、乳タンパク質率、MUN (乳中尿素窒素) は差がなかった。

分娩後におけるケトン体の上昇 (高BHBA) は潜在性ケトーシスであり、体脂肪が動員され乳へ移行し、乳量や乳成分に反応している。また、体細胞数は極端に高くなっており、免疫力が低下していることが理解できる。いずれにしても、牛は健康な状態といえず、採食や反芻などの行動に表れていることは間違いない。

分娩後は乾物摂取量が十分でないため、負のエネルギーバランス状態になる。体内に貯蔵されている糖質、タンパク質、脂質を使って適応するが、達成されなかった場合にケトーシスに陥る。元気喪失、食欲低下、乳量減少、反芻や消化管運動が減少し、採食量が落ち込み、急激に痩せるのが特徴だ。ただ、明らかな臨床症状を伴わず、血中や乳中ケトン体濃度が上昇している潜在性ケトーシスが問題になる。

ケトーシスは低カルシウム血症に続いて、分娩後、早めに発症する疾病で、第四胃変位や脂肪肝等、他の周産期病へ連鎖する。個体牛の乳中BHBA値を活用して、目に見えない潜在性の段階で発生を判断し、飼養管理での対応が求められている。

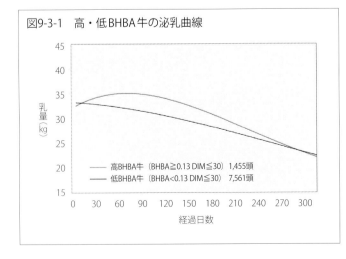

図9-3-1　高・低BHBA牛の泌乳曲線

表9-3-1　分娩後60日以内の健康牛とケトー牛の乳成績

	健康牛 (10,207頭)	潜在性ケトーシス牛 (1,215頭)
乳脂率 (%)	3.85	4.72
P／F比	0.82	0.68
乳糖率 (%)	4.53	4.37
体細胞数 (千個)	214	375
日乳量 (kg)	29.4	30.2
無脂固形分率 (%)	8.61	8.53
乳蛋白質率 (%)	3.09	3.13
MUN (mg／dl)	11	10

4) 高ケトン体（BHBA）は高乳脂率と低タンパクだ

⇒ケトーシス型の特定を

牛群検定WebシステムDL（データリンケージ）は、北海道で乳検に加入している酪農家が無料で使える情報活用ツールだ。北酪検から提供されおり、乳検成績から我が家の技術的数値を随時、読み取ることができる。①日々の栄養・乳質管理のモニター、②リアルタイムな繁殖状況の確認、③個体の健康状態の把握、ができる。

潜在性ケトーシスといっても、原因は次の三つの型に別れ、発症時期と症状が異なる。どの時点で高ケトン体（BHBA0.13mmol／ℓ以上）牛が多いのかを見出すことで問題解決は早い。

- Ⅰ型：分娩後3〜4週間の高乳量時に見られる飼料摂取量の不足（泌乳初期）。
- Ⅱ型：分娩〜2週間の産褥期に見られる過肥牛の体脂肪動員（分娩直後）。
- Ⅲ型：乳期および群全体に見られる酪酸醗酵サイレージの過剰摂取（全乳期）。

周産期病の入口である高ケトン体（BHBA）は型別に、酪農家で集中する傾向が見られる。牛群検定WebシステムDLの「100日以内乳蛋白2.8％以下割合」「50日以内乳脂率5％以上割合」を注視することで型が解明できる。

乳量が最大になる泌乳初期における、エネルギー不足と考えられる「100日以内乳タンパク質率2.8％以下割合」は全道平均10％程で、Ⅰ型の60日以内における高ケトン体との相関が高い（**図9-4-1**）。泌乳初期における乳タンパク質率の低い酪農家は、飼料摂取不足により高ケトン体割合が高く周産期病リスクがある。

一方、分娩直後に体脂肪動員と考えられる「50日以内乳脂率5％以上割合」は全道平均7％程で、Ⅱ型の60日以内高ケトン体との相関が高い（**図9-4-2**）。分娩後における乳脂率の高い酪農家は、過肥で高ケトン体割合が高く周産期病リスクがある。

潜在性ケトーシスを未然に防止するためには、分娩直後から泌乳初期にかけて乾物摂取量を充足することだ。

牛群検定WebシステムDLの疾病関連で初回検定高BHBA％が示されており、他と比べて高いかどうか、自分の位置を確認できる。①全道、②地区（振興局14地区）、③飼養頭数規模（150頭以上、90〜149、60〜89、40〜59、40頭未満）④1頭当たり年間乳量水準（1万kg以上、9千kg台、8千kg台、7千kg台、7千kg未満）と比較が可能だ。生産、乳質、繁殖、疾病、栄養（バルク乳成分）等の対策別グラフで原因を深堀りして対応してほしい。

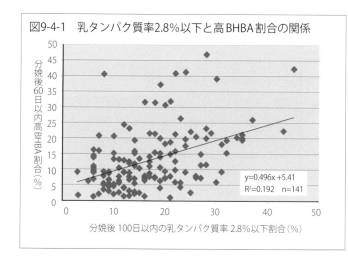

図9-4-1　乳タンパク質率2.8％以下と高BHBA割合の関係

$y=0.496x+5.41$
$R^2=0.192$　n=141

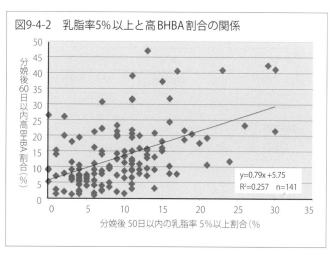

図9-4-2　乳脂率5％以上と高BHBA割合の関係

$y=0.79x+5.75$
$R^2=0.257$　n=141

5）分娩時の肥り過ぎはケトン体（BHBA）が高い

⇒乾乳から分娩にかけて適度なBCSへ

表9-5-1は、ケトン体（BHBA0.13mmol／ℓ以上）別に、肥り過ぎの指標と考えられる前産分娩間隔を示したものだ。分娩後経過日数30日以内において、BHBA0.05mmol／ℓ未満牛の前産分娩間隔は407日だが、0.20mmol／ℓ以上牛は457日と長くなっていた。経過日数31〜60日においても同様で、BHBAが高い牛ほど前産分娩間隔が長くなる傾向であった。

図9-5-1は、分娩前後2週間に1回体重測定した牛33頭について、最高体重と泌乳初期の乳脂率の関係を示している。体が重く過肥と思われる牛ほど分娩後の落ち込み体重が大きく、乳脂率が高くなっていた。つまり、肥った牛は体脂肪が肝臓を通って、乳の脂肪へ移行していることがうかがえる。M酪農家は年間高ケトン体牛が43％と多く、分娩後日数とボディコンディション・スコア（BCS）は相関があり、泌乳後半は3.5を超えていた（$R^2=0.24$、$n=44$）。

分娩前の乾物摂取量が落ち込むのは通常5週間前だが、痩せ牛は分娩直前、肥満の牛は分娩17週前と長期間に及ぶ。体脂肪は血液中で遊離脂肪酸という形で肝臓へ運ばれるが、乳量40kgであれば分娩後2〜5週目が最大になり12週目まで続く。

BCSが高くなると、難産だけでなくケトーシスや第四胃変位等、周産期病のリスクが高まる。BCS3.25以下牛は、無介助分娩率94.4％だが、BCS3.5以上牛は、67.9％と低くなる（根釧農試、2008）。分娩間隔が延びることで乾乳日数も延び、過肥牛となり、分娩後は体脂肪動員でケトン体（BHBA）が高くなって、潜在性ケトーシスのリスクが高まる。乾乳時点のBCSの推奨値は、1980年代4.0、90年代3.75、2000年3.5、2010年3.25と時代と共に変遷してきた。粗飼料の栄養価が低く、濃厚飼料の量も少ない時代は、乾乳期に肥らせることで分娩後の乳量が期待できたからだ。

従来まで、乾乳時点のBCSは3.5程にして、分娩時まで肥らせない・痩せさせない状態がベストと考えられていた。しかし、分娩前BCS3.0〜3.25と少し軽めの牛の方が泌乳初期の体重減少が少なく、周産期病等の問題を解決する。

表9-5-1　分娩後経過日数別BHBAと前産分娩間隔

BHBA (mmol/ℓ)	経過日数〜30日		経過日数31〜60日	
	頭数	前産分娩間隔	頭数	前産分娩間隔
<0.05	1290	407	2334	416
0.05-0.09	1294	418	1357	422
0.10-0.14	665	433	343	439
0.15-0.19	240	428	120	431
≧0.20	207	457	97	445
合計	3696	420	4251	421

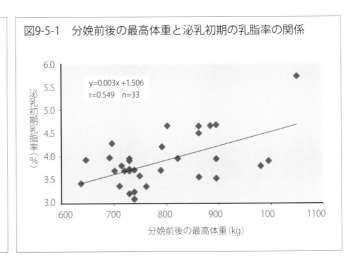

図9-5-1　分娩前後の最高体重と泌乳初期の乳脂率の関係

6）ケトン体（BHBA）はNEFAと関連する

⇒代謝プロファイルテストの確認を

　血中遊離脂肪酸（NEFA）は体脂肪動員を直接反映することから、エネルギー代謝の指標として使われる。体脂肪動員の処理は肝臓で行なわれるが、肝機能が破綻するとケトン体であるβヒドロキシ酪酸（BHBA）が産生されるため、NEFAとBHBAは密接に関連する。北海道の石中将人獣医師は、給与する飼料によってNEFAが乳中遊離脂肪酸（FFA）やBHBAに関連すると推定していた。そこで、現場において同一日に、個体牛の代謝プロファイルテスト（MPT）、乳サンプル採取・分析を行なった。

　図9-6-1は、全乳期の個体乳BHBAとNEFAの関係を示しているが、相関係数0.280（n=78）と低い。しかし、分娩後経過日数100日以内に絞ると相関係数0.460（n=28）で、両者の関係は認められた（**図9-6-2**）。泌乳初期ほどBHBAの高い牛はNEFAが高く、低い牛は低いというパラレルの関係を示した。

　BHBAとNEFAが必ずしも一致しないのは、高ケトン体（BHBA 0.13mmol／ℓ以上）の型がエネルギー不足か、体脂肪動員によるものかで異なり、今回のサンプルの中に高BHBAの牛が少なかったからだ。また、エサを食べてから血と乳の動きに微妙なタイムラグがあり、血液NEFAが高くなってから乳BHBAへ反応すると推測できた。

　体脂肪は中性脂肪の形で蓄積されており、この脂肪細胞はホルモン感受性リパーゼという酵素を持っている。エネルギーがマイナス状態になると、このホルモンが活性化して細胞内の中性脂肪を分解し、大量の脂肪酸を生成する。この脂肪酸がアルブミンと結合して血液中を移動し、遊離脂肪酸につながる。

　代謝プロファイルテストは、群から抽出した個体牛を対象に、健康状態や代謝の状況を把握する血液検査である。それを基に、牛群の健康を保ち生産効率を維持向上させるための飼養管理改善が目的だ。エネルギー、タンパク質、肝機能、ミネラル等の分析が行なわれる。エネルギー代謝はグルコース、BHBAだけでなく、NEFAは優れた指標として活用されている。

　最近の牛用検査はヒト用の健康診断（総合検査項目）を用いるため、遊離脂肪酸の分析項目がないという。乳から発信されるFFAとBHBA情報を上手に活用しながら牛を健康に保ち、乳生産拡大を考えるべきだ。

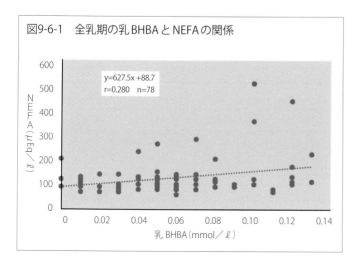

図9-6-1　全乳期の乳BHBAとNEFAの関係

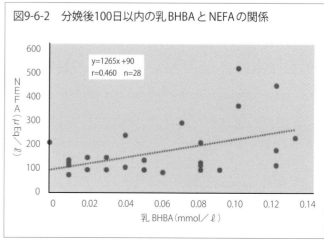

図9-6-2　分娩後100日以内の乳BHBAとNEFAの関係

7) 高ケトン体（BHBA）は繁殖にマイナスだ

⇒規模ではなく個々の飼養管理が

表9-7-1は、北海道における初回検定での高ケトン体割合（BHBA0.13 mmol／ℓ以上）と繁殖・死廃の関係を示している。酪農家で1年間に分娩した牛に、およそ1カ月以内高BHBA牛を除した数値で、例えば、100頭分娩して高ケトン体牛が15頭いれば、その酪農家は15％である。

高BHBA牛割合5％以下という酪農家は空胎日数155日、妊娠率14.4％、分娩後60日以内死廃率7.8％だった。高BHBA牛割合21～25％という酪農家は同様に161日、13.9％、8.2％で、高BHBA牛割合41％以上の酪農家は同様に174日、13.0％、7.6％であった。これらのことから、初回検定時の高BHBA牛割合が高い酪農家ほど空胎日数は長く、妊娠率は低下する傾向であった。分娩後における潜在性ケトーシスが疑われる牛は、体調が悪く、飼料摂取量が十分でなく、繁殖にまで悪影響を及ぼすことが理解できる。

高BHBA牛割合の高い酪農家は分娩後60日以内の死廃率が高くなると想定したものの、差はなかった。酪農家よっては早めの治療や対応で重症とならず、必ずしも廃用につながらないことを意味する。

一方、分娩後30日以内で高・低BHBA牛における乳生産と繁殖の成績を示している（**表9-7-2**）。高BHBAは乳量に大きな影響はないが、除籍・長期不受胎の割合が高く、次期分娩間隔も延びていた。酪農家単位ではなく個体牛で見ていくと、繁殖だけでなく淘汰・廃用に影響していることがわかる。

分娩後1週目にケトーシス発症牛は初回授精受胎率が36％、分娩後2週目まで続くと28％と健康牛の42％と比べると極端に低下した（Walsh, 2007）。

北海道における1戸当たり搾乳頭数と、死廃・初回検定高BHBAの関係を確認した。50頭以下は潜在性ケトーシスが疑われる高BHBA牛割合は15.5％、101～150頭は11.7％、301頭以上は11.0％であった。搾乳頭数が多いほど、分娩直後の潜在性ケトーシスの割合はやや低下する傾向にあった。また搾乳頭数が多いほど、経産牛1頭当たり年間乳量は高い傾向にあるが、分娩60日以内死廃率は差がないことから、個々の飼養管理によるところが大きかった。

一般的に、飼養頭数が少ない小規模酪農家ほど、牛に目が行き届き管理も徹底されていると思いがちだ。しかし、規模が大きくなるほど機械・施設が整備され、栄養は専門家が設計している。作業はマニュアル化され、分娩前後の管理も統一されていることが読み取れる。高ケトン体は乳や健康だけでなく、繁殖にもマイナスの影響を及ぼすので注意深くモニターすべきであろう。

表9-7-1　初回検定高BHBA割合と繁殖・死廃の関係

初回検定高BHBA割合	酪農家数	経産牛1頭当たり年間乳量	空胎日数	妊娠率	分娩後60日以内の死廃率
～5	809	9,081	155	14.4	7.8
6～10	884	9,283	154	14.6	8.4
11～15	775	9,320	157	14.4	8.5
16～20	560	9,223	157	14.4	8.1
21～25	324	9,090	161	13.9	8.2
26～30	175	8,817	162	13.9	8.1
31～35	129	8,935	156	14.6	6.5
36～40	78	8,960	168	13.8	7.6
41～	9.2	8,517	174	13.0	7.6

（％・件・kg・日・％）　北酪検

表9-7-2　分娩30日以内高・低BHBA牛の乳・繁殖成績

BHBA	頭数	平均産次	305補正乳量	除籍・長期不受胎	頭数	次期分娩間隔
高 ≧0.13	280	3.07	9,879	46.4	345	425
低 ＜0.13	1610	2.92	9,795	40.7	3351	419

（頭・産・kg・％・頭・日）

8）個体牛はケトン体（BHBA）がバラツク

⇒分娩後に注意深くモニターを

図9-8-1は、酪農家144戸における分娩後60日以内、1万1422頭の個体牛ケトン体（BHBA）のヒストグラムを示している。平均値は0.06だが、0〜0.5mmol／ℓまで広い範囲で分散している。図では見えないが、1.8mmol／ℓを超える牛もいた。0mmol／ℓは14％、潜在性ケトーシスと判断される高ケトン体（0.13mmol／ℓ以上）牛は1215頭、10.6％になる。同様に、分娩後30日以内においても高BHBA牛割合は多く、バラツキは大きかった。

図9-8-2は、分娩後搾乳日数別の潜在性ケトーシスと判断される高BHBA牛の割合を示している。高BHBA牛を累計すると、分娩後14日以内20％、35日以内15％であった。潜在性ケトーシスは分娩直後に多く見られ、経過日数が経つほど高BHBA牛割合は低くなる。獣医師が診療する臨床型ケトーシス割合も同様の傾向にある。

では、分娩頭数に対する高BHBA牛割合は毎年同じなのであろうか、今年高い酪農家は昨年も高かったのだろうか。一つの町の酪農家146戸を2年間追跡したが、分娩後60日以下、30日以下とも相関はなかった。該当する高BHBA頭数は少なく、高BHBA牛割合が激しく動いていたからだ。ただ、同一TMRセンター構成員は、同じエサを給与していることもあって、高BHBA牛割合は2年間の関係が深かった（$R^2=0.76$、n＝12）。センター担当者は「獣医師が頻繁に来る酪農家と、そうでない酪農家は決まっている」と話していた。

ルーメンで生成される揮発性脂肪酸（VFA）は、酢酸60〜70％、プロピオン酸16〜20％、酪酸10〜15％である。この比率は飼料構成で異なるが、摂取量そのものが不足するとエネルギー源がなくなり、体脂肪を動員しケトン体濃度が高くなる。

分娩後8週目まで試験紙による週1回の検査で、一度でも高BHBA（試験紙閾値≧0.1 mmol／ℓ）だった牛の割合は55.4％であったが、月1回の検査では31.8％だった。つまり、牛群検定では半分程度見逃している可能性があるため、高BHBA牛の早期摘発には試験紙による週1回の検査が有効である（道酪農試、2021）。

ここ数年、急激に1戸当たり飼養頭数が増える中、すべての牛の管理を徹底することは難しいが、乾乳から分娩にかけての管理を改善することで多くの疾病が予防できる。高BHBA牛は分娩後にバラツクので、泌乳初期の潜在性ケトーシスを注意深くモニターすべきであろう。

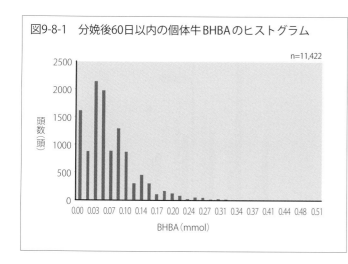

図9-8-1 分娩後60日以内の個体牛BHBAのヒストグラム

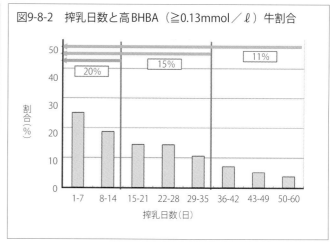

図9-8-2 搾乳日数と高BHBA（≧0.13mmol／ℓ）牛割合

9）高ケトン体（BHBA）割合は地域で差がある

⇒牛やエサの意識や技術の向上を

　酪農技術に対する姿勢や考え方は、北海道の中でも道央・道南・道東・道北、さらに管内や町村単位で大きく異なる。また、人材確保・育成によっても、それぞれの特徴が出てくるのは当然だ。

　表9-9-1は、地域における同年月の分娩後60日および30日の潜在性ケトーシスである高ケトン体（BHBA0.13mmol／ℓ以上）牛の頭数と割合を示している。地域は北海道におけるA～Kの11農協（乳検組合）で、酪農家は20～145戸であった。

　全地域における高BHBA牛割合は、60日以下で9.1％、30日以下で13.3％だった。D地域は同13.7％、18.7％と高い。J地域は同2.5％、0.9％と低く、地域間でこれほど差が生じるのは乳量や成分では考えられない。J地域は、仲間が集まり頻繁に勉強会を実施し、TMRセンターへの加入率が高く、サイレージ調製から飼料設計まで研究していた。地域によって牛やエサに関する意識や技術に大きな差が生じていると推測できる。

　図9-9-1は、一地域144戸の酪農家における分娩後日数別高BHBA牛割合を示している。分娩後60日以内の平均は14％、35日以内では20％であり、最少1％～最大50％と酪農家間で差があった。群の高BHBA牛割合15％（分娩牛100頭中BHBA 0.13mmol／ℓ以上が15頭）をガイドラインとした。該当する酪農家は分娩後60日以内で37％、分娩後35日以内で57％と、多くの酪農家で改善を要することがわかった。高BHBA牛スクリーニングは、牛群における周産期管理の問題発見と予防対策に有効だ。

　酪農技術は日々進化しており、乳に関する情報もバルクや乳検で豊富に酪農家や関係者に情報が提供されている。地域や酪農家でケトン体（BHBA）は差があり、個々の技術の高位平準化が求められている。そのためには、現場の農協職員、普及員、獣医師が実態を把握し、地域の問題として、牛やエサに対する意識や技術を向上させ解決すべきだ。

　なお、個体乳は月1回（乳検）の分析であるためタイムラグがあり、現場ではサンケトペーパー等で確認することを勧めたい。乳検は高BHBA牛割合で見て、乾乳から泌乳初期の飼養管理の改善を図る際の必須アイテムだ。

表9-9-1　地域における分娩後日数と高BHBA牛割合

分娩後		～60日			～30日		
地域	戸数	頭数	高BHBA牛	割合	頭数	高BHBA牛	割合
A	145	1,730	133	7.7	788	93	11.8
B	135	1,567	112	7.1	687	75	10.9
C	39	404	34	8.4	184	22	12.0
D	140	1,002	137	13.7	476	89	18.7
E	47	1,211	111	9.2	549	65	11.8
F	53	1,952	61	3.1	827	38	4.6
G	36	2,480	319	12.9	1,087	217	20.0
H	60	1,643	210	12.8	739	131	17.7
I	59	404	32	7.9	177	24	13.6
J	20	241	6	2.5	107	1	0.9
K	38	593	44	7.4	260	28	10.8
平均	70	1,203	109	9.1	535	71	13.3

同年同月、高BHBAは0.13<　　（頭・％）

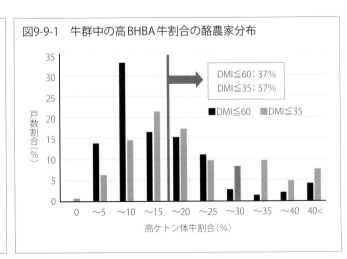

図9-9-1　牛群中の高BHBA牛割合の酪農家分布

10）TMRセンター構成員はケトン体（BHBA）が低い

⇒サイレージの醗酵品質改善を

　北海道における粗飼料の主体はグラス・とうもろこしサイレージで、給与量は30kgにも及ぶ。サイレージのほとんどは乳酸醗酵だが、酪酸含量が高く許容範囲を超えるサイレージが1～2割程見受けられる。その理由は、シバムギ等の雑草が多い、高水分でpHが下らない、刈り取り・反転・収穫・運搬作業で土が混入、バンカーサイロの底面が溶解して石が混ざる、春先にスラリー散布が遅れ作物に吸収されずに残る等だ。

　サイレージに含まれる酪酸は第一胃および第三胃の粘膜上皮で吸収され、βヒドロキシ酪酸（BHBA）というケトン体に変換される。血中のβヒドロキシ酪酸含量が高まると、食欲低下、反芻や消化管運動が減少、急激に痩せてケトーシスが発症する。分娩前後や泌乳初期に偏ることなく乳期に関係なく群全体にBHBAが高ければ、サイレージの醗酵品質を疑うべきだ。

　表9-10-1は、4TMRセンターと、その地域（農協）全体の分娩後日数別高BHBA（0.13mmol／ℓ以上）牛割合を比較した。4センター構成員の平均は、分娩後60日以内は2.6%で地域平均（含むTMRセンター構成員）7.2%より低く、30日以内はセンター4.0%、地域11.0%と同様な傾向を示した。

　このことは、TMRセンターで調製されたサイレージを給与した構成員は、高BHBA牛割合が低いということだ。TMRセンターは、計画的な草地更新や適正な施肥管理等、植生改善を積極的に取り組んでいる。しかも大型ハーベスターにより短期間で収穫し、踏圧・密封という調製技術も高く、酪酸醗酵割合が極めて低い。そのため乾物摂取量が増え、乳量は周辺酪農家と比べ高く、構成員間のバラツキが少ないのが特徴だ。ただし、バンカーサイロの切り替え時に乳量減、体細胞増、乳房炎多発等、構成員からのクレームが多いという。サイロの最初と最後の部分は踏圧不足でBHBAが高くなることから、新たなサイロを開封して併給するTMRセンターもある。

　図9-10-1は、一地域における47戸の酪農家を対象として、飼養形態別に牛群中の高BHBA牛割合を地元の大橋正二獣医師がまとめた。TMR給与群は低めで、放牧給与群はやや高く、その分離給与群はその中間であった。

　TMRセンター利用を含めたTMR酪農家は飼養管理および給与技術が高く、サイレージの醗酵品質も良好でBHBAが低かった。分娩後の飼養管理の中で、給与する粗飼料が潜在性ケトーシスを低減する極めて重要な項目であることを示唆している。

表9-10-1　地域とTMRセンターにおける分娩後日数と高BHBA牛割合

分娩後	～60日		～30日	
地域名	頭数	高BHBA牛割合	頭数	高BHBA牛割合
A地域	1,730	7.7	788	11.8
A TMRセンター	97	5.2	38	7.9
B地域	1,567	7.1	687	10.9
B TMRセンター	201	1.0	82	2.4
C地域	404	7.9	177	13.6
C TMRセンター	27	3.7	13	7.7
D地域	241	2.5	107	0.9
D TMRセンター	91	3.3	41	2.4
地域平均	986	7.2	440	11.0
TMR平均	104	2.6	44	4.0

同年同月、高BHBAは0.13<、地域はTMRセンター含む　　（頭・%）

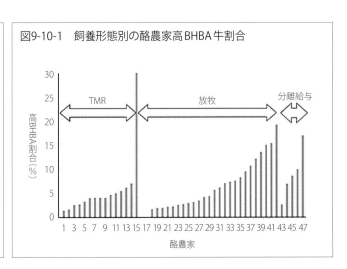

図9-10-1　飼養形態別の酪農家高BHBA牛割合

11）繋ぎの飼養形態はケトン体（BHBA）が高い

⇒スペースを確保し行動の自由を

　飼養形態を、繋ぎ・フリーストール・放牧・搾乳ロボットの4区分にして、ケトン体（BHBA）を調べたら、平均値・最頻値・分布等が微妙に異なることがわかった。北海道における3826戸の乳検で、分娩後初回検定時の高BHBA 0.13 mmol／ℓ以上の牛割合を見た。年間の高BHBA牛割合の平均は14％だが、0～50％以上まで分散していた。年間100頭分娩すると、潜在性ケトーシスが疑われるBHBA 0.13mmol／ℓ以上の牛が平均14頭で、群のガイドラインである15％未満の酪農家は64.5％であった。

　図9-11-1は、繋ぎ飼養2304戸における初回検定の高BHBA牛割合を示しており、平均値15.3％、最頻値0％、15％未満の酪農家は60％であった。分布を見ると20％までほぼ一定の割合で推移しており、以降は減少するものの広く分散していた。

　図9-11-2は、放牧飼養232戸における初回検定の高BHBA牛割合を示しており、平均値12.4％、最頻値0％、15％未満の酪農家は69％であった。分布はゼロから斜めに下降し、30％を超える極端に高い割合を示す酪農家は少なかった。

　ちなみに、フリーストール飼養885戸は、平均値12.0％、最頻値9％、15％未満73％で、分布は15％の最頻値をピークに正規分布していた。搾乳ロボット飼養163戸は、平均値12.5％、最頻値10％、15％未満69％で、分布は20％までデコボコが続き、30％を超える酪農家は少なかった。

　これらのことから、飼養形態別で見ると繋ぎ飼養は高BHBA牛割合が高く、その他はほぼ同程度で低かった。繋ぎとその他の飼養形態で異なる点は行動の自由度であり、採食と横臥等、快適性の違いだ。繋ぎ飼養で乾乳牛舎や分娩ペンを確保している酪農家もあるが、多くは繋がれた状態で分娩が行なわれている。

　乾乳期間は一定の飼養スペースを確保して、行動を制限することなく自由な状態で分娩を迎えることがベストだ。結果、母牛は頻繁な寝起きを繰り返しながら胎子を正常位へ戻し、人の介助なしで自然分娩する。母牛は新生子牛をケアしながら自由にエサを喰べ、水を飲む。それが母子のストレスを最小限に抑え、乾物摂取量を高め、BHBAを低くすると考えられた。

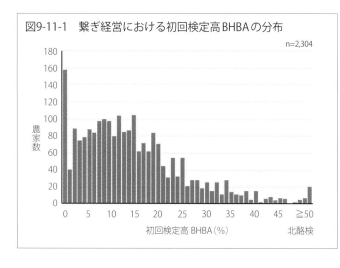

図9-11-1　繋ぎ経営における初回検定高BHBAの分布

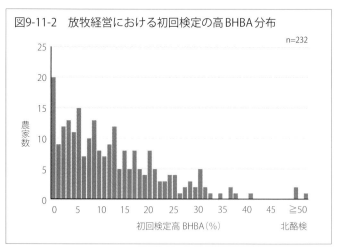

図9-11-2　放牧経営における初回検定の高BHBA分布

12）大型経営はケトン体（BHBA）が両極端だ

⇒疾病・繁殖・乳質にも関連が

　北海道における1戸当たり乳牛飼養頭数は急速に増え、ミルキングパーラーやフリーストール牛舎が普及し大型化が進行している。

　Y酪農家は、経産牛850頭、個体乳量1万1940kg、空胎日数133日、体細胞数18.4万と疾病の多い酪農家である。直近6カ月の分娩は358頭、その中で死産27頭、母牛60日以内死廃13頭、分娩間隔455日以上で過肥牛と推定される割合14％と高かった。**図9-12-1**は、年間の分娩月別初回検定時BHBA分布で、高BHBA牛は88頭、26％で0.15mmol／ℓを超える牛が多かった。

　一方、N酪農家は、経産牛159頭、個体乳量9700kg、空胎日数111日、体細胞数4.8万と極めて優秀な酪農家である。直近6カ月の分娩は65頭、その中で死産2頭、母牛60日以内死廃2頭、分娩間隔455日以上で過肥と推定される割合は6％と低かった。**図9-12-2**は、年間の分娩月別初回検定時BHBA分布で、高BHBA牛は2頭・1.3％で0.10mmol／ℓ以下に集中していた。

　N酪農家は地域でも疾病が少ない方で、乳房炎・繁殖障害・肢蹄病・消化器病・起立不能症の除籍頭数を経産牛頭数で除した値を疾病率にすると6.8％（北海道14.2％）と健康な牛群を維持している。分娩後の第四胃変位やケトーシスは、年1～2頭と非常に少なく、かかっても1回の治療で直ぐ治る。予防を心掛けており、共済掛金は最低ラインだがそれでも使いきっていない。担当獣医師は「腹がしっかり膨らんでおり、治療することはほとんどなく、地域の中で最も健康な牛群を有している牧場の一つだ」と話していた。

　さらにN酪農家を追跡すると、良質の草を与えることを基本として、毎年タンカルを投入しながら2～3割ほど草地更新している。TMRはとうもろこしサイレージ主体で自ら飼料設計し、粗飼料の状況を見ながら微妙にブレンドを変える。給与した飼料は1日経過したらすべて廃棄し、飼槽には新しいエサを置き、古いエサを喰べさせないのが信条だ。牛舎の中を見ると、牛は喰べているか、寝ているかのいずれかで、ボーッと起立している牛がまったくいない。

　大型経営の高BHBA牛割合は経営体によって大きな差があり、疾病・繁殖・乳質にも関連があるようだ。牛群検定WebシステムDL「周産期レポート」の分娩月別初回検定時BHBA（ケトン体）分布グラフで確認してほしい。

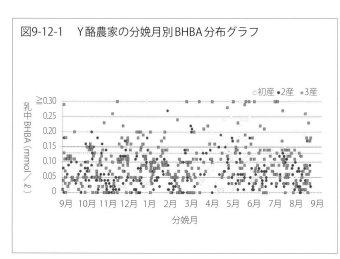

図9-12-1　Y酪農家の分娩月別BHBA分布グラフ

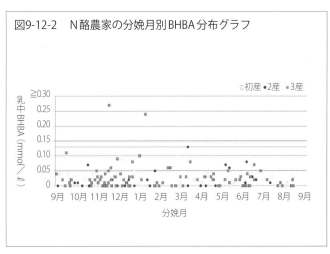

図9-12-2　N酪農家の分娩月別BHBA分布グラフ

13）酪農家で高ケトン体（BHBA）牛がゼロだ

⇒従業員は労働の質的な向上を

I酪農家は初回検定時の高BHBA牛割合が0％と、全道平均12％に比べて極端に低かった。搾乳牛頭数51頭、個体乳量1万1019kg、体細胞数21万、空胎日数194日である。尻合わせのニューヨーク式繋ぎ牛舎で、乾乳および分娩は別牛舎で管理している。

図9-13-1は、I酪農家における牛群検定WebシステムDL「総合グラフ」の疾病関連グラフである。初回検定BHBA値0.13mmol／ℓ以上の潜在性ケトーシスが疑われる高BHBA牛はゼロで、泌乳初期だけでなく、すべての乳期でも同様だ。過去のBHBAを見ても、特定の月で高くなることなく年間を通して低かった。

I酪農家は、乾乳から分娩にかけての飼養管理がしっかり成されていることがうかがえる。分娩後に、①喰い込まない、②近づくと甘酸っぱい臭いがする、③肥っている、この3点があればケトーシスと断定し、速やかにエネルギー源を飲ませ、それでも回復しないときは獣医師を呼ぶという。

表9-13-2は、I酪農家の同システム「カイゼンレポート」における、今年（集計①）と昨年（集計②）の成績を示している。潜在性ケトーシスが疑われる初回検定高BHBA牛は、今年だけでなく昨年もゼロである。ただ、分娩後60日以内死廃率は今年9.6％ vs 昨年1.6％で、同様に、死産発生率は13.2％ vs 3.3％、50日以内乳脂率5.0％以上は6％ vs 2％と悪化していた。

なぜ、今年は昨年に比べ疾病関係の成績が極端に低下したのか。経営主は次年度から3戸共同の法人化とTMRセンターを立ち上げるプロジェクトの代表として多忙を極めていた。そこで急遽、従業員を雇ったが、「農業の経験がないため一般作業はできるが、繁殖や分娩という熟練を要する仕事は難しい」と話していた。

時の流れとともに1戸当たり飼養頭数が増え、育種改良で気の荒い野生味のある牛は淘汰され、従順で温厚な牛が残ってきた。作業効率を高めるために機械化・コンピュータ化で省力化されたものの、牛個体と触れ合う時間は確実に減った。そのため歩行や反芻、休息等の行動がリアルタイムで計測されるセンサーやソフトが普及してきた。発情や疾病等の情報をより多く取得することが可能になったが、牛自体のわずかな違和感を見抜けるかが大事だ。発情徴候や体調の悪い牛を見つけるためには、牛をモニターできる「人の目」も改良されなくてはならず、従業員労働の質的向上も求められている。

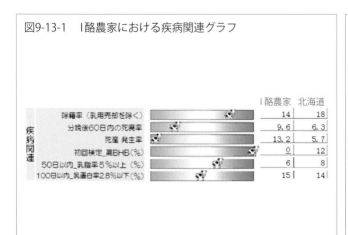

図9-13-1　I酪農家における疾病関連グラフ

		I酪農家	北海道
疾病関連	除籍率（乳用売却を除く）	14	18
	分娩後60日内の死廃率	9.6	6.3
	死産_発生率	13.2	5.7
	初回検定_高BHB(%)	0	12
	50日以内_乳脂率5%以上 (%)	6	8
	100日以内_乳蛋白率2.8%以下(%)	15	14

図9-13-2　今年（集計1）と昨年（集計2）の成績

	疾病・その他	道内評価	本年 集計①	昨年 集計②
C1	除籍率(乳用売却を除く)	★★★★	14	17
	除籍産次		3	3.9
C2	分娩後60日内の死廃率	★★★	9.6	1.6
	分娩後60日内の死廃頭数		5	1
C3	死産_発生率	★★★	13.2	3.3
	死産頭数		7	2
C4	初回検定_高BHB(%)	★★★★	0	0
C5	50日以内_乳脂率5%以上(%)	★★★★	6	2
C6	100日以内_乳蛋白率2.8%以下(%)	★★★	15	13

14）酪農家で高ケトン体（BHBA）牛が9割だ

⇒暑熱と過密で極限状態が

　T酪農家は、フリーストールで搾乳ロボットを導入し、TMRセンターからエサを供給してもらっている。経産牛162頭、個体乳量1万1700kg、体細胞数14万、空胎日数107日、母牛分娩後60日以内死廃率2.8％で、北海道平均と比べて優秀な酪農家だ。

　年間における初回検定時の潜在性ケトーシス高BHBA（0.13mmol／ℓ以上）牛割合は9％で、全道平均12％に比べて大きな差は認められなかった。**表9-14-1**は、平常7・9月と記録的な暑熱8月の乳成績を示しているが、高BHBA牛割合は7月1％、9月0％に対し、8月は92％まで高くなっていた。牛群平均は、7・9月は0.02mmol／ℓだが、8月は0.513mmol／ℓと極めて高い数値だった。さらに8月の乳成分は、乳タンパク質率3.09％、乳糖率4.42％と低く、体細胞数20.7万まで上昇していた。

　酪農家の高BHBA牛割合はさまざまだが、高くても牛群中3〜4割ほどで、9割以上というのは初めての経験であった。当初、サンプル採取または分析のイレギュラーを疑ったが、確認しても問題はなかった。

　この酪農家は山沿いに位置し、比較的冷涼な気候だが、検定日数日間は気温が急激に上昇し30℃を超えていた。牛は口を半開きにして、反芻することなく不自然な動きで、飼槽には白い泡状の塊が見受けられた（**写真9-14-1**）。しかも、高温は日中だけでなく夜間になっても下がらず、湿度も極端に高く推移していたので大きなダメージであった。周辺酪農家も高BHBA牛割合が3〜5割になり、乳期や産次に関係なく牛群全体で高めに推移していた。TMRセンターから供給されるエサは喰い込みが落ち、残飼が通常よりかなり多くなったという。

　さらに、暑熱ストレスだけでなく、分娩が続いたこともあり120ストールのところへ127頭入れて過密飼養が影響したこともあった。暑熱と過密ストレスが極限状態になり、エネルギーバランスが崩れて高BHBA牛が増えた。

　気温が落ち着いた9月は割合が低くなり、牛は速やかに反応することがわかった。T酪農家は「今回は被害を最小限にとどめたが、来年は抜本的な対策を練る必要がある」と話していた。

　高BHBA牛割合が高くなったときの問題を解決するためには、①今年だけなのか毎年なのか、②年間を通してなのか一時的なのか、③産次や泌乳期で偏りがあるのか、④周辺農家も同様な傾向なのか、⑤乳成分も変化があるのか、を見極める必要がある。

表9-14-1　T酪農家における暑熱月の乳成績

	7月（通常）	8月（暑熱）	9月（通常）
平均BHBA	0.022	0.513	0.02
最高BHBA牛	0.18	2.51	0.08
高BHBA割合	1	92	0
乳量	40.3	40.1	39.4
乳脂率	3.54	3.8	3.78
乳タンパク質率	3.13	3.09	3.18
乳糖率	4.51	4.42	4.52
体細胞数	112	207	174

高BHBAは（0.13mmol／ℓ以上）　（mmol／ℓ・％・kg・％・千個）

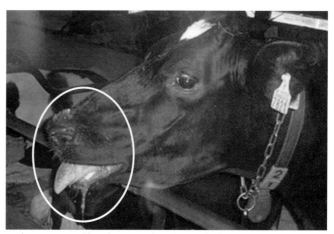

写真9-14-1　暑熱で牛の口は半開きで不自然な動き

15）経過日数で高ケトン体（BHBA）牛は集中する

⇒ピーク時の摂取エネルギー充足を

　酪農家個々で、潜在性ケトーシス（高BHBA）牛がどの時期に集中するかを調べれば、問題解決の糸口を見出せる。X軸に分娩後日数、Y軸にBHBAでグラフ化し、個体牛をプロットする。BHBAの高い牛（0.13mmol／ℓ以上）が多い酪農家は、分娩直後、泌乳初期、乳期全体の3型に分かれる。

①分娩直後（分娩～15日）に高BHBA牛が多いときは、過肥牛が見られ分娩前後の乾物摂取量不足である。

②泌乳初期（分娩後21日～42日）に高BHBA牛が多いときは、泌乳に要するエネルギーに対して摂取するエネルギーが追いついていない。

③全乳期で高BHBA牛が発生するときは、酪酸醗酵サイレージ等、飼料の品質に問題がある。

　N酪農家は、経産牛頭数105頭、個体乳量1万640kg、体細胞数14万、空胎日数174日で、初回検定時の高BHBA牛割合が32％と全道平均12％と比べて約2.7倍も高い。尻合わせのタイストールで、乾乳牛は別牛舎で管理し、分娩後に移動する。グラスは全てラップサイレージだが、バーチカルミキサーで切断し、とうもろこしサイレージと組み合わせてTMR調製している。

　図9-15-1は、N酪農家の牛群検定WebシステムDLにおける「総合グラフ」で疾病関連を示している。分娩後60日以内死廃率は1.1％、死産発生率は2.1％、50日以内乳脂率5.0％以上は6％と分娩前後で極端に低い。しかし、100日以内乳蛋白率2.8％以下は26％と高い割合で点在し、上記②に該当する。

　図9-15-2は、N酪農家の同システムにおける「個体検定日グラフ」で、分娩後日数別個体牛BHBAの分布を示している。BHBA0.13mmol／ℓ以上は、分娩直後ではなく数日後に集中していた。空胎日数が長いため、乾乳期の肥り過ぎをチェックしたものの、適度な肉付きで問題はなかった。現場で牛とエサ、管理を確認したうえで、分娩管理に問題はないが、乳量ピーク時のエネルギー不足と結論づけた。

　乳量がピークを迎える際に飼料を増やし、摂取エネルギーを高めるようにアドバイスした結果、高BHBA牛は少なくなり、繁殖成績は以前より回復した。分娩後の経過日数で高BHBA牛が集中する時期を見極めれば問題解決は早い。

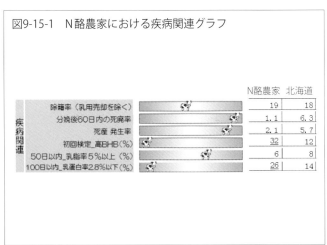

図9-15-1　N酪農家における疾病関連グラフ

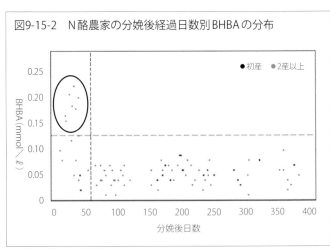

図9-15-2　N酪農家の分娩後経過日数別BHBAの分布

16）初産牛は分娩直後にケトン体（BHBA）が高い

⇒事前に施設・機器・群の馴致を

表9-16-1は、分娩後経過日別における産次別の高BHBA（0.13mmol／ℓ以上）牛割合を示している。分娩後7日以下が25.2％と高く、8～14日は18.8％で、経過日数とともに低くなる。注目すべきは初産牛の分娩後7日以下で、高BHBA牛割合が36％と他の産次や経過日と比べて初産牛だけが極端に高い。

子牛は人によって管理され、哺乳から育成まで優しい眼差しが注がれ、育成牛になれば広いパドックで自由が保たれ、仲間数頭のグループで飼われる。このように育てられた牛が、分娩を機に、住むところ、喰べるもの、仲間も激変する。すべての牛が飼槽で採食しているのに後方で待ちぼうけしていたり、狭いスペースで強引に喰べているのは初産牛だ。

繋ぎ牛舎で満床のため、1頭が乾乳牛舎へ移動して空いた所に分娩近い初妊牛1頭を連れてくる。すると、すべての牛は採食後に横臥するが、その初妊牛だけは起立している姿が見受けられる。隣の姉さん牛に首や体を頭突きや威圧され、喰べることも飲むことも寝ることもできない（**写真9-16-1**）。その結果、潜在性ケトーシスであるBHBAが高くなり、ふんまみれになり、ガリガリに痩せて第四胃変位等の疾病が発症する。

若牛は高齢牛より新たな環境への順応力が高いものの、急激な変化は大きなストレスとなる。トラブルを避けるためにも育成時に、搾乳牛の牛舎レイアウト、ストール、敷料、飼槽、水槽等の施設や機器に馴らして、分娩2週間前からパーラーを何回か素通りさせる。

繋ぎ牛舎では、初妊牛の隣のストールを一つ空けるか、できなければ初産牛の隣にする。牛舎が満床であれば、別棟で分娩させ、重いストレスを一つ除いてから繋ぐべきであろう。フリーストールでの牛群移動は1頭だけでなく数頭以上を、採食時ではなく休息時に行なう。これを日中でなく夜間にすることで、朝までに牛同士の認識度が高くなり衝突が少なくなる。一定スペースに必要以上の頭数を入れた密飼い状態になると、闘争が起きやすくなる。

初めて分娩を迎える高価で貴重な後継牛は、搾乳牛群へのスムーズな移行が求められる。20カ月以上育成して、期待に応えてもらうためにも、新たな施設やエサには事前に馴致させる等、特別な配慮が必要になる。

表9-16-1　分娩後経過日別における産次別の高BHBA牛割合

分娩後経過日	産次	1	2	3	全体
7日以下	頭数	113	107	200	420
	高BHBA牛頭数	41	16	49	106
	高BHBA牛割合	36.2	15	25	25.2
8～14日	頭数	404	340	743	1487
	高BHBA牛頭数	68	58	153	279
	高BHBA牛割合	16.8	17.1	20.1	18.8

高BHBAは0.13mmol／ℓ以上　　　（頭・％）

写真9-16-1　隣の姉さん牛に首や体を頭突き威圧される

17）高産次牛と冬期はケトン体（BHBA）が高い

⇒多発する牛と時期に細かな配慮を

　ここ数年、酪農家の大規模化に伴う管理技術の不備や人手不足で、乾物摂取量低下やストレス負荷が高まっている。高産次牛ほど体が大きく高乳量で、脂肪付着が多くなるため、エネルギー代謝の仕組みから高BHBAと密接な関係となる。

　図9-17-1は、北海道における分娩後60日以内の高BHBA（0.13mmol／ℓ以上）牛の割合を産次別に示した。高BHBA牛割合は、初産7.0％、2産8.6％、3産13.6％、4産14.0％、5産以上13.0％と、産次が進むほど割合は高い。

　図9-17-2は、分娩後60日以内における高BHBA牛割合を暦月別に2カ年示した。6〜12月は6〜10％程だが、1〜5月は10％を超え、分娩後30日以内も同様な傾向であった。冬期（舎飼期）は、夏期から秋口（放牧期）より高BHBA牛が多く、寒さによるエネルギー不足と給与するサイレージの醗酵品質が関係していると推測できる。

　不良醗酵したサイレージに含まれる酪酸は第一胃および第三胃の上皮に吸収され、ケトン体へ変換される。つまり、サイレージの醗酵品質が悪くなると、血中BHBA量が高まりケトーシスが発症する。1日100g以上の酪酸を摂取すると潜在性ケトーシス、200g以上では臨床性ケトーシスの危険性が高まる。グラスサイレージの給与可能量は、酪酸含量0.5％であれば20kg以下、1.0％であれば10kg以下、1.5％であれば7kg以下が目安だ（米国ウィスコンシン大学、ギャレット・オッツェル）。

　北海道の粗飼料分析値を見ると、グラスサイレージ中の酪酸含量は現物中0.1％程だが、理想は検出されないこと（未検出）である。近年サイレージ調製技術は格段に高くなっているものの、酪農家によっては酪酸0.3％以上も散見される。血液中BHBAの分析は頻繁にできないため、給与するサイレージの醗酵品質（酪酸量）で推測していたという研究者もいた。

　1日に朝晩2回BHBAを分析すると、酪農家によって朝（もしくは晩）だけ高いという偏りがある。エサを給与する時間帯によって乳へ移行するタイムラグがあり、1日1回給飼や酪酸醗酵サイレージが多い酪農家に顕著に見られる。高産次、冬期間ほど高BHBA牛が多発することから、牛や季節によって細かな配慮が求められる。潜在性ケトーシス（乳中BHBA）のモニタリングは、飼養管理の必須事項とすべきだ。

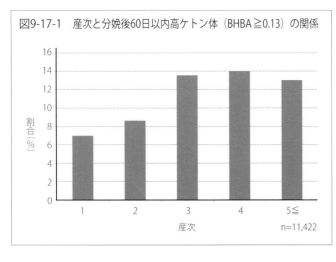

図9-17-1　産次と分娩後60日以内高ケトン体（BHBA≧0.13）の関係

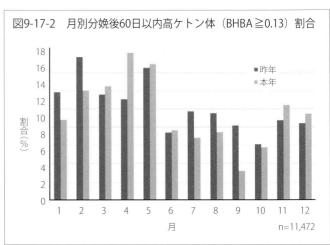

図9-17-2　月別分娩後60日以内高ケトン体（BHBA≧0.13）割合

18) 添加剤でケトン体（BHBA）を低下させる

⇒バイパスグルコースの給与を

　乾乳期間は乾物摂取量が12～13kgで推移するものの、分娩時は7～8kgまで落ち込み、その後、徐々に喰い込むが20kgに達するのは15日目頃だ。産次が進むほど、過肥牛ほど、落ち込む度合は大きく、ケトーシス等の周産期病につながる。

　乾乳前期に喰い込んだ牛は、乾乳後期でも産褥期でも飼料充足率が高く、この期間に喰い込んだ牛は泌乳初期でも喰い込む。逆に、乾乳前期に喰い込まない牛は、乾乳後期も産褥期も飼料充足率が低く、そこで喰い込まない牛は泌乳初期でも喰い込まない。つまり周産期疾病対策は、分娩前後における乾物摂取量の落ち込みを、肝臓に負担をかけず、いかに減らすかがポイントになる。

　グルコースは泌乳期の主要な栄養素で、乳量1kg当たり約75g、乳量30～40kgであれば2～3kgが必要だ。グルコースは下部消化管から吸収されるため、ルーメンをバイパスさせることで直接的にエネルギー状態の改善に寄与する。

　2種類の糖で構成され、各々吸収スピードが異なり、エネルギー不足を最小限に抑えることが期待できるバイパスグルコース（BG）製剤がある。移行期の分娩前3週間～分娩後3週間、1日1頭当たり150～200g添加する。それを4酪農家の27頭に給与して現場試験を実施し、初回検定時における前乳期（無給与）と今乳期（給与）の乳成績をまとめた。

　結果は、今乳期が、乳量6.9kg、乳タンパク質率0.12ポイント、脂肪酸組成のデノボ脂肪酸（De novo FA）2.0ポイント高くなった。産次補正はしていないものの、乳量・乳成分だけでなく、ルーメン環境や繁殖改善効果が認められた。嗜好性の問題もなく、酪農家の評判も良かった（**表9-18-1**）。

　また、そのBGを給与した牛の代謝プロファイルテスト結果を見ると、分娩後5日後における血糖値の維持とBHBAの上昇抑制が認められた。マグネシウムやコレステロールの低い牛が多い傾向にもかかわらず改善され、肝機能や他の血液性状に差は認められなかった（**表9-18-2**）。F酪農家のBG給与前と給与1年後のBHBA変化を確認したが、初回検定高BHBA（0.13mmol／ℓ以上）牛割合は30％から14％まで低下していた。

　酪農で非常に重要な牛はVIC（Very Important Cow）といわれ、周産期の牛を指す。管理を徹底して周産期病を減らすべきだが、それでも悩むようであれば、BGを給与してみるのは価値がある。

表9-18-1　BG給与における初回検定時の前乳期（無給与）と今乳期（給与）の関係

乳期	検定日数	乳量	乳脂率	デノボ	ミックス	プレフォーム	乳タンパク質率	体細胞数	初回授精日
前（無給与）	23	30.6	4.37	24.4	24.8	45.7	3.22	128	92.2
今（給与）	22	43.5	3.82	26.4	25.4	43.2	3.34	133	83.7
差	-1	6.9	-0.55	2.0	0.6	-2.6	0.12	6	-8.5

同一牛27頭、今乳期平均産次3.2産　　　　　　　　　　　　　　　　（日・kg・％・千個・mmol／ℓ・頭・日）

表9-18-2　BG給与における代謝プロファイルテスト

	頭数	血糖	BHBA	TCHO	ALB	GOT	GGT
無給与	7	52.1	0.77	79.3	3.1	90.3	26.0
給与	8	55.8	0.59	71.3	3.2	78.5	26.6

分娩後5日目採血　　　　　　　　　　　　　　　　　　　　　　　　（mg／dl・mmol／ℓ・IU／ℓ）

19）個体乳量とケトン体（BHBA）は関連がない

⇒乾乳から泌乳初期の飼養管理で

図9-19-1は、個体乳量と、分娩後60日以内の潜在性ケトーシスが疑われる高BHBA（0.13mmol／ℓ以上）牛割合を示している。両者に相関はなく、個体乳量が多いからといってBHBAが高いかというと、そうではない。このことは、分娩前後の飼養管理の改善によってケトーシスを防ぐことが可能であることを意味する。

図9-19-2は、個体乳量1万4500kgを搾るK乳農家におけるBHBA分布を示している。初回検定高BHBA牛割合1%以下（北海道9%）、50日以内乳脂率5%以上牛割合2%（同7%）、100日以内乳タンパク質率2.8%以下牛割合6%（同7%）だ。BHBAをモニターして対処することで、周産期病を断ち切ることができ、健康な牛群で高泌乳を実現できることを物語っている。

酪農家における潜在性ケトーシス罹患率のガイドラインは、初回検定高BHBA牛割合15%未満で、この数値を上回れば「管理の見直しが必要」と判断する。分娩後60日以内の高BHBA牛割合は毎月変動があるものの14%程だ。

高BHBAを予防するには、基本的な事項として三つのポイントがある。
①分娩前後における乾物摂取量の落ち込みを少なくして飼料充足率を高める。
②分娩時点で肥り過ぎないように泌乳末期から乾乳期の管理を徹底する。
③分娩直後における低カルシウム血症等の周産期病を減らす。

緊急的な対応としては、プロピレングリコールを分娩3週間前から分娩日まで1日500ml経口投与して血中グルコース濃度を高めることだ。グリセリンはインシュリンのレベルを高め、急激な体脂肪動員を抑制し、代謝経路を活性化して血中のケトン体濃度を抑える。糖蜜は搾乳牛用の配合飼料に2〜5%含まれていることから、原液を使う場合は1日400〜500g以内にしてエネルギー補給とする。

個体牛は分娩後1カ月以内のBHBAを集中的にモニタリングすべきで、時系列に1年の長期スパンでの動きや、暦月（暑熱・寒冷・粗飼料の切り替え時）でも確認する。春先に雨が当たってバンカーサイロの廃汁が混ざり、アンモニア態窒素分の高いサイレージを給与したことでBHBAが高くなった事例もある。また、乳成分（乳脂率・乳タンパク質率・P／F比・乳糖率、MUN）、牛の体調（BCS、喰い込み、毛づや、疾病）、粗飼料の品質・量（酪酸）と組み合わせて判断する。

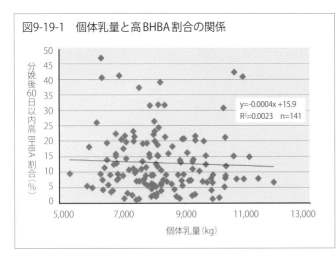

図9-19-1　個体乳量と高BHBA割合の関係

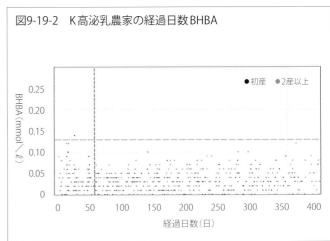

図9-19-2　K高泌乳農家の経過日数BHBA

20）ケトン体（BHBA）は子牛のルーメン醗酵だ

⇒0.25mmol／ℓ以上が離乳の目安か

　泌乳牛のケトン体（BHBA）はエネルギー源であるにもかかわらず、周産期疾病と関連づけられて悪者扱いされている。泌乳初期に血液の遊離脂肪酸（NEFA）が過剰になると、肝臓で処理できないため生成されるからで、泌乳牛は乳のBHBA濃度が0.13mmol／ℓ以下となる飼養管理を目指すべきだ。

　一方、子牛のBHBAはルーメン発達指標と考えられ、反芻胃の醗酵程度としてとらえることができる。人工乳（スターター）摂取量が増えるほど、血中BHBAとの相関が高い。揮発性脂肪酸であるVFAの酪酸がルーメンから吸収されるときにBHBAへ変換されるからだ。人工乳の摂取量が増えると血中BHBA濃度が高くなり、給飼後2時間は顕著であった（福森理加、2012）。

　図9-20-1は、子牛の生後週齢と血中BHBA濃度の関係を示しており、週齢が進むほど雄雌とも上昇する。

　図9-20-2は、子牛の血中BHBAと総人工乳摂取量の関係を示しており、代用乳から人工乳へ移行する目安にもなりつつある。離乳後に十分な発育（離乳後2週間のDG0.85kg）を得るためには、離乳時のBHBAは0.25mmol／ℓ以上で、哺乳期間中の総人工乳摂取量は20kg程度と推定される（米澤智恵美、2008）。

　人工乳1kgを3日続けて摂取した際の血中BHBA濃度が0.2mmol／ℓと報告されている（Deelen、2017）。ただし、離乳時のBHBAは人工乳摂取量と高い正の相関があるが、簡易計測器は最低表示値が0.1mmol／ℓ前後で、小数点の細かな数値が得られない。また、子牛の成長に伴い血中BHBAは増加するが、すべてがルーメン醗酵量ではない可能性がある……など問題も多い。

　ここ数年、高栄養哺乳と称して代用乳を1日8ℓ以上飲ませ、増体量を増やす技術が普及してきたが、人工乳の喰い込み不足やルーメンの発達遅延等も指摘されている。酪酸は早くから着目され、腸管の発達が著しい哺育期で効果が見られる人工乳に添加されている。ミルクは哺育子牛の栄養源としては最高のものだが、ルーメン絨毛を作り消化力を高めることも必要だ。生後3日目頃からスターターを手やりで口に入れ、味を覚えさせ、早く慣れさせる。

　子牛のルーメンを発達させることは非常に重要で、その大きさだけでなく、ルーメン壁の厚さと絨毛組織も必要になる。離乳のタイミングは、従来、経験に基づく感覚的な方法であったが、今後、新たな手法が普及するかもしれない。その手法は「乳から」ではなく、「血から」のモニタリングであるが、子牛にとって価値の高いものだ。

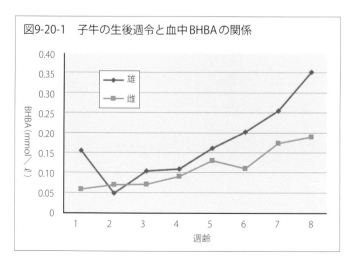

図9-20-1　子牛の生後週令と血中BHBAの関係

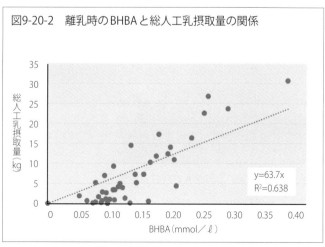

図9-20-2　離乳時のBHBAと総人工乳摂取量の関係

粗飼料の品質について生産者と検討（著者左）

第10章

乳中遊離脂肪酸（FFA）からの
モニタリング

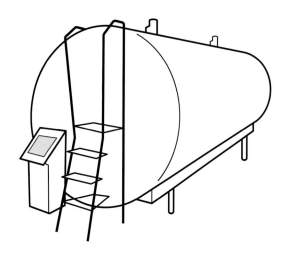

1）乳中遊離脂肪酸（FFA）は異常風味を推測できる

⇒2mmol／100g Fat以上は注意を

北海道は2017年からバルク乳検査情報として、遊離脂肪酸FFA（Free Fatty Acid）が提供されている。FFAは生乳中の脂肪分解程度を表し、これが進むと「ランシッド」という異常風味を引き起こす。

乳脂肪は、グリセロールに3本の脂肪酸が結合した構造で、この結合部分に脂肪分解酵素であるリパーゼが働くと、脂肪酸がグリセロールから外れて遊離する（**図10-1-1**）。この遊離した脂肪酸のうち短鎖のものは揮発性が強いために、極端な場合は異常風味となる。乳脂肪は脂肪球膜によって、リパーゼの作用から保護されている。

北海道における生乳の検査成績である集乳旬報では、旬毎に月3回程FFAが報告されている（**図10-1-2**）。FFAは、脂肪100g中の水酸化カリウム滴定量を「mmol／100g Fat」という単位で表す。北海道の平均は0.7～0.8 mmol／100g Fatだが、2.0を超えると要注意で風味に異常を感じるケースがある。ただ、2.0を超えても揮発性脂肪酸が少ない場合は異常を感じないケースもあり、最終的に官能評価で判断される。異常風味と判定されると、生乳の出荷ができず、酪農家にとって莫大な損失になる。

FFA上昇の対応策は、脂肪球膜を壊さないよう、生乳をやさしく扱い、泡立たせず、バルククーラーへの初回投入時には凍結しないよう注意することだ。バルククーラーやレシーバージャーで極端な泡立ちが見られる場合は、搾乳システムのエアー漏れや、ミルク配管の勾配不良が考えられるので設備点検を実施する。また、ロボット搾乳は、過度に搾乳回数が増えると脂肪球膜が破れやすくなるので、導入数カ月後に見直すべきだ。

他方、乳牛は摂取エネルギーが不足すると体脂肪が動員される。乳脂肪は酪酸等の水溶性かつ揮発性の脂肪酸を含むので、遊離して一定限度を超えると不快な異常臭を発する。粗飼料の質と量、エサのバランスに注意して、ルーメンの働きを損なわせないことがポイントだ。

異常風味は、①経営規模が大型と小型の両極端、②暑熱時・移行時・厳寒時、③高泌乳農家と放牧農家、にリスクが高いといわれている。大型経営では、急激な増頭に見合うだけの粗飼料を確保されていないケースもある。暑熱時期は、牛は醗酵熱が出る繊維飼料を嫌い、濃厚飼料の選び喰いや固め喰いをする。

FFAは異常風味を推測することができ、バルク乳2.0mmol／100g Fat以上のときは注意すべきだ。

図10-1-1　乳脂肪の模式図と脂肪分解過程

図10-1-2

集　乳　旬　報　　2021/○/○

（公社）北海道酪農検定検査協会

（2020年12月中旬）

検査成績

検査項目	12月中旬	12月上旬	11月下旬	11月中旬
脂肪率 (%)	4.10 (3.88)	4.04 (3.82)	3.99 (3.91)	3.98 (3.98)
蛋白質率 (%)	3.50 (3.32)	3.43 (3.30)	3.40 (3.32)	3.41 (3.27)
乳糖・灰分率 (%)	5.49 (5.57)	5.48 (5.56)	5.47 (5.56)	5.50 (5.60)
無脂固形分率 (%)	8.99 (8.89)	8.91 (8.86)	8.87 (8.90)	8.91 (8.87)
全固形分率 (%)	13.09 (12.77)	12.95 (12.68)	12.86 (12.81)	12.87 (12.85)
MUN (mg/dl)	12.7 (14.5)	12.0 (14.8)	13.2 (12.3)	14.5 * (12.2)
氷点 (-'H)	0.548 (0.548)	0.547 (0.550)	0.546 (0.549)	0.545 (0.551)
FFA（ミリモル/100g脂肪）	0.78 (0.66)	0.68 (0.32)	0.91 (0.46)	1.02 (0.68)
デノボ Milk (%)	1.12 ( )	1.09 ( )	1.06 ( )	1.05 ( )
デノボ FA (%)	29.2 ( )	29.0 ( )	28.2 ( )	28.3 ( )
プレフォームFA (%)	36.6 ( )	37.7 ( )	39.8 ( )	38.6 ( )
生菌数（万/ml）	0.1 (0.3)	0.1 (0.2)	0.3 (0.1)	0.1 (0.1)
体細胞数（万/ml）	9.5 (7.8)	8.1 (7.4)	15.3 (11.4)	11.5 (5.7)

（ ）は前年度同月同旬

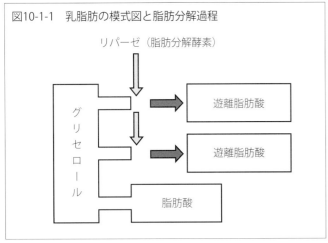

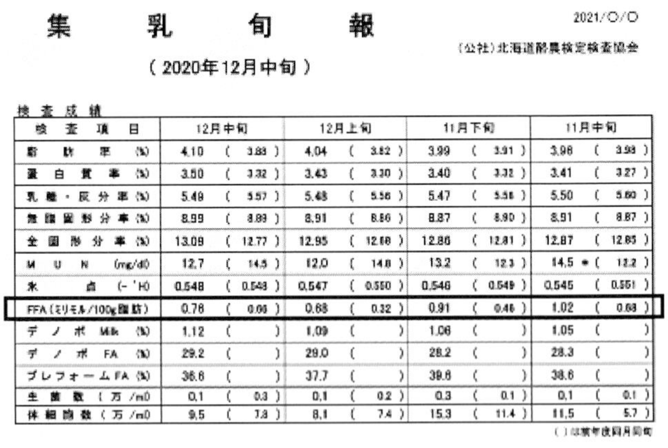

2）乳中遊離脂肪酸（FFA）は酪農家で差がある

⇒数％の酪農家は異常風味に注意を

　血液の遊離脂肪酸（NEFA）は代謝プロファイルテストで測定でき、エネルギー充足を評価する代表的な項目だ。乾乳期の過肥や分娩後の飼料摂取量不足では体脂肪を動員するが、その代謝がうまくいかなくなるとNEFA数値が高くなる。NEFAが高値になると、肝機能障害（ケトン症や脂肪肝）、第四胃変位、繁殖障害につながるケースが多い。生乳・血液、双方とも「遊離脂肪酸」という同じ言葉が出てくるが、生乳の場合は、乳の取り扱い問題が加わる。

　図10-2-1は、北海道の酪農家4032戸における年間36旬・14万7000検体のFFA（乳中遊離脂肪酸）分析戸数割合である。酪農家個々で差が大きく、0.50mmol／100g Fat以下は3割、0.51〜1.00は5割、1.01〜1.50は1.5割で正規分布している。異常風味の可能性がある1.51〜2.0は3％、2.01以上は全体の約1.4％であった。ただ、この数値は酪農家の年間平均であって、個別でバルク乳を旬別に見ていくと、時期によって数値が急激に上昇するときがある。

　図10-2-2は、北海道Ａ管内628戸の酪農家における年間出荷乳量とFFAの関係を示したが、相関係数は－0.389であった。年間出荷乳量が多い酪農家はFFAが低く、少ない酪農家はやや高めでバラつきが大きかった。

　規模が大きな経営では、ミルカーからバルクまでの搾乳システムが新しく、基準通りに設置・設定されている場合が多い。攪拌で過度に泡出たせる、高いところから落下させる、ミルク配管が長過ぎる等がなく、乳への物理的な衝撃は少ない。飼料給与や乳牛管理においてもマニュアルが整備され、スタッフの技術的水準が高い場合が多い。栄養状態が極端に悪い、ルーメンの恒常性の乱れ等は少ないと推測できる。

　基本的に、FFAはバルク乳を対象に分析されているが、個体乳の集合で数値が動くということは、個体牛の状態がおよそ推測できる。Ｓ町では、獣医師や普及員がバルク乳FFAの微妙な動きを注意深くモニターしている。とくにTMRの飼料設計変更時や、バンカーサイロの開封時では、コンマ単位で追跡していた。搾乳システムや生乳の取り扱いは日々変わることがないため、給与しているエサが反応しているという考えからだ。FFAのモニタリングは、生乳の取り扱いと飼養管理の双方からのアプローチが必要で、どちらに問題があるかによって対策が違ってくる。

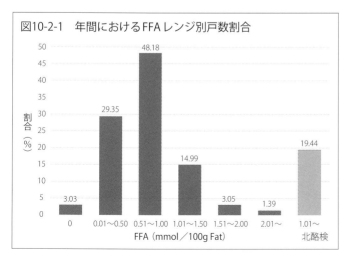

図10-2-1　年間におけるFFAレンジ別戸数割合

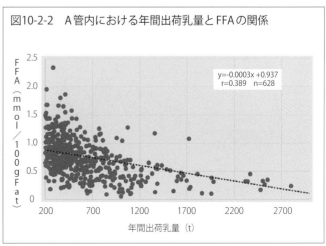

図10-2-2　Ａ管内における年間出荷乳量とFFAの関係

3) 乳中遊離脂肪酸（FFA）は地域で差がある

⇒北海道と都府県では異なるのでは

　前項で、北海道における乳中遊離脂肪酸（FFA）の平均は0.7〜0.8mmol／100g Fatで、2.0を超えるのは一部の酪農家だと述べた。

　図10-3-1は、ある県で講演依頼されたときに頂いた資料の一部である。県内には八つの支部があり1年間における月旬のバルク乳FFAの推移を示している。単純に各支部のバルク乳を1個とすると、年間を通して228個の数値が存在し、その平均は2.03mmol／100g Fat、最低は1.49、最高は2.89、支部間で差はなかった。冒頭の通り、北海道では大部分が低く推移するものの、この県では平均でも2mmol／100g Fatを超えていた。担当者に聞くと、「過去に異常風味はあったが、ここ数年問題になったことはない」と話す。

　北海道と都府県では飼料基盤が異なる。北海道は年間を通して自給飼料が主体で、グラスやとうもろこしサイレージを1日1頭当たり30kg以上給与している。都府県は輸入粗飼料が多く、時期によって品質や量に差が生じることもある。また、粕類（しょうゆ粕・ビール粕・豆腐粕等）や油脂の割合が高い場合もある。

　なお、同一県であっても地域によって気象条件が異なり、冬場より夏場にFFAが高くなっていた。11〜3月における120個のバルク乳FFA平均は1.89mmol／100g Fat、7〜9月における72個の同平均は2.88で、2.50を超え危険水域にまで達していた。暑さが苦手なホルスタインにとって大きなストレスなのであろう。酪農家個別で旬別FFAを考えると、集荷月によっては異常風味のリスクが極めて高い。

　表10-3-1は、ある県内におけるランダムに選んだ酪農家の年間バルク乳の成績を示している。同一県であっても、乳成分や乳質、とくに体細胞数は9.7万〜24.5万個まで大きな差が認められた。FFAについて最少はE酪農家1.54mmol／100g Fat、最大はB酪農家2.06であった。

　「乳からのモニタリング」研修会を実施しても、FFAを熱心に聞き質問がくるところと、無関心なところと明確に分かれる。この違いは、過去に周辺酪農家が異常風味で出荷停止になって大きな問題になったかどうかだ。このようにFFAは地域で差があり、とくに北海道と都府県では大きく異なる。

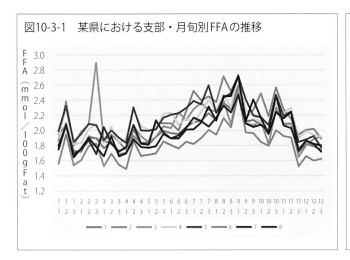

図10-3-1　某県における支部・月旬別FFAの推移

表10-3-1　酪農家における年間バルク乳の乳成績

農家名	乳成分			乳質	
	乳脂率	蛋白	乳糖	体細胞	FFA
A	3.76	3.37	4.70	205	1.98
B	3.92	3.33	4.67	149	2.06
C	3.68	3.21	4.50	251	2.04
D	4.02	3.38	4.64	245	1.93
E	3.95	3.46	4.68	154	1.54
F	4.10	3.50	4.58	283	1.76
G	3.80	3.42	4.59	240	1.60
H	3.93	3.43	4.62	97	1.61
I	3.96	3.28	4.56	131	1.80
J	3.97	3.31	4.55	168	1.85

（％・千個・mmol／100g Fat）

4）乳中遊離脂肪酸（FFA）は暦月で差がある

⇒暑熱と移行期は飼養管理の徹底を

　北海道のバルク乳検査は、乳脂率や乳タンパク質の成分だけでなく、乳中遊離脂肪酸（FFA）も分析提供している。乳頭口から出荷までの間での生乳への物理的衝撃や牛の生理的変化によっては、脂肪分解が起きて異常風味が起こることを確認している。乳中の脂肪酸は血中の遊離脂肪酸と違い、生乳の取り扱いも影響する。

　図10-4-1は、北海道における酪農家4032戸のバルク乳FFAを月別に見たものである。年間通して0.7mmol／100g Fat前後で推移しているが、6月は0.63、8月は0.82と差がある。8月は暑熱で十分な粗飼料や副産物を摂取できず、飼料充足およびバランスが崩れている。6月は気温が適度で、給与飼料の状態は安定しており、牛へのストレスが少なく体調が良好と推測できる。

　図10-4-2は、北海道A管内における酪農家625戸のバルク乳FFAを月別に見たものである。そこは草地型酪農地帯で、給与飼料はグラスサイレージ主体であり、放牧農家が点在し、FFA年間平均は0.79 mmol／100g Fatだが、4月は0.90、10月は0.84、6月は0.63であった。4月は舎飼から放牧への移行期で、貯蔵粗飼料が少なく十分な給与ができず、10月は昨年産の粗飼料から、今年産の粗飼料への変換時期である。繊維源を年間通して、安定的に確保し給与できるかが課題である。二つの図では戸数が多いことを考えると、個々の酪農家で見れば、さらに暦月で大きな動きがあることが推察される。

　各酪農家では、同じ牛群、同じ搾乳システムで毎日作業が行なわれていることから、経過別にFFAの数値が動くときは、粗飼料の質・量、エサのバランスに原因がある。さらに、移行期や、極端な暑熱月や寒冷月は牛がエサを十分に喰べられる環境でなく、健康状態が異なっていることを意味する。粗飼料の切れ目や気温の寒暖、分娩頭数が増える等、条件が悪いときの飼養管理が重要になる。

　1年を通してFFAが1.0 mmol／100g Fat以下で安定していれば、乳の取り扱いと牛の体調管理が良好と判断してよい。しかし、暦月で上下するのであれば、乳の取り扱いというよりも、給与する飼料と牛周辺の環境を確認するべきであろう。このようにバルク乳FFAを経時的に見ることは、牛の体調判断にも有効だ。

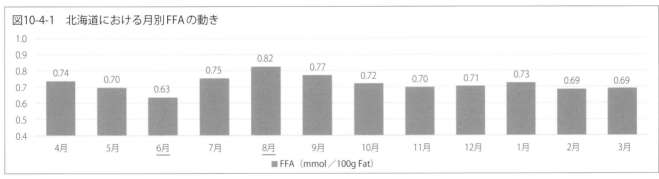

図10-4-1　北海道における月別FFAの動き

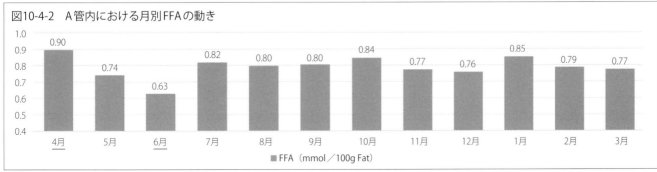

図10-4-2　A管内における月別FFAの動き

5) 乳中遊離脂肪酸（FFA）は搾乳形態で差がある

⇒個体乳の集まりがバルク乳へ

個体乳およびバルク乳試料の94セットについて、両者の乳中遊離脂肪酸（FFA）の関係を北酪検が調査した（**図10-5-1**）。平均は個体乳0.73mmol／100g Fat、バルク乳0.64で、回帰分析は相関係数0.488と中程度の関連が認められた。搾乳形態別ではパーラーで0.614、パイプライン0.406といずれも中程度の相関が認められたが、搾乳ロボットは0.154とほとんど相関が認められなかった。

搾乳形態別における個体乳とバルク乳FFAの関係について、パイプライン32セット、パーラー12セット、搾乳ロボット50セットを示した（**図10-5-2**）。個体乳の平均値は、パイプライン0.41mmol／100g Fat、パーラー0.21、ロボット1.06と、搾乳ロボットが最も高く、次いでパイプライン、パーラーの順であった。バルク乳の平均値は、パイプライン0.63mmol／100g Fat、パーラー0.11、搾乳ロボット0.77で、個体乳と同順であった。

両試料ともに搾乳ロボットの平均値が高いのは、他の搾乳形態と比べ搾乳間隔が短くなることが原因と考えられた。Kleiら（1997）は、搾乳頻度の高い乳は短鎖脂肪酸が増加し、2回搾乳と比べて3回搾乳の乳は脂肪分解が起こりやすいことを示唆している。

次に、個体乳およびバルク乳の平均値の差を見たら、搾乳ロボットで0.29mmol／100g Fatと最も大きかった。これは、個体乳試料が自動サンプリング装置でまとめられる影響と考えられた。パーラーやパイプラインのように検定員が直接試料を採取する方法と比べ、採取後、容器の密閉や冷却保管するまでの時間に幅があった。そのためFFAが増加しやすい状況で、個体乳とバルク乳の平均値と乖離したものと推測できる。

パイプラインでは、バルク乳と個体乳の平均値の差は0.22mmol／100g Fatと、バルク乳が高い結果となった。パイプラインはミルク配管が長いため、乳がバルクタンクに運ばれる過程において、脂肪球がより多くの物理的なダメージを受けたためと考えられた。

異常風味を示唆するFFAに影響を与える要因は、乳の取り扱いと飼養管理の2方向が考えられる。個体乳の集まりがバルク乳として判断すべきだが、FFAは搾乳形態で微妙に差があるので注意が必要だ。

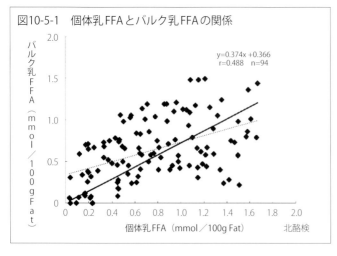

図10-5-1　個体乳FFAとバルク乳FFAの関係

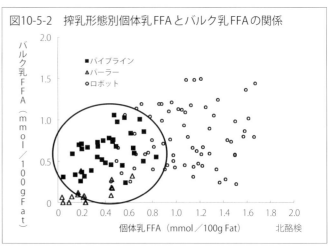

図10-5-2　搾乳形態別個体乳FFAとバルク乳FFAの関係

6）乳中遊離脂肪酸（FFA）はケトン体（BHBA）と関連する

⇒暑熱と移行期は飼養管理の徹底を

　獣医師から、個体牛の乳中遊離脂肪酸（FFA）と乳中ケトン体（BHBA）は関連性があるのではないか、との指摘を受けた。確かに、FFAは乳の物理的衝撃の要因を除けば、飼料のバランスや充足率、ルーメンの動き等、牛の体調が関連する。また、血中遊離脂肪酸（NEFA）は体脂肪動員を反映し、破綻すると血中BHBAが産生されるため、乳中BHBAと密接に関連する。

　基本的に、FFA分析はバルク乳が対象で、個体乳は公表されていないものの、乳検時にサンプルを分析している。そこで、北海道の5地域における個体乳のFFAとBHBAの関係を見たところ、FFAは平均0.600（0.396～0.677）mmol／100g Fat、BHBAは平均0.031（0.012～0.036）mmol／ℓであった。ただ、FFAゼロ牛の割合が2割（地域16～23％）、BHBAゼロ牛の割合が5割（地域29～67％）程で地域に大きな差があった。そこでFFAとBHBAゼロを除き、分娩直後から泌乳初期と推測できる牛を対象として関係を調べた。

　表10-6-1は、地域別に個体乳のFFAとBHBAの相関係数を示したが、C地域は0.047mmol／100g Fatと関係はなかったが、B地域は0.319と関係が認められた。しかも、BHBAがゼロより大きい牛、BHBA・FFA双方がゼロより大きい牛の数値に着眼すると関係は高くなった。BHBAとNEFAが必ずしも一致しないのは、潜在性ケトーシスのタイプが摂取エネルギーの不足か、体脂肪動員によるものか、反応は数日間のタイムラグがあるからではないか、と考えられる。ただ、双方をモニタリングすることで、より迅速な対応が可能になる。

　図10-6-1は、B地域における個体牛3234頭のFFAと乳BHBAの関係を見たが、ゼロを除くと相関係数0.408と関係がある。また同地域でも、暑熱で喰い込みが十分でない8月は、双方の関係は高い傾向を示した。これらのことから、牛は健康で乾物摂取量が十分な酪農家や地域は、BHBAとFFAは低く集中するため相関が低い。しかし、多くの酪農家は分娩後にトラブルが生じており、個体乳はFFAやBHBAと関連があると見るべきだ。

　中性脂肪の「中性」は酸でもアルカリでもない、中性を示す脂肪のことである。この脂肪はグリセロールというアルカリ性を示す物質と脂肪酸という酸性を示す物質が結合してできている。水に溶けにくく、血液中ではリポタンパクと呼ばれる粒子の中に存在する。

　BHBAの分析は乳検時の月1回であるため、タイミングを逸することが少なくない。そこで、毎旬で報告されるバルク乳FFAの数値を経時的に見ながら、牛個々の代謝と健康をBHBAで判断すべきであろう。

表10-6-1　地域における個体乳FFAとBHBAの相関係数

地域	A	B	C	D	E
頭数	25,018	9,308	9,448	1,338	5,502
全頭	0.100	0.319	0.047	0.187	0.308
BHBAゼロより大きい牛	0.131	0.310	0.040	0.140	0.264
BHBA・FFAゼロより大きい牛	0.266	0.408	0.135	0.185	0.333

（頭）

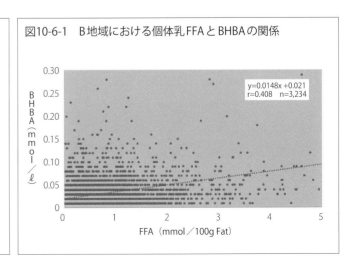

図10-6-1　B地域における個体乳FFAとBHBAの関係

7）乳中遊離脂肪酸（FFA）はデノボ脂肪酸と関連する

⇒異常風味の原因を追求する手段に

　異常風味を示唆する乳中遊離脂肪酸（FFA）に影響を与える要因は、乳の取り扱いと飼養管理の2方向が考えられる。FFAが高い酪農家はどちらに原因があるのか。脂肪酸組成でルーメンの動きが活発かどうかでも判断できるはずだ。もし、乳の取り扱いに問題がなければ、バルク乳FFAは、牛群の健康度を示す乳成分や脂肪酸組成と関連すると仮説を立てた。

　表10-7-1は、北海道の酪農家におけるバルク乳1万1095戸分のFFAと乳成分を示した。乳脂率に大きな違いはないものの、飼料充足率を判断できる乳タンパク質率は、0.8mmol／100g Fat以下が3.33%、2.01以上が3.20%（最小2.85%）まで低下している。さらに、肝臓機能の強弱が判断できる乳糖率は、同4.44%、4.35%（最小4.16%）まで低下している。なお、FFAと体細胞数やMUN（乳中尿素窒素）に一定の傾向は認められなかった。

　表10-7-2は、同様に北海道におけるバルク乳FFAと脂肪酸（FA）組成の関係を示した。デノボMilkは、FFA0.8mmol／100g Fat以下で1.09%だが、2.01以上は1.01%（最小0.75%）まで低下している。プレフォームMilkは1.39%だが1.41%（最大1.79%）まで高くなっている。デノボFAは、FFA0.8mmol／100g Fat以下で29.1%だが、2.01以上は27.4%（最小23.4%）まで低下している。プレフォームFAは37.1%が38.3%（最大46.0%）まで高くなっている。ミックスMilkとミックスFAは双方とも一定の傾向は見られなかった。

　一年を通してFFAの数値が1.0mmol／100g Fat以下で安定していれば、乳の取り扱いおよび牛の体調は良好と判断してよい。しかし、バルク乳の旬別でFFAが大きく動く場合、牛群構成や搾乳システム等の要因は想定しづらい。むしろ、暑熱時、移行時、厳寒時、放牧時に多く見られ、乾物摂取量が不足して体脂肪が動員されていることが推測される。脂肪酸の中で不飽和脂肪酸や水素添加が上手くいかず、トランス脂肪酸の給与量も問題と推測できる。

　毎旬報告されるバルク乳FFAの数値が経時的に上下する時は、給与している粗飼料の質・量の影響を受ける脂肪酸も原因として考えられる。FFAは乳成分や脂肪酸組成と関連することから、異常風味の原因を追求する手段になる。また、デノボとプレフォームFAでルーメンの活動力を確認することで問題解決が早くなる。

表10-7-1　FFAと乳成分の関係

FFA	酪農家	乳脂率	乳タンパク質率	乳糖率
≦0.80	6,986	4.00	3.33	4.44
0.81～1.00	1,782	4.00	3.29	4.41
1.01～1.50	1,804	3.98	3.26	4.39
1.51～2.00	378	3.93	3.21	4.35
2.01≦	145	3.96	3.20	4.35
合計平均	11,095	3.99	3.31	4.42

（戸・%）

表10-7-2　FFAと脂肪酸組成の関係

FFA	酪農家	Milk			FA		
		デノボ	ミックス	プレフォーム	デノボ	ミックス	プレフォーム
≦0.80	6,986	1.09	1.22	1.39	29.1	32.4	37.1
0.81～1.00	1,782	1.07	1.22	1.40	28.7	32.7	37.5
1.01～1.50	1,804	1.05	1.22	1.40	28.3	32.9	37.7
1.51～2.00	378	1.02	1.21	1.41	27.7	32.9	38.5
2.01≦	145	1.01	1.25	1.41	27.4	33.9	38.3
合計平均	11,095	1.08	1.22	1.39	28.8	32.6	37.3

（戸・%）

8）エサ不足で乳中遊離脂肪酸（FFA）が上昇した

⇒飼料の充足度を高めることが

　北海道では、バルク乳検査で乳中遊離脂肪酸（FFA）が報告されているが、経時的に数値が大きく動く酪農家もいる。

　図10-8-1は、A酪農家における月旬別の出荷乳量とFFAの関係を示している。36旬のFFA平均は3.1mmol／100g Fatと高く、0.43〜6.47と旬別に激しく動いていた。出荷乳量が多くなるとFFAが低く、逆に少なくなると低くなる傾向であった。旬別におけるFFAと乳量の相関係数はマイナス0.631で逆の関係が認められた。

　図10-8-2は、異常風味で幾度となく問題になりかけていたU酪農家における5年間の旬別FFA推移を示している。個体乳量7684kg、乳脂率4.2％、乳タンパク質率3.3％、乳糖率4.4％、体細胞数23万、空胎日数201日、分娩後100日以内の乳タンパク質率2.8％以下は20％（北海道14％）であった。バルク乳FFAは3〜4mmol／100g Fat前後と高く、時折7.0を超えていた。月旬で激しく上下しているが、毎年2〜4月にかけて上昇する傾向にあった。飼料充足率が判断可能なP／F比は、FFAが上昇すれば低下し、正常に戻れば高くなり、相反する動きを示した。双方に共通しているのは乳量・乳成分から見て、明らかなエサ不足で、分娩間隔も長期化していると考えられた。

　U酪農家への聞き取りでは、夏場はグラスサイレージ20kgプラス放牧で喰い込んでいるため比較的安定していた。しかし、冬場はグラスサイレージ15kg、とうもろこしサイレージ15kg、濃厚飼料は乳量の4分の1で、エネルギー維持が精一杯で産乳まで回らない。乾物摂取量20kg以上が必要なのだが、放牧時期と異なり、人が給与するエサ以外を牛は喰べることができない。

　農協担当者も、その酪農家は対策が必要との認識があった。その酪農家はコストを気にしていたが、総合的な経営判断をすべきだ。エサ不足の弊害を十分に説明した結果、理解を得て飼料の見直しにより給与量を増やし、それ以降は改善された。

　同じ牛群・同じ搾乳施設・同じ作業手順であるにもかかわらず、経時で変動があるということは、飼料充足の影響が大きいことが考えられる。放牧時期は牛自ら草を喰べることができるが、舎飼期でも十分なエサを喰べることができるようにすべきだ。FFAの改善は疾病や繁殖にも連動するので、飼養管理の切り口となり経営を良好な方向へ導く。

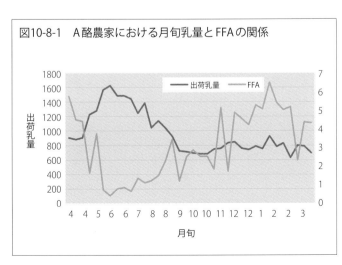

図10-8-1　A酪農家における月旬乳量とFFAの関係

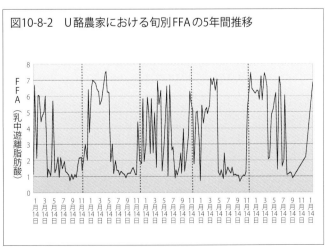

図10-8-2　U酪農家における旬別FFAの5年間推移

9）劣質サイレージで乳中遊離脂肪酸（FFA）が上昇した

⇒アンモニア濃度が高いと影響が

　T酪農家は、経産牛88頭、個体乳量9950kg、体細胞数15万、空胎日数151日と技術水準は高い。繋ぎ牛舎でパイプライン、粗飼料は自力収穫で、グラスサイレージ調製を行なっている。

　バルク乳中遊離脂肪酸（FFA）は0.8〜1.0mmol／100g Fatと、やや高めで推移していたが、異常風味発生時点1月10日は1.6まで上昇した（図10-9-1）。MUNも14mg／dlと高めに推移していたが、同日は16mg／dl前後まで高くなっていた（図10-9-2）。乳脂率と乳タンパク質率は低下し、BHBA（ケトン体）は管内平均値の3倍まで高くなっていた。

　乳業工場受入検査では、パネラー8名のうちB判定1人、C判定7人となり、異常風味発生として受入拒否となった。関係機関が風味確認を実施した結果、ローリーサンプルおよびT酪農家の個乳にてサイレージ臭を確認した。1番草の刈り取り後、大量にスラリー散布した後の、2番草の給与が原因と推察された。サイレージの分析結果は、アンモニア濃度40％（15％で劣質と判断）と非常に高く、酪酸醗酵した劣質であった。

　T酪農家は、その後4日間は検査でサイレージ臭が継続し、生乳廃棄で大きな損失となった。問題のサイレージ給与を中止してから5日目に異常風味が消失し、工場の受入が再開された。

　劣質サイレージは酪酸が多量に生成され、ルーメン壁で代謝され、ケトン体濃度を上昇させ乳へ移行する。多量のアンモニアやその他の溶解性窒素は、ルーメン内で急速に分解されて過剰なアンモニアを生成する。一部は微生物体タンパク質の合成に利用されるが、乾物摂取量の減少等によるエネルギー不足となれば合成効率が低下する。利用されなかった大部分のアンモニアは肝臓で尿素に変換されMUNが上昇する。このように、長期間の劣質サイレージ給与は肝臓に負荷をかけ、肝機能低下を招き、症状が長引くと考えられる。

　酪酸醗酵した高アンモニア濃度の劣質サイレージ給与は、喰い込み量が少なく、充足率が低下する。エネルギー不足はFFA濃度を上昇させ、肝臓機能の低下によって免疫力も落ちて、異常風味の発生リスクを高める。草食動物の乳牛にとって粗飼料は生命線で、その不足は健康だけでなく乳にも悪影響を及ぼす。

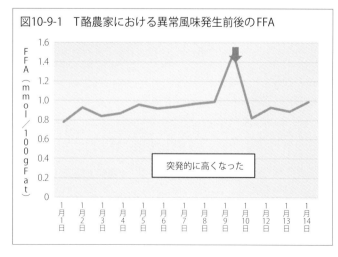

図10-9-1　T酪農家における異常風味発生前後のFFA

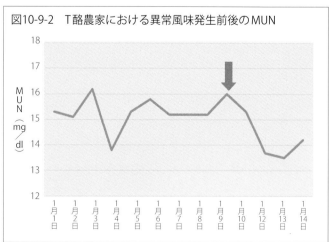

図10-9-2　T酪農家における異常風味発生前後のMUN

10）放牧農家の舎飼期で乳中遊離脂肪酸（FFA）が上昇した

⇒出荷乳量減により乳の物理的衝撃が

　異常風味の判断につながる乳中遊離脂肪酸（FFA）は、放牧農家の舎飼期で高くなることが散見される。I酪農家は新規就農で、資源循環型を目指し、放し飼いを実践している。化学肥料は無施肥、濃厚飼料も無給与で、夏季間は放牧草だけでの飼養形態だ。まさに研究機関で実施している飼養試験で、乳へどのような影響を与えるか興味深い経営だ。

　I酪農家は、優れた放牧技術と管理により、個体乳量5400kg、体細胞数17万である。**図10-10-1**は、5年間におけるバルク乳の乳脂率とFFAを示したが、乳脂率は放牧期間に低下するものの、年間平均4.12%と高めに推移している。FFAは5年間の平均が0.817mmol／100g Fatで、周辺酪農家と比べて大きな違いはない。しかし、放牧期の5〜10月まで1.0以下で推移していたものが、舎飼期の11〜2月では急激に上昇し、時には2.5mmol／100g Fatを超える旬もあり、しかも5年間同じ傾向だ。

　放牧農家の舎飼期にFFAが高くなる原因は、飼養管理面と搾乳冷却機器面の双方が考えられる。

　前者について、夏季間は濃厚飼料や副産物を減らすが、放牧草が中心なので飼料充足率はそこそこだ。これが舎飼期になるとエサが十分でなくなり、飼料のバランスが崩れてFFAが高くなる。

　後者について、嗜好性に富み栄養分を含んだ青草を採食する放牧期は1頭当たり乳量が増える。しかし舎飼期は乾草中心で乳量は激減するが、年間通して同じ流れで搾乳管理をする。I酪農家は毎日、搾乳開始から5〜7頭目、バルク乳150ℓ程でバルククーラー冷却スイッチをオンにする。放牧時で乳量が多いときは問題ないが、少ないときはミルクホースの先端が、バルクに溜まった乳とで落差が生じる。しかもアジテーターに届くまで時間がかかり、回る羽根はバチャバチャと攪拌する。その物理的衝撃が、脂肪球を包んでいる膜を破壊して分解されたと考えられた。

　酪農家は季節や給与体系に関係なく、毎日同じ時間で搾乳作業が繰り返される。放牧、季節分娩、冬場に乳量や搾乳頭数が減る酪農家は、バルクのアジテーターが1／3程度まで乳が隠れたころで回すべきだ。異常風味の原因の一つである、乳の過度な攪拌は、バルクへの投入具合を確認すべきだ（**写真10-10-1**）。

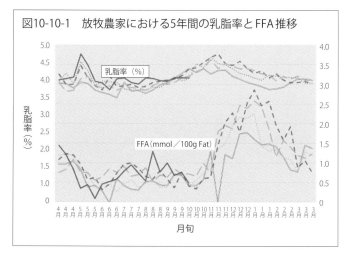

図10-10-1　放牧農家における5年間の乳脂率とFFA推移

写真10-10-1　バルククーラーの投入量を確認

11）搾ロボは乳中遊離脂肪酸（FFA）が上昇した

⇒過度の搾乳回数は訪問制限を

搾乳ロボット（搾ロボ）は、畜産クラスター事業等で急速に普及した。北海道では2023年2月現在、484戸で1101台が稼動し、全道酪農家の約10%に達している。今後も、労働不足等で搾ロボ導入は続くことが予想される（**図10-11-1**）。

搾ロボは、頻回搾乳により乳腺細胞の分化が促進することもあって乳量は増え、繋ぎと比べ1割ほど多い。ただし使い方を誤ると、異常乳（アルコール不安定、異常風味）による廃棄にもつながる。

A酪農家は搾ロボとパーラーを有しており、3年間の旬別乳中遊離脂肪酸（FFA）の動きを調べた（**図10-11-2**）。パーラーは0.5～1.0mmol／100g Fat前後と低いが、搾ロボは導入3カ月目に急上昇したので搾乳回数を制限したら、1.0前後まで低下し安定した。

導入時は搾ロボに馴致するため、ひたすら牛を追って誘導し、回転率を高めることが目的になる。牛は馴れてくると、濃厚飼料を喰べたいがために頻繁にボックスを訪問するようになる。

頻回搾乳は日乳量が増えるものの、脂肪球膜が弱くなりリパーゼの影響を受けやすくなる。過度の頻回搾乳はFFAが高くなり、異常風味のリスクが高くなる。搾ロボに牛が馴れたら、最大・最低の搾乳回数、搾乳間隔等、ディーラーと設定変更を行なうべきで、6時間間隔、1回の乳量8kg以上が目安になる。

国内の搾ロボ農家50戸を対象に調べた結果、1台当たり平均搾乳牛頭数50頭、平均日乳量32kg、平均搾乳回数2.8回であった。しかし、農家によっては日乳量42kg、搾乳回数3.7回もある。搾乳間隔は5～6時間が一番多く、次に4～5時間、6～7時間、8～9時間だった（森田茂）。1日当たり搾乳回数を7階級に区分して解析したら、増加に伴って個体FFAが高くなっていた（北畜草会報、2018）。ただし、すべての搾ロボ農家はFFAが高いかというと、必ずしもそうとは限らない。著者の調べでは、1.0mmol／100g Fatを超える搾ロボ農家は15%程（22戸）であった。

搾乳作業から解放されると、牛と接触する時間が少なくなり、仕事の中心は高度なモニタリングとなる。コンピュータ画面に出る多くのデータと目視観察の両方から、質の高い飼養管理を目指すべきだ。搾ロボは健康な牛から多くの乳を生産できるシステムだが、異常風味を念頭に、過度の頻回搾乳は訪問を制限すべきだ。

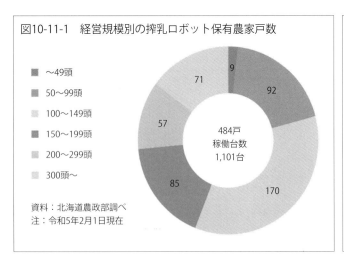

図10-11-1　経営規模別の搾乳ロボット保有農家戸数

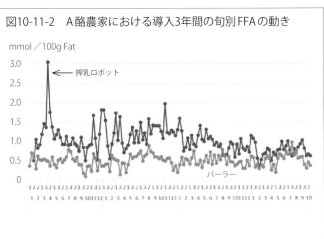

図10-11-2　A酪農家における導入3年間の旬別FFAの動き

12) 異常風味である酸化臭にも注意する

⇒粕類の給与量とビタミンE補給を

　異常風味はランシッドだけでなく、酸化臭もあり、この二つには大きな違いがある。ランシッドは集荷時に異常がわかるものであり、酸化臭は生乳輸送中に起こる厄介なものだ（**写真10-12-1**）。

　酸化臭は正常な乳に混合された場合でも影響を受け、加熱殺菌後の牛乳でも酸素があれば進行する。段ボール紙臭、豆臭、金属臭等と表現され、臭いはほとんど感じないが、口に含むと段ボール紙のような味がする。これは、乳中の脂質（主に脂肪球膜中のリン脂質）である不飽和脂肪酸が酸化することで発生する。

　誘導型は、光や熱により促進されるため、製造過程や保存状態によっては、製品で異常風味になるケースもある。自発型は、時限爆弾的異常風味といわれ、集乳時に問題がない生乳でも数日後に異臭が発生するものだ。

　酸化臭の生成経路は、脂肪球膜中のリノール酸が、順を追って脂質ヒドロペルオキシドにまで酸化される。これに金属（銅・鉄等）や酵素が反応し、ヘキサナール等のアルデヒド類等の酸化臭が生成される。

　原因は、濃厚飼料多給、繊維不足、植物性油脂多給、ビタミンE不足等があげられる。醤油粕やビール粕、豆腐粕等の粕類は、粗飼料と濃厚飼料の中間飼料であり、繊維分が豊富でタンパク質が高く、比較的安価で嗜好性が良好なので重宝されている。しかし、植物性油脂が多く含まれ、多価不飽和脂肪酸、とくにコーン、麦、大豆等はリノール酸を多く含むため、給与する量が問題になる。

　また飼料で、抗酸化物質であるビタミンE値が低い場合、強いストレスや疾病に罹患している可能性が高い。ビタミンEは牧草の葉身に多く、葉鞘・茎は少なく、刈り遅れると低下、生草は高いが乾草になると低い。ビタミンEは、大量に投与しても吸収率が低下して排泄も早いので、過剰症は発生しづらく、体内の貯蓄容量も大きい。牛の血中ビタミンEは飼料摂取量を反映している場合が多く、血中総コレステロール値と高い相関がある。

　ルーメン内pHが低いと、多価不飽脂肪酸は飽和化が不十分で酸化臭発生のリスクを高める。濃厚飼料多給、選び喰い、固め喰い等によりルーメンアシドーシスにならないように注意する。ルーメン内の微生物叢が良好で、健康な牛から生産された乳は異常風味にはならない（**写真10-12-2**）。

写真10-12-1　酸化臭は生乳輸送中に進行する　　写真10-12-2　ルーメン内の微生物叢を良好に保つ

13）異常風味は粗飼料の影響が極めて大きい

⇒乳牛は草食の生き物だが

　牛は草食動物であることを考えると、穀類ではなく草（繊維）を食べる生き物だ。そのため、小腸が極端に長く、面積が広く粘膜に接触させ、食べた物を消化し栄養素を吸収する。小腸の長さは、草を食べる羊が体長（頭からお尻までの長さ）の25倍、牛が20倍と極端に長い。

　粗飼料（繊維）はルーメン、第二胃から四胃、下部消化管の動きを活発にして消化を高める。しかも、マットを形成し、反芻を誘発し、唾液を産生し、ルーメン内の恒常性を維持する。疾病や繁殖にも影響を与え、泌乳初期の乾物摂取量を決定づける。

　ただ、草食動物である乳牛は泌乳能力を超越して急速に改良が進められ、粗飼料だけでは繁殖が上手く回せなくなってきた。そのため、泌乳初期のエネルギーバランスを保つために、高エネルギー飼料が必要になってきたのも事実だ。

　図10-13-1は、北海道における7年間の粗飼料の品質と、異常風味の発生件数を示している。粗飼料品質（スコア）は、北海道農政部発表「農作物生育状況」を参考に、北酪検が独自にスコア化した。粗飼料のスコアが良と判断できる年は発生件数が2件、悪と判断できる年が7〜8件発生している。このことから、粗飼料の「出来」は生乳の風味にも悪影響を及ぼすことが理解できる。

　作物の生育は、その年の天候（気温、日照時間、降雨量、台風の通過等）に大きく左右され収穫量や栄養価に影響する。さらに収穫時の土壌混入や、雨続きで予乾が不十分であると、酪酸発酵を起こした高アンモニア含量の劣質サイレージになる危険性が増す。

　このようなサイレージを給与するとルーメン内は酪酸やアンモニア含量が高くなり、乳中のBHBA（ケトン体）やMUNが上昇し、エネルギー不足に伴う乳タンパク質の低下とFFAが上昇するケースがある（図10-13-2）。

　さらに、果実臭のもとになるエステル類や低級脂肪酸濃度が高くなり、これらがサイレージ臭等の異常風味につながる恐れがある。加えて、高アンモニア飼料の給与は肝機能を低下させ、問題の原因のエサを切り替えても、体調が快復せずに異常風味が長期間継続する。

　人から見るとエネルギー源として価値の低い粗飼料だが、反芻動物にとっては自然界で生き抜くために勝ち得た巧妙なシステムだ。牛は本能的に草が好きな生き物で、異常風味の要因はいろいろあるが、粗飼料の影響が極めて大きく生命線であることがわかる。

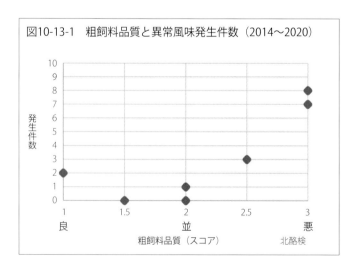

図10-13-1　粗飼料品質と異常風味発生件数（2014〜2020）

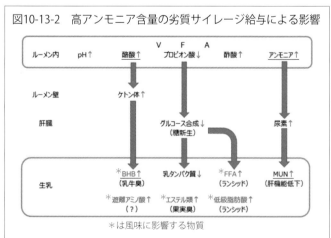

図10-13-2　高アンモニア含量の劣質サイレージ給与による影響

参考
生乳生産からのモニタリング

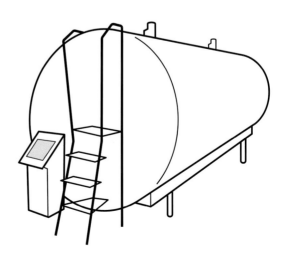

参考　生乳生産からのモニタリング

1）乳用雌牛の頭数を安定的に確保する

⇒地域の酪農家と関係者が取り組みを

　生乳生産を維持拡大するためには、酪農の生産基盤強化に向けて、後継牛を含めて乳用種雌牛の確保が絶対的な条件だ。しかし乳用種雌牛24カ月齢以上の頭数は、過去10年間で都府県だけでなく北海道でも減少傾向だ。一方、交雑種頭数（F1）は年々上昇し続け、また死廃事故の年間件数は、子牛・母牛合わせて、増えることはあっても減ることない。

　経産牛の周産期病発症率は、個々の酪農家で毎年同じ傾向であるようだ。酪農家100戸の本年と昨年の2年間における周産期病（乳熱・ケトーシス・産褥熱・胎盤停滞・第四胃変位・子宮脱）の関係を見た。年間発症率は全体で平均21%、その幅は3〜50%で、予防している酪農家と頻繁に発症している酪農家があるということだ。2年間の関係は決定係数0.676、ほぼイコールと見なすことができる（**図参-1-1**）。

　突然死、計画外の廃用、繁殖の長期化等は更新率が高くなり、多くの育成牛を確保しても枯渇する。除籍産次を見ると、2010年（H22）3.6産であったものが、2022年（R4）は3.2産で、12年間で0.4産も短くなった（**図参-1-2**）。その中でも健康であるはずの初産牛割合は18%、2産牛割合は23%で、合わせると4割にも及ぶ（北酪検）。高価な初妊牛を導入しても、投資を回収する前にその牛がいなくなる。各地で乳用牛購入に助成金を出して頭数維持に努めていたが、期待どおりの成果をあげていない。

　乳用雌牛の頭数を安定的に確保するためには、次の3点がポイントになる。
①死ぬ牛を減らす（死産牛頭数・子牛死亡頭数、成牛廃用頭数）。
②牛の一生を長くする（除籍牛頭数・除籍産次）。
③生まれる牛を増やす（分娩間隔・初産分娩月齢）。

　牛群データは集乳旬報や乳検成績だけでなく、搾乳ロボットや各種ソフトでも示される。これらを活用することで長命連産チェックが可能だ。日頃の飼養管理の向上によって頭数資源を確保して、消極的ではなく積極的な淘汰で、生乳生産の維持拡大を目指すべきだ。その結果、生産基盤の強化だけでなく、酪農家の技術進化を促し、意識改革にもつながる。そして、乳用牛の泌乳能力や繁殖能力を最大限に発揮するために、地域の酪農家や関係者によって取り組むべきだ。

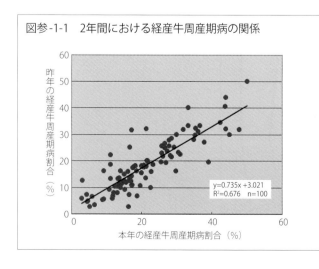

図参-1-1　2年間における経産牛周産期病の関係

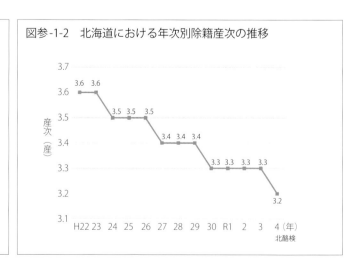

図参-1-2　北海道における年次別除籍産次の推移

2）分娩時の子牛の死産頭数を少なくする

⇒酪農家間で差が大きく毎年同傾向が

　生乳生産を維持拡大するためには、将来の戦力である後継牛と健康な母牛確保が前提条件になる。「乳量が増えた」「乳質（体細胞数）が悪く（高く）なった」「四変（疾病）が発症した」等、酪農家間で話題になる。しかし、「子牛が死んだ」「母牛が死んだ」という話は少なく、情報交換の対象にならない。

　それは、なぜだろうか。決して良い話ではなく、「我が家の恥」との心理も働き、牛が死んだこと自体を表に出さない。乳房炎や繁殖の治療は、獣医師や授精師が頻繁に訪れ、長期間にわたり心理的負担がかかる。しかし、子牛や母牛の死亡は牛舎内で見るとショックはあるが、レンダリング会社がトラックで運べば頭から離れる。我が家の死産率がどのくらいか、隣と比較して多いのか、毎年この程度だったか、共済金が入るのか……麻痺状態になりがちだ。指導者も実態を十分に把握・分析しておらず、認識が低いというのが現実であろう。

　現状で「死産」という定義は明確になっておらず、獣医師の病名もさまざまで、乳検は酪農家の自己申告によるものだ。それによると、過去の死産報告は6％台で推移、そのうち9割は分娩時には生きているといわれている。

　図参-2-1は、北海道における酪農家3890戸の死産率の分布を示した。平均6.2％であるが、0〜20％超まで広く分散していた。年間ゼロという酪農家はおよそ1割、逆に3割を超える酪農家もある。仮に、年間の分娩頭数が100頭であれば、およそ6頭の子牛が分娩時に死んでいるという計算だ。死産は、後継牛の必要数を確保できなくなるだけでなく、母牛の今乳期の淘汰率が高くなり、次乳期の繁殖まで悪影響を及ぼす。

　図参-2-2は、酪農家における2年間の死産頭数の関係を示したが、相関が極めて高いことがわかる。つまり、死産が昨年20頭の酪農家は、分娩前後の管理を見直さない限り、本年だけでなく、3年後・5年後も20頭が死ぬということだ。

　規模の大きい酪農家ほど労働力が回らず死産率が高くなるのではないかと推測したが、経産牛頭数との関係は薄かった。130頭以上の大型経営は死産率5％前後で、分娩時の管理マニュアルが確立し実践されている。逆に、飼養頭数の少ない経営ほどバラツキが大きく、お爺ちゃんの時代からの分娩前後管理が伝統的に続いていると推察される。

　死産は酪農家間で差が大きく、毎年同傾向にあることを考えると、分娩前後における飼養管理の徹底が求められる。

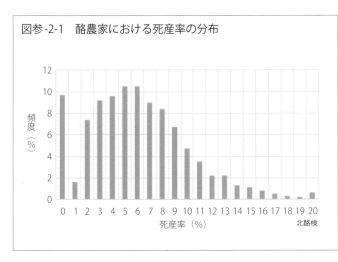

図参-2-1　酪農家における死産率の分布

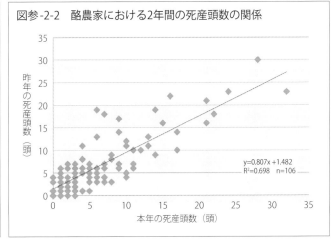

図参-2-2　酪農家における2年間の死産頭数の関係

参考　生乳生産からのモニタリング

3) 生まれてきた子牛を死なせない

⇒新生子牛の管理と寒さ対策を

　子牛は将来の後継牛として、生乳生産を維持拡大するための大きな戦力になる。しかし、酪農家が耳標を装着後（生後1週間まで）に死んだ子牛は1.2%、生後10カ月齢までで1割にも達する。

　図参-3-1は、北海道における種別・月齢別での死亡率を示しているが、生後0カ月以内の死亡率はホルスタイン種が4.2%（全国3.4%）だ。出後10カ月以内の死亡率は、ホルスタイン種は9.7%、黒毛和種は7.4%にも達する。

　過去3年間を比較しても、北海道は全国よりおよそ1%高く、性別では雄が雌より2%ほど高い。黒毛和種や交雑種の死亡率は、北海道は全国より1～2%高く、寒さの影響が大きいと考えられる。

　ホルスタイン、黒毛和種双方とも分娩直後に死亡が集中し、経過月齢と共に低下していく。若牛になってから死ぬことはほとんどなく、生後3カ月以内の子牛に下痢や肺炎等の疾病が集中する。子牛の傷病事故を見ると、呼吸器病4割、消化器病4割を占めている（NOSAI北海道）。これは、将来の後継牛となる貴重な資源が数多く失われていることを意味している。

　図参-3-2は、北海道における分娩月別死産率を示しており、12～3月の厳寒期は極端に高い。新生子牛は生後12時間以内に一時的に体温が低下し、その後は上昇するが、生まれた数時間の寒さが極端に苦手だ。母牛を繋いだ状態で産ませると、出産直後の子牛は母体内温度から外界の温度へ低下し、冬期間では、次の朝まで放置しておくと体感温度が下がり死に至る。

　乳牛は寒さに強い動物といわれているが、新生子牛は体脂肪が少なく被毛も薄く、ルーメン発酵熱がない。子牛は体重の割に表面積が広いため、外気温が15℃を下回ると体温維持に多くのエネルギーを消費する。さらに、体が濡れる、風が当たる、床がふんだらけ等は、大きな寒冷ストレスとなる。

　これらを考えると、分娩の日時を事前に察知し、冬期間の寒さ対策を徹底することが求められる。保温には、ヒーター、カーフジャケット、ネックウォーマー、湯たんぽ等を用いる。

　子牛は仮死状態で生まれることもあり、その時、体力消耗を防ぎ、免疫吸収率を高める必要がある。新生子牛の臍帯処理、保温、初乳給与等の管理と寒さ対策を徹底し、生まれてきた子牛を死なせない対策が重要だ。

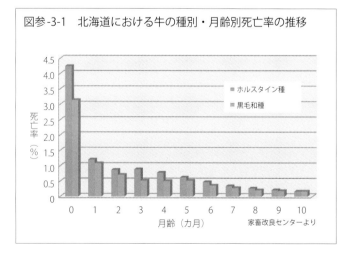

図参-3-1　北海道における牛の種別・月齢別死亡率の推移

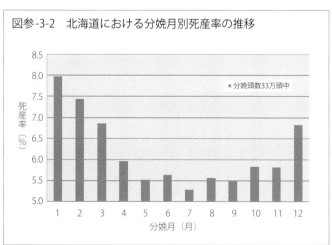

図参-3-2　北海道における分娩月別死産率の推移

4) 分娩後における母牛の廃用を減らす

⇒難産を防ぐ精液を選択肢に

　後継牛確保と搾乳牛を維持しながら生乳生産を拡大するためには、どうしても廃用率を低減させる必要があるが、分娩後、想定外に母子牛が死ぬケースがある。分娩後60日以内死廃率は平均6.7%であるが、0～20%を超える酪農家が広い範囲で分散していた。死廃時期は、分娩日15%、生後1カ月以内34%、3カ月以内53%で、多くは1～2カ月で除籍している（第9章1参照）。

　同一哺育・育成センターの構成員22戸は、分娩後60日以内母牛除籍率は平均7.7%だが、4～14%のバラツキがあった（**図参-4-1**）。この除籍は意図的な淘汰ではなく、起立しない、歩行しない、動けない等、治療不可能で廃用という意味合いが強い。分娩後状況は死産率とイコールではないが、難産や双子は母体へのダメージが大きく関連性は高い。

　自然界では、生まれた子牛は肉食獣の攻撃対象になりやすいので、数分以内に頭を上げ、15分以内に何回か転びながら立ち上がろうと試み、1時間以内に起立する。肉食動物の子は小さく生まれ、産子数が多く、お産が軽く、強い親が守ってくれる。草食動物の子は大きく生まれ、産子数が少なく、お産が重く、親は弱いため子を守れない。そのため、速やかに逃げる必要があることから、胎子は大きく骨格が形成され、四肢は発達した状態で、頭から出てくるので難産のリスクが高くなる。

　分娩事故を少なくするためには、人の手を借りず、自然分娩するのが母子共にベストだ。子牛の事故は胎子死と呼ばれ、分娩前10%、分娩経過中75%、分娩後15%で（Max Irsik）、死産の原因の46%は難産だ（Berglund, 2003）。

　北海道の難産や死産率は年々わずかながら低下傾向にあり、授精する精液が要因と考えられる。性選別精液は通常精液と比べ、受胎率は落ちるものの、雌9割というのが魅力で急速に普及した。

　著者らの調べでは、生時平均体重は、雌42.4kg、雄45.6kgで、雌は雄より体格・体重が小さい（**表参-4-1**）。分娩難易3以上は、初産牛で雌の場合3.8%で、雄の場合8.9%より低く、難産のリスクは低く、有効な手段と考えられる（北酪検）。母牛の分娩時体格を大きくするだけでなく、子牛を小さく生ませる。分娩前後をスムーズに移行するためにも、難産を防ぐ精液を選択肢に加え、分娩後の母牛の廃用を減らすべきだ。

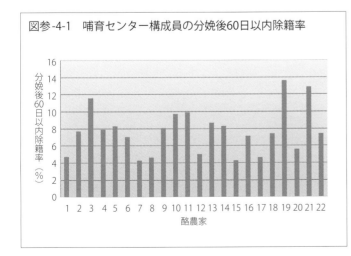

図参-4-1　哺育センター構成員の分娩後60日以内除籍率

表参-4-1　性別の違いによる生時体重

産次	性別	頭数	生時体重
初産牛	♂	9	45.7
	♀	54	40.7
2産以降牛	♂	72	45.6
	♀	90	43.4
全体	♂	81	45.6
	♀	144	42.4

5）初産牛や2産牛の廃用を減らす

⇒新たな施設や機器は事前に馴致を

　北海道における305日乳量は、初産8763kg、2産1万381kg、3産以上牛1万541kgで、産次が増す毎に増える。しかし牛群構成は、初産33％、2産27％、3産19％、4産11％、5産以上10％で、若牛中心になってきた。平均産次は平均2.4産、除籍産次3.1産で、年々低下している（北酪検）。

　これらの要因は、初産牛・2産牛の除籍が想定を超えて多く、3産まで達する前に疾病等で廃用になることだ。若い牛は、乳生産が少ない、体が小さい、脂肪沈着が少ない、肢蹄が強い等、基本的に健康なはずだ。ところが、全体の除籍頭数に対し初産牛・2産牛の除籍割合を見ると、北海道は35％だが、50％を超える酪農家も存在する（**図参-5-1**）。

　子牛の時期は人によってすべて管理され、哺育では優しい眼差しが注がれ、育成牛になれば広いパドックでゆったりと、仲間数頭のグループで飼われる。このように自由奔放に育てられた若牛が、分娩を機に、住むところ、喰べるもの、仲間も激変する。最悪なのは、繋ぎ牛舎で初妊牛を、廃用で空いたストールへ移動させ、隣の姉さん牛にいじめられることだ。喰べることも寝ることもできず、起立した状態で過ごす。急激に肉が落ち、毛づやはボソボソでふんがこびり付き、第四胃変位等の疾病になる事例が現場で見受けられる（**写真参-5-1**）。

　初妊牛や初産牛は、搾乳牛群へスムーズに移行させる必要がある。育成牛のうちに、搾乳牛舎のレイアウト、ストール、飼槽、水槽、敷料等、新たな施設や機器に馴致させておく。分娩数日前から管理者は乳房を触ったり、パーラーを素通りさせる。移動後は、エサを喰べているか、水を飲んでいるか、寝ているかを確認する。

　初産牛は経産牛と比べ、分娩後の乾物摂取量は立ち上がりがゆっくりで穏やかに上昇する。泌乳曲線を見ても一乳期を通して平準傾向で（**図1-8-2**）、乳期別の管理は必要なく、初産牛群のグループを設けるべきだ。

　生乳生産を維持拡大するためには、牛群構成の中心は初産牛・2産牛でなく、3産以上牛になるべきであろう。そのためにも初妊牛は、経産牛用の施設や機器に事前に馴致して、初産・2産牛の廃用を減らす特別な配慮が望まれる。

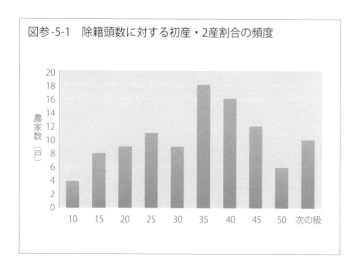

図参-5-1　除籍頭数に対する初産・2産割合の頻度

写真参-5-1　馴致不足の初妊牛は肉が落ちふんだらけ

6) 周産期等の疾病を少なくする

⇒牛のモニターを怠らず個体管理を

生乳生産を維持拡大するためには、疾病が少ない健康な牛群作りが最も基本となる。

著者は、周産期病が多発するH酪農家において、担当獣医師と連携し飼養管理指導を平成26年の1年間実施した。毎月、飼料・施設・牛の状態等を確認して、問題点を提案し、H酪農家は実践した。H酪農家は、経産牛85頭、個体乳量9300kg、タイストール牛舎、コーンサイレージ主体TMR給与である。

主な指導は、まず、牛舎内で牛がバラバラのステージで点在していたものを、搾乳牛・乾乳前期牛・乾乳後期牛と、明確に分けて繋いだ。そして、泌乳期から乾乳前期はカルシウム給与量を通常より130%に増やし、乾乳後期はカルシウムとカリウムを制限した。さらに、飼槽前の3本バー（柵）のうち下の1本を上へ上げ、寝起きがスムーズになるようにした。選び喰いを減らすため、濃厚飼料をペレットからマッシュにし、ミキサーワゴンの刃を交換してミキシング時間を短縮した。

これらの結果、乳熱、ケトーシス、他の周産期病も減少し、1カ月当たりの診療件数も3.5回から1.7回へ激減した（**表参-6-1**）。また、空胎日数は162が140日に、初回授精日数は80が75日に、初産分娩月齢は25.7カ月が23.0カ月に短縮した。疾病が少なく健康な牛になると、繁殖まで改善することが証明できた。

一方、N酪農家は、体細胞数5.6万（北海道18.8万）、分娩間隔401日（同432日）と、乳質も繁殖も優秀な成績を収めている。しかも母牛分娩後60日以内死廃率は3.0%（同6.3%）と低く、除籍頭数を経産牛頭数で除した疾病率は6.8%（同14.2%）で健康な牛群だ（**表参-6-2**）。

なぜ疾病が少ないのかをN酪農家に尋ねると、積極的な草地更新、自分でTMR設計、給与したエサは1日経過後すべて新しいエサに変える、改良形質はフリーストール導入後、乳量だけでなく肢蹄も選ぶよう修正してきた、と答えてくれた。疾病を少なくするためには、「良質な粗飼料を腹いっぱい喰わせ、牛のモニターを怠らず、個体管理を徹底することだ。毛づやを見れば牛の状態はすぐにわかる。酪農経営の基本は、乳牛の健康が第一だ」と断言する。

「N牧場の牛は腹がしっかり膨らんでいて、治療することはほとんどなく、牛が健康な牧場だ」という担当獣医師の言葉が印象的であった。牛のモニターを徹底して周産期等の疾病を少なくすることが生乳生産維持拡大の条件だ。

表参-6-1 指導前後の周産期病の発症率

指導	前	後
平成（年）	23～25	26～28
乳熱	26.7（55／206）a	4.8（12／249）b
ケトーシス	19.9（41／206）c	11.6（29／249）d
第四胃変位	5.8（12／206）	3.6（9／249）
産褥熱	8.7（18／206）	5.6（14／249）
1カ月当たり診療件数	3.5	1.7

a,b: $p<0.01$ c,d: $p<0.05$ ％（発症頭数／分娩頭数）・件

表参-6-2 N牧場の体細胞数・分娩間隔・母牛死産率と疾病率

酪農名	経産牛頭数（頭）	個体乳量（kg）	体細胞数（千）	分娩間隔（日）	母牛60日以内死廃率（％）	疾病率（％）
N牧場	162	9,860	56	401	3	6.8
北海道	78	9,264	188	432	6.3	14.2

疾病率は未経産牛を除く乳房炎・繁殖障害・肢蹄病・消化器病・起立不能症の除籍頭数を経産牛頭数で除した値

7）現場で問題の肢蹄を良好にする

⇒選び喰いを少なくする管理を

　ここ数年、肢蹄トラブルが生乳生産の大きな足かせになっていることから、酪農家25戸・1681頭の肢蹄をスコア化して、乳成績、繁殖を分析した。肢蹄スコアは「1（健康）〜5（淘汰）」の5段階に分けたが、「1」はおよそ半分の53％で、治療予備群・要治療牛が多く、「5」は2％であった（**図参-7-1**）。

　蹄冠・飛節の悪い牛は、乳量が少なく、体細胞数が高く、空胎日数が長い（**表参-7-1**）。健康な肢蹄は約半分しかなく、酪農家の生乳生産維持拡大の妨げになっている。

　蹄病の原因を探ったところ、肢蹄の悪い酪農家ほど穀類の選び喰いが激しかった（4戸418頭）。ここでの選び喰いとは、美味いエサを選んで喰べるばかりでなく、一度に大量の濃厚飼料を喰べる「固め喰い」「早喰い」も意味している。飼料設計は、すべての牛が設計通りのエサを偏りなく採食することを前提としている。

　エサの粒度を測るパーティクルセパレーター、ふんの粒度を測るダイジェスチョンアナライザーがなくても、選び喰いは、個体牛の動きを数時間モニターすることで判断できる。飼槽で顔や舌を激しく動かす、エサに穴を空ける、エサを遠いところへ放り投げる、エサが飼槽前方へ細長く散らばる、口周辺にエサが付着する、やたらと牛の位置が変わる、強い牛は頻繁に移動する、給与直後に長時間滞在する、掃き寄せしたとき飼槽へ集まる、次回以降の飼槽へのアクセス時間が短い、エサは小さい山から大きな山になるまで短くなる、ふんの形状は朝夕でスコア2段階違う、パーラーから飼槽へ急いで動く……等である。

　選び喰いを防ぐには、粗飼料の嗜好性を高めること、つまり主体となる繊維源の良質化である。刈り遅れ、雑草混入、酪酸発酵等では、牛は口を激しく動かして選び喰いする。強い牛は口がエサに届かなくなったら弱い牛の位置へ移動するので、弱い牛が十分に喰べ終えるまで張りつけておかなければならない。そのためには、強い牛は15〜20分ほどで移動するので、その前に1回目のエサ寄せを行なう。また、粗飼料の切断長、ミキサーへの投入順序、混合時間を検討する。

　子牛の時に選び喰い、固め喰い、早喰いが行なわれると、その牛は成長して親牛になっても行なうので、人工乳と粗飼料は分離給与する方が良い。

　牛は美味いエサだけを喰べるのが上手な生き物なので、すべての牛が同じエサを喰べる管理が必須だ。

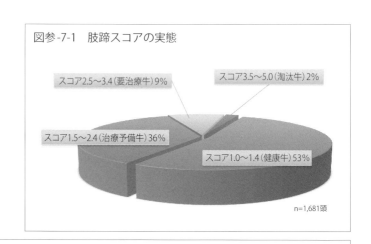

図参-7-1　肢蹄スコアの実態

表参-7-1　蹄冠・飛節スコアによる乳量・成分・体細胞・空胎日数

蹄冠・飛節	頭数	BCS	乳量	乳脂率	乳蛋白質率	乳糖率	体細胞数	MUN	空胎日数	頭数
〜1.5（良）	899	2.91	28.3	3.91	3.28	4.51	15.1	11.5	147	779
〜2.5	598	2.91	29.0	4.01	3.28	4.50	20.7	12.2	144	510
〜3.5	155	2.86	28.1	3.97	3.28	4.46	18.7	12.8	159	114
4.0〜（悪）	29	2.90	25.4	4.18	3.38	4.52	29.0	12.4	167	25

蹄冠・飛節は5段階評価：1良〜5悪　　　　　　　　　　　　　　　　　　　　（頭・kg・％・万・mg／dl・日）

8) 動きを制限せず快適な環境を提供する

⇒放牧時のような寝起きの回数を

表参8-1は、北海道における乳検加入農家で、3890戸の経営形態別平均産次・除籍産次を示している。平均産次はフリーストール、ロボット2.5産、繋ぎ2.8産で、放牧は3.1産と高かった。除籍産次はフリーストール3.2産、ロボット3.3産、繋ぎ3.7産で、放牧は4.1産と高かった。放牧農家は経産牛頭数が少ないが死産率5.4%で、繋ぎ5.9%、フリーストール6.7%、ロボット6.4%と比べ低かった（**表参-8-2**）。

フリーストールとロボットは増頭中ということもあるが、牛の更新が早く、若い産次で牛群を維持している。放牧は他の経営形態と比べ、新鮮な空気が吸え、柔らかい草の上での適度な歩行、仲間と一緒に自由な行動等、動きを制限せず快適な環境を提供していることがうかがえる。

分娩時の母子事故率が低い酪農家に聞き取りすると共通点がある。①行動を制限することなく自由な動きで自然分娩がほとんど、②密飼いすることなく敷料が豊富で牛周辺の環境が良好、③個体牛間の行動パターンにバラツキがなく揃った動きをする等、自然界の状況へ可能な限り近づけている。牛は本来、安楽性が保障されていればリズミカルな動きとなり、人の手をまったく借りずに分娩する。

乳牛の横臥時間は1日10～13時間、1回1～1.3時間で、10回以上の寝起きを繰り返す。頻繁に立ち上がっては寝て、水やエサを食べて乳生産を増やすことを可能にしている。また、分娩が近くなると、寝起き回数はおよそ18回まで増え、後躯や前躯を上下しながら、胎子の位置を正常にして子宮捻転や胎子失位を防ぐ。

分娩房で寝起きしやすいように、床面は火山灰、その上に敷料を入れて特別な対応をしている酪農家が増えてきた。大量の敷料を投入しても、屋外では雪や雨で固まったり、コンクリートが表面に出て床が滑ったりする場合がある。牛が起きようとするとき、床面が幾度となく滑ると、起立行為そのものを諦めてしまう。

牛の目は魚眼レンズで、地盤の表面を見分けることは難しいものの、足が沈むという感覚は皮膚を通して判断できる。蹄が数cm埋まるところを好み、コンクリートのような硬く滑る床面は苦手だ。草原のような地盤であれば踏ん張りが効き、自然な寝起きができる。そのための基本は、自然界での草食動物としての動きを制限しない快適な環境を提供し、生乳生産を拡大することだ。

表参8-1　飼養形態の違いにおける平均産次・除籍産次

飼養形態	戸数（戸）	平均産次（産）	除籍産次（産）
繋ぎ	2,676	2.8	3.7
フリーストール	908	2.5	3.2
放牧	250	3.1	4.1
ロボット	56	2.5	3.3
全体	3,890	2.7	3.5

北酪検

表参8-2　飼養形態の違いにおける死産率

飼養形態	戸数（戸）	経産牛頭数（頭）	死産率（％）
繋ぎ	2,676	56	5.9
フリーストール	908	140	6.7
放牧	250	56	5.4
ロボット	56	115	6.4
全体	3,890	99	6.2

北酪検

参考　生乳生産からのモニタリング

9）初産月齢を短縮し早めに戦力とする

⇒施設、群やエサの変化を少なく

　生乳生産を維持拡大するためには、育成期間を短縮し早めに戦力とし、同時に子牛数を増やして将来の後継牛を確保することだ。100頭規模で淘汰率24％であれば、必要な育成牛頭数は、初産分娩月齢22カ月では48頭、28カ月では62頭、34カ月では75頭になる。ということは、初産分娩月齢が短縮するほど後継牛は増える（**表参-9-1**）。

　C酪農家は、初産分娩月齢20カ月（北海道25カ月）、22カ月以内は35頭中31頭の89％（同24％）を占めている。フリーストール飼養、搾乳牛107頭、1頭当たり乳量1万1581kg、分娩間隔413日、体細胞数16万と好成績である（**表参-9-2**）。

　C酪農家に、育成管理が良好な要因を尋ねたところ、以下をあげてくれた。

　経産牛になるまで施設やエサの変化をいかに少なくするかで、哺育牛舎で60日間過ごし、5カ月齢から育成舎で群飼いし、同じ仲間でグループ化して初妊まで育てる。その間、搾乳牛に合わせて敷料はおがくずを敷き、フリーストール・ベッド・連動スタンチョンを経験させる。

　飼料は値が張っても、エネルギーが低くタンパク質の高いものを与えて骨格形成を早くする。飼料の切り替えは何回かあるが、両方のエサを置いて時間をかけ、少しずつ変える。作業は、毎日同じ時間・順序・手順で行なうように従業員へ指示している。

　数年前まで、初回授精は10～11カ月齢で、問題なく授精・受胎し、初産分娩月齢18カ月の牛もいた。初産分娩が19カ月以下になると子牛共済の対象にならないため、NOSAIから確認の問い合せが来ていた。そこで今は、少し遅めの12～13カ月齢が良いと考えている。なお初回授精は月齢ではなく、体高や骨格等、体の大きさで行なうという認識だ。

　さらにC酪農家は、「第一胃をいかに大きく作れるかは、6カ月齢までの管理で決まる」と話していた。施設、群やエサの変化をいかに少なくするか、従業員が変わってもいかに毎日同じ作業をするか、それらが最も重要だと話す。

表参-9-1　初産分娩月齢と淘汰率による必要育成頭数

淘汰率(％)	初産月齢（月）						
	22	24	26	28	30	32	34
20	40	44	48	51	55	59	62
22	44	48	52	56	61	65	69
24	48	53	57	62	66	70	75
26	52	57	62	67	72	76	81
28	56	62	67	72	77	82	87
30	61	66	72	77	83	88	94
32	65	70	76	82	88	94	106

100頭規模

表参-9-2　C酪農家における乳成績と初産分娩月齢

	経産牛頭数（頭）	個体乳量（kg）	分娩間隔（日）	体細胞数（千）	初産分娩月齢（月）	初産22カ月以内割合（％）
C酪農家	107	11,581	413	160	20	89
北海道	78	9,264	432	188	25	24

10）分娩間隔を短縮し泌乳初期牛を増やす

⇒プロの観察力で発情の見極めを

　生乳生産を維持拡大するためには、繁殖をうまく回して子牛の数を増やし、牛群の搾乳日数を短くして泌乳初期牛を増やすことだ。

　表参-10-1は、分娩間隔の違いによる年間に生まれる子牛の頭数と平均搾乳日数を示している。100頭牛群で1年1産する場合は、年間100頭の子牛が生まれ、平均搾乳日数は152日で泌乳初期牛が中心になる。しかし分娩間隔15カ月では、年間に生まれる子牛は80頭に減少し、平均搾乳日数は198日まで延び、泌乳中後期牛が増え、バルク乳量が減る。分娩直後は乳量が落ち込むものの初期は高く、それ以降減っていくので、泌乳初期牛の割合を高めるべきだ。

　表参-10-2は、ある地域における発情発見率と分娩間隔、初回授精日数、空胎日数120日以上割合を示している。発情発見率は3割以下～8割以上まで酪農家間で幅広く分散し、80％以上は分娩間隔が391日、35％以下は532日だ。発見率が高い酪農家ほど分娩間隔と初回授精日数は短く、極端に空胎日数の長い牛が少ない。

　M酪農家は、経産牛200頭で平均乳量1万kgを維持しており、分娩間隔391日、空胎200日以上の割合は7％と少ない。受胎率は50％と高く、初回授精日数は81日である。その要因を尋ねたところ、「プロとしての観察力で独自の発情を見極めることだ」と断言した。授精対象群を「A群」と称して、約90頭の中でターゲットは常時30～40頭だ。発情は前回の分娩日と絡めて、どの牛を注意しなければならないか、搾乳者である奥さんの頭に絞り込まれているという。

　発情牛は歩数が多いため牛体や肢蹄が汚れて、乳房は暖かいのが特徴だ。パーラーに入る順番や左右どちらに入るかは毎日ほぼ同じだが、いつもより順番が早かったり遅かったり、場所が普段と違うのは発情のサインだ。タンデム式なので、牛体を側面から見ることができ、モニタリングしやすい。いつもと異なる動きを従事者全員でしっかり見つけ、繁殖責任者である奥さんのもとに情報が集められる。また、個体牛の発情や排血等、さまざまな徴候を記入するノートを奥さんが自ら作成し、繁殖管理に大きな役割を果たしていると話す。

　「繁殖を良くするためには発情を見逃してはいけない」といわれるが、現場では難しいのが実情だ。プロの観察力で発情を見極めて発見率を高め、分娩間隔を短縮し、泌乳初期牛を増やすことが生乳生産の維持拡大に結びつく。

表参-10-1　分娩間隔の違いによる分娩子牛頭数と平均搾乳日数

分娩間隔（月）	年間子牛頭数（頭）	平均搾乳日数（日）
12	100	152
13	92	167
14	86	182
15	80	198

100頭規模の場合

表参-10-2　発情発見率の違いによる繁殖成績

発情発見率	戸数	分娩間隔	初回授精日数	空胎日数120日以上割合
80～	8	391	68	24
65～	283	412	77	45
50～	487	436	87	57
35～	101	464	105	67
～34	6	532	121	80

（％・戸・日・％）

11）妊娠率を高めて子牛の数を増やす

⇒繁殖に関して労働の質的向上を

　生乳生産を維持拡大するためには、子牛の数を増やすことが必要だが、そのための基本は、的確に発情を発見して受胎・分娩させることだ。

　繁殖成績の指標は、受胎率、分娩間隔、空胎日数等、数多くあるものの、どれも正しいとはいえない。酪農家の多くは「今年、今月、何頭が分娩するか」という表現で、％ではなく実頭数を指標としている。

　妊娠率は、授精対象牛に授精できた率（発情発見率）と、授精して妊娠した率（受胎率）を乗じて求める（妊娠率＝発情発見率×受胎率）。例えば、100頭の授精対象牛すべてに授精できたら発情発見率は100％で、そのうち50頭が受胎したら、妊娠率50％である。妊娠率が1％低下すると空胎日数が4日延長する。

　発情発見率は、授精可能日から最終授精日まで何回授精するチャンスがあり、そのうち何回授精できたかというシンプルな考え方だ。ただし授精可能日を、自発的待機期間（VWP）にするか、初回授精日にするかで異なってくる。VWP60日で妊娠率14.0％でも、実際の酪農家の初回授精日にすると17.9％と差が生じるので注意が必要だ（n＝62,246）。

　図参-11-1は、授精可能日を初回授精日とした、酪農家の2カ年における妊娠率を示している。前年と本年とは同様な結果だが、10〜54％まで広い範囲であることが大きな問題である。

　では、妊娠率を上げるためには、発情発見率と受胎率のどちらを優先すべきか。決定係数は発見率が0.445と受胎率0.388より高く、受胎率は40％前後だが発見率は30〜80％と差が生じている（**図参-11-2**）。これらのことから、発情発見率が高くなるほど空胎日数は短くなることがわかる（R^2＝0.366）。受胎率は牛が出す答えであるが、発情発見率は人が出す答えであることから、同じ1％を上げるのであれば発情発見率を高めるべきであろう。

　乳牛の発情持続時間は数年前と比べ短く弱くなっており、分娩間隔の長期化は発情の見落としが要因になっている。発情発見は責任者を決めて、場所と時間を固定して1日2回、1回30分は観察すべきだ。

　ある大型経営では、毎月の発情発見率の数値を見ながら、担当の従業員を評価して意識を高めていた。繁殖成績は人的要素が極めて大きい。発情発見、適期授精、体調の見極め等、繁殖における労働の質的向上が求められている。

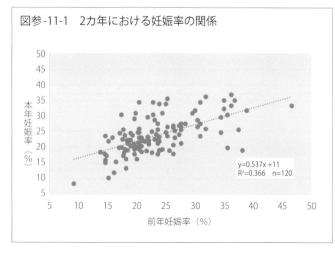

図参-11-1　2カ年における妊娠率の関係

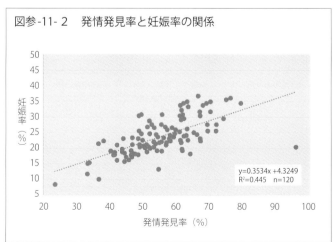

図参-11-2　発情発見率と妊娠率の関係

12）良質な粗飼料で嗜好性を高める

⇒植生改善で適正な草種構成を

生乳生産を維持拡大するためには、濃度の高いエサを給与すべきだが、牛は草食動物であることを忘れてはいけない。

乾草やサイレージを喰い込めれば繊維源の充足率が高まり、ルーメンがある左腹は大きく膨れる。ルーメンフィル・スコアが高ければ血流は多く、毛づやが良く、健康な母牛となり、健康な子牛を産む。繊維を喰い込んだ搾乳牛は、濃厚飼料を多給してもアシドーシスにならず、正常なルーメン発酵へ結びつけることができる。

乾乳期も良質な粗飼料が必要で、乾乳前期に喰い込んだ牛は、乾乳後期でも産褥期でも飼料充足率が高く、泌乳初期でも喰い込む。さらに、乾乳後期にTDN充足率が高くなれば難産は少なく、低ければ多くなる。

北海道における年次別の飼料作物状況を見ると、とうもろこしは作付面積が増え、単収も増加傾向だが、牧草の作付面積は減少し、反当たりの収穫量も低下している（**図参12-1**）。米国では1970～2014年の乳牛栄養状況を26研究機関が調査した結果、44年間で乾物摂取量は1.72倍に、乳量は1.99倍に増えたが、乾物消化率、NDF消化率は変化していなかった（S. B. Pottsら, 2017）。

北海道における草地整備等改良面積の推移を見ると、草地更新率は、1990年は6％前後だったが、2022年は3.2％まで低下している。補助事業が減少したこともあって、石灰やリン酸等の土改剤も適正に投入されていない。しかも、規模拡大が進んだこともあり、短期間で収穫・調製するため、機械の大型化・高度化、作業の外部委託へ変わってきた。大きなハーベスターが草地を走り、並走する大型トラックが幾度も動き回る。そのため土壌の硬度化が加速し、従来まで見られなかったサイレージ用とうもろこしのすす紋病や根腐病等が増えてきた。

土壌はpHが低くなり、チモシーやアカクローバが消え、踏圧に強い草だけが優先してきた。ギシギシやレッドトップからシバムギ、リードカナリーグラスやメドゥフォックステール等の地下茎イネ科雑草が増えてきた。各地で植生改善を行なっているが、「草種構成の半分は雑草」というショッキングな報告がなされている（**図参12-2**）。

計画的な草地更新、植生改善、収穫適期で、良質な粗飼料を調製して給与し、嗜好性を高めるべきだ。結果として、草食動物である乳牛にとって、最適なルーメン環境と強健な肢蹄になり、生乳生産が拡大することになる。

図参12-1　牧草の作付面積および収穫量の推移

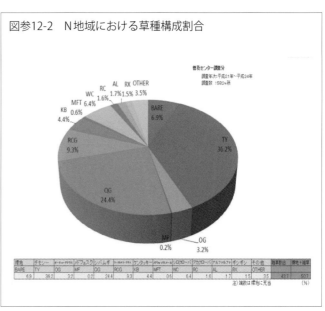

図参12-2　N地域における草種構成割合

参考　生乳生産からのモニタリング

13）過肥牛をなくし適度なBCSにする

⇒乾乳日数を長くせず70日以下へ

　生乳生産を維持拡大するためには、分娩事故を減らし、繁殖を良好にする必要があるが、肥っている牛が目立ってきた。ボディコンディション・スコア（BCS）が高くなることは、難産だけでなくケトーシスや第四胃変位等、周産期病のリスクが高まる。BCS 3.25以下の牛は、無介助分娩率が94.4％だが、BCS 3.5以上の牛は67.9％と低くなる（根釧農試、2008）。分娩前の乾物摂取量が落ち込むのは一般的に6週間前からだが、痩せ牛は分娩直前に、過肥牛は分娩17週前で長期間に及ぶ。

　泌乳牛BCSの推奨値は、1980年代4.0、1990年代3.75、2000年3.5、2010年3.25と、時代と共に変遷してきた。粗飼料の栄養価が低く、濃厚飼料の量も少なかった時代は、乾乳期に肥らすことで分娩後の乳量が期待できた。現在の肥り過ぎは分娩間隔の長期化が大きな原因で、搾乳日数ではなく乾乳日数が延びることだ。乾乳日数50日であれば分娩間隔が442日であるが、90日は444日まで延びる（**図参-13-1**）。乾乳日数70日以上牛の割合は、北海道は22％ほどだが、50％を超える酪農家も存在する（**図参-13-2**）。

　従来まで、乾乳時BCSは3.5程にして、分娩時まで肥らせず痩せさせない状態がベストと考えられていた。しかし、分娩前BCSが2.5〜3.0と少し痩せ気味の牛の方が泌乳初期の体重減少が少なく、周産期病等の問題が少ない。そのような牛の方が乾物摂取量は高く、早期に健康な卵巣機能を回復するという報告も出てきた（Gransworthy, 2010）。

　乾乳時BCS3.25、乾乳日数60日を目標にして、泌乳初期のBCS落ち込みを0.75以内にする。泌乳末期からエサを調整し、日乳量が低いから乾乳にするというのではなく、分娩前60日まで搾り続けるべきであろう。

　分娩前後における乾物摂取量の低下を抑えるには、乾乳期に消化性の高い粗飼料を喰い込ませる。また、泌乳初期は代謝タンパク質を動員するので、乾乳期にバイパスタンパク質を給与する。さらに、バイパスコリン、メチオニン添加で、肝臓の脂肪をエネルギーに変換して放出するよう促すべきだ。

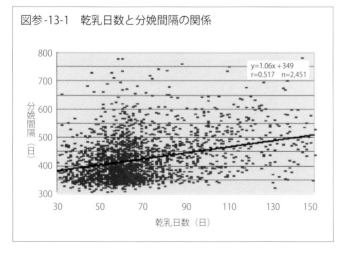

図参-13-1　乾乳日数と分娩間隔の関係

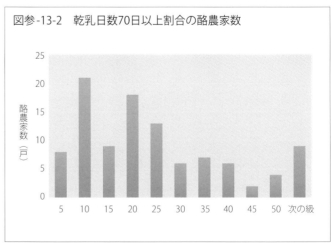

図参-13-2　乾乳日数70日以上割合の酪農家数

14）周産期に着眼して―乳期を回す

⇒モニタリングと管理の徹底を

　飼養頭数が増えている現状では、すべての牛を常時モニターして管理することが難しくなった。あるTMRセンター構成員18戸の成績は、個体乳量1万kg前後と高位平準だが、分娩間隔は平均435日で、400〜480日と開きがあった（**図参-14-1**）。この現象は他のTMRセンターでも見られ、生乳生産に影響している。同一飼料原料でありながら差が出るのは、一乳期の中でモニターすべき時期と管理の着眼点が、構成員間で違うのではないだろうか。

　図参-14-2は、分娩時の対応によって一乳期がどう回るのかを模式図で示している。自然分娩であれば母牛は健康で子宮内膜炎がなく、初回授精が早く、受胎率も高い。その結果、適度な肉付きで次の分娩を迎えることもあってトラブルが少なく、それ以降、同じように繰り返す。母牛は乳期の途中で淘汰される割合が低く、初乳や移行乳は免疫力があり、子牛の吸収率も高く健康になる（左図）。

　一方、分娩時に難産・死産・双子であれば、母牛は周産期病にかかる確率が高く、初回授精は遅れ、受胎率が悪く長期不受胎となる。その結果、過肥になり、分娩時にトラブルが生じ、次産も同じように回り悪循環に陥る。母牛は乳期の途中で淘汰される割合が高く、初乳や移行乳は免疫力が低く、子牛の吸収率も低下して虚弱になる。母牛の疾病や繁殖だけでなく、子牛の発育にまで影響する（右図）。

　乾乳期は良質な粗飼料を十分に喰い込ませ、ルーメンを膨らませて、乾乳時に肥り過ぎをなくす。敷料を豊富に投入して滑らない床面にして、頻繁な寝起きを保障し、介助は必要最小限にして自然分娩を心がける。また、初妊牛の体格を大きくし、難産を防ぐ種雄牛を選定する。母子の事故が少ない酪農家は、「人も牛も出産は命がけの仕事であるという認識を持つべきだ」と話していた。

　疾病は産褥期から泌乳初期に多発し、死廃は分娩後60日以内に集中している。子牛は生後1週間までに死ぬことが多い。クロースアップとフレッシュの移行期モニタリングと管理を徹底して、一乳期が好調に回るようにする。牛群で非常に重要な牛＝VIC（Very Important Cow）は周産期の牛といわれている。

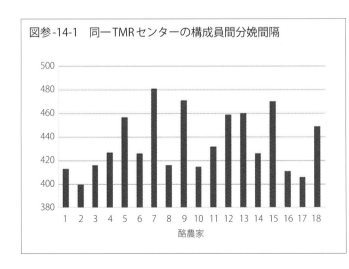

図参-14-1　同一TMRセンターの構成員間分娩間隔

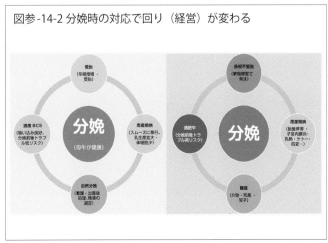

図参-14-2　分娩時の対応で回り（経営）が変わる

15）長命連産で乳牛償却費を減らす

⇒分娩後の廃用除籍牛を少なく

　農水省は毎年、生乳生産費を公表しており、2023（令和5）年度における搾乳牛1頭当たりの費用合計は101万円だった。そのうち飼料費は54％、乳牛償却費は17％で、およそ3分2を占めている。北海道における生乳生産費と乳価の推移を50年間分確認したら、飼料費の割合は上下しているが、乳牛償却費は年々高くなり、個体価格が高騰した2021年度は23％になっていた。乳牛償却費の低減は、すべての酪農家が実践すべき事項であろう。

　図参-15-1は、分娩後60日以内除籍率と年間除籍率の関係で、決定係数は0.335と高い（n＝106）。牛にとって妊娠・分娩・泌乳というイベントは極めて負担が大きく、ストレスによって免疫システムが抑制され、分娩前後にあらゆる疾病が集中する。分娩後の廃用除籍牛を少なくして、長命連産で乳牛償却費を減らすことが求められる。つまり、分娩前後を上手く乗り切る酪農家は、除籍する牛が少なくなり、乳生産も期待できるということだ。

　疾病事故を減らすことは、治療費や手間を削減するだけでなく、生乳生産を高める。同時に、長命連産によって乳牛償却費を下げ、所得が増える。除籍（更新）産次を3.5から4.0産まで延ばしたら1頭当たり2万3000円増え、100頭飼養していれば、所得は230万円増える。175,000円（2020度全国乳牛償却費）－152,000円（175,000×47／54）＝23,000円。※除籍産次3.5産（47カ月間）／4.0産（54カ月間）。

　著者は、17歳・15産という長命連産のホルスタイン牛を現場で確認した（**写真参-15-1**）。年齢も素晴らしいが毎年受胎・分娩を繰り返し、乳生産に大きく寄与している。顔は白毛が目立ち、脇も広がっているが、肢蹄はしっかりしていることもあり、畜主はもう1産してほしいと話していた。この1頭は、少なくとも4頭分の仕事をしている。

　ここ数年、乳牛頭数は減少傾向で、生乳生産低迷のトレンドを変えるには、牛を健康に飼って繁殖成績を上げて、供用年数を延ばすことが必要だ。分娩後の廃用を少なくして償却費を減らし、生乳生産の維持拡大を目指すべきであろう。

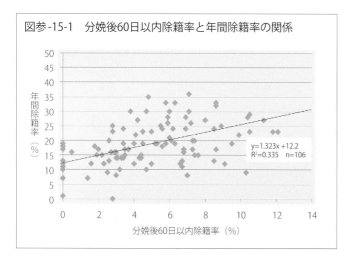

図参-15-1　分娩後60日以内除籍率と年間除籍率の関係

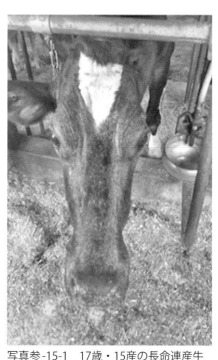

写真参-15-1　17歳・15産の長命連産牛

16）規模拡大しても技術の高度化を追求する

⇒人材育成を行なって労働の質を

　生乳生産を拡大するためには、頭数を増やすことが必須で、時の流れと共に規模拡大が進められてきた。しかし、個体乳量が伸び悩んだり、乳質が悪化したり、繁殖が長期化したり、母子牛の死廃が増えては意味がない。

　図参-16-1は、経産牛飼養頭数と個体乳量の関係を示しているが、決定係数は0.095（n＝106）と低く関係が薄い。

　一方、**図参-16-2**は、経産牛飼養頭数と死産率の関係を示しているが、頭数が増えても変わらない。むしろ200頭を超えると安定していて、100頭以下の方が酪農家間で大きなバラツキが認められた。このことから、飼養頭数が増えても管理技術は疎かになっていないが、今後も技術の高度化・精密化により生産量を増やし、所得の向上・確保が求められる。

　そのためには、酪農家も他企業と同様に経営方針（ポリシー）を持ち、進むべき方向（ビジョン）を示すことだ。また、牛の観察と管理は生産性に直結するので、優先的に人材育成を進めるべきだ。技術レベルの高い構成員や従業員であれば、乳生産・繁殖・疾病は良好方向へ進む。発情発見・適期授精・牛の体調等の見極めと、適切に処置できる労働の質向上が求められる。

　ただ、大型経営のなかには、以前の中小規模時代と同様な考え方のままで運営されているところもある。技術力と調整力の高いスタッフが必要であるのに、人材確保・育成に経費をかけていない。肩書・役職を与えておきながら、権限や報酬が不明確なケースもある。繁忙時や緊急時の勤務時間帯での労務規定の曖昧さもある。大型経営ならではの有利性が活かされていないところも見受けられる。

　機械は壊れれば修理や部品交換によって修理や代替できるが、「作業をする人」はそうはいかない。作業する人によって、牛の表情や行動は微妙に変化する。哺育の担当者が変わるだけで子牛は下痢が増えたり減ったり、搾乳者が変わるだけで乳房炎が増えたり減ったりする。牛は個体によって大きな差があり、生き物を管理しているという意識が必要だ。酪農が、より成熟産業になるためには、人材育成を行なって労働の質を高めることが必要だ。増頭・規模拡大するからには、技術の高度化を追求することが極めて重要である。

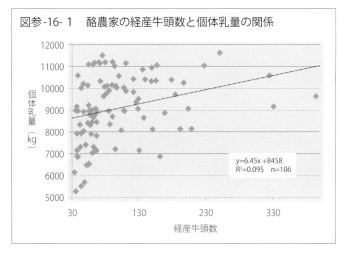

図参-16-1　酪農家の経産牛頭数と個体乳量の関係

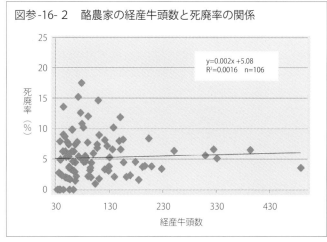

図参-16-2　酪農家の経産牛頭数と死廃率の関係

17）時の流れに応じた酪農技術を確立する

⇒エサ・環境・牛の総合的な対応を

　時の流れと共に、大型の施設や最新の機器が導入され、近代的が図られ、生乳生産は拡大されてきた。**図参-17-1**は酪農の現状、問題と課題について、「環境」「牛」「飼料」の3方向から提起したものである。「環境」面では、1戸当たりの飼養頭数の増加や、労働力不足や外国人実習生への依存、搾乳ロボットの導入が進行している。

　また、「牛」側の要因として牛群構成が若齢化してきており、「飼料」の面からは頭数増により飼料面積の不足からの自給粗飼料不足、草地更新が間に合わず植生改善が進まないという問題も起こっている。

　その結果、死産率や廃用率が減らず、過肥牛が増え、濃厚飼料や粕類への依存が高まり、固め喰いや選び喰いでルーメンの異常発酵が起こってしまう。また、乳用牛の減少、分娩間隔の長期化、周産期疾病、異常風味や血乳も問題になっている。

　一方、生乳生産量を最大化にするというと、最新のソフトを駆使して飼料設計にて細かな数値を入力し、酪農家へ提案することがイメージされる。しかし、アメリカの栄養コンサルタントであるウィン・ホルツ氏は、乳成績に大きな影響をもたらす要素は、カウコンフォートが25％、粗飼料の品質が25％、乾乳・移行期の管理が15％、繁殖が15％、一貫性が10％、牛同士の社会関係が5％であり、栄養はわずか5％であると断言している。

　酪農現場で乳用牛が健康を保ち乳生産を最大にするためには、「飼料」「環境」「牛」の3要素がポイントとなる（**図参-17-2**）。

【エサ】良質で十分な量の粗飼料を飼料設計の精度を高めて油脂、カルシウムやビタミン添加、TMR調整、給与やはき寄せ技術を高めること。

【環境】1頭当たりの牛床やバンクスペースを確保し、飼槽を空にせず、群の構成や移動によるいじめをなくする。快適な牛床や通路を確保し、夏場の暑熱対策や冬場の寒冷対策等、周辺の環境を整備してストレスを軽減する。

【牛】分娩前後の飼料や管理を徹底して周産期病を低減させる、施設改善と飼料の組み立てで肢蹄病やルーメンアシドーシスを減らす、削痩や過肥をなくす等、体調を良好にする。

　時代の潮流と共に酪農技術が大きく変わりつつある昨今、それに対応する人も変わる必要があり総合的な技術を確立すべきだ。

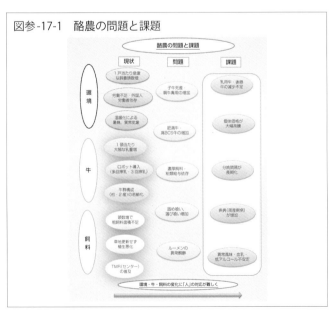

図参-17-1　酪農の問題と課題

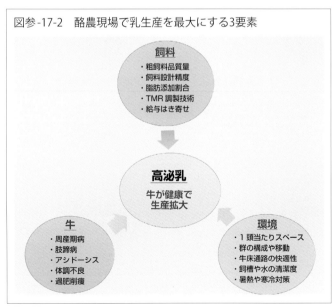

図参-17-2　酪農現場で乳生産を最大にする3要素

おわりに

　2000年に『「乳」からのモニタリング』、2012年に『新（NEW）「乳」からのモニタリング』を発刊させていただきました。当初よりご好評を頂き、最近は、その中古品がネット上フリーマーケットで定価の4倍で販売されていたこともあり、版元の編集部からバージョンアップの依頼を受けていました。

　著者は、農業改良普及センター、農業試験場、酪農検定検査協会を通して、酪農家の庭先へ巡回した時に、農業者から教わった貴重な一言を随時メモしておきました。その言葉を証明するために、普及員、獣医師、技術者、農協職員と議論しながら乳検成績などで分析しました。そのため図表は莫大な数に及び、多くはオリジナルのものです。さらに、国内外の試験成績を中心に、次々と発表される知見を組み込みました。今回は、脂肪酸（FA）、ケトン体（BHBA）、乳中遊離脂肪酸（FFA）、生乳生産など、新しい情報を加えました。

　著者は、水稲地帯で勤務していた時、耕種と畜産の違いを痛切に感じたことがあります。耕種農家は1年に1回しか収穫することができず、生涯において自分が経営主として理念に基づいて実践できるのはわずか30回ほどです。しかし、酪農は個体牛の乳量や成分が毎日わかり、牛の体調もモニターできることもあって、1万950回（30年×365日）、随時軌道修正が可能です。つまり、乳に関する数多くのデータを日々確認しながら、速やかに飼養管理へ活かすことが求められています。

　本書はシリーズの最後になりますので「完結編」としました。本書により、乳検成績などの数値を、より積極的に活用するようになることを念願しています。

　データ収集及び分析などに、公益社団法人 北海道酪農検定検査協会に多大なご協力を頂きました。また、現地試験における助言や資材提供などで、㈱ワイピーテックにお世話になりました。お礼を申し上げます。

2025年4月

田中 義春

デイリーサポート・タナカ

（元 北海道専門技術員）

メール：sp582fq9@trad.ocn.ne.jp

【著書】

『「乳」からのモニタリング〜乳検成績を活用して〜』2000年3月発行

『飼養管理から疾病・繁殖を改善する〜治療から予防という発想〜』2004年11月発行

『牛の習性を理解して技術で分娩前後をのりきる〜分娩間隔短縮の管理〜』2010年7月発刊

『新（NEW）「乳」からのモニタリング〜乳検成績を活用して〜』2012年3月発行

※いずれもDairy Japan刊

牛と乳の数値を見ながら検討する著者（左）

完結編　「乳」からのモニタリング 〜乳検成績を活用して〜

田中 義春（Tanaka Yoshiharu）

2025年4月12日発行
定価4,950円（本体4,500円＋税）
ISBN 978-4-924506-83-1

【発行所】
株式会社 デーリィ・ジャパン社
〒162-0806　東京都新宿区榎町75番地
TEL 03-3267-5201　FAX 03-3235-1736
ホームページ https://dairyjapan.com/
メール milk@dairyjapan.com

【デザイン】
株式会社 ツー・ファイブ

【印刷】
株式会社 ツー・ファイブ